大数据系列丛书

数据挖掘

蔡毅 黄清宝 许可 王国华 伍慰珍 编著

清華大学出版社
北京

内容简介

近年来，数据挖掘（Data Mining）引起了产业界的极大关注，主要原因是生产制造等环节中存在海量有潜在价值的数据，而各行各业都迫切需要将这些数据转换成有用的信息和知识。这些信息和知识可以广泛用于各种领域，包括商务管理、生产控制、市场分析、工程设计等，帮助企业创造更高的利润和占据新的制高点。

本书内容新颖，可操作性强，图文并茂，简明易懂，可作为高等学校数据科学与大数据、软件工程等计算机相关专业和信息管理类专业“大数据开发技术”课程的教材，也可作为大数据技术培训班的教材，还适合大数据技术研发人员和广大计算机爱好者自学使用。

图书在版编目（CIP）数据

数据挖掘 / 蔡毅等编著. —北京：清华大学出版社，2023.8
（大数据系列丛书）
ISBN 978-7-302-63425-6

Ⅰ. ①数…　Ⅱ. ①蔡…　Ⅲ. ①数据采集-高等学校-教材　Ⅳ. ①TP274

中国国家版本馆 CIP 数据核字（2023）第 079548 号

责任编辑：郭　赛
封面设计：常雪影
责任校对：郝美丽
责任印制：沈　露

出版发行：清华大学出版社
网　　址：https://www.tup.com.cn, https://www.wqxuetang.com
地　　址：北京清华大学学研大厦 A 座　　邮　　编：100084
社 总 机：010-83470000　　邮　　购：010-62786544
投稿与读者服务：010-62776969, c-service@tup.tsinghua.edu.cn
质 量 反 馈：010-62772015, zhiliang@tup.tsinghua.edu.cn
课 件 下 载：https://www.tup.com.cn, 010-83470236
印 装 者：三河市龙大印装有限公司
经　　销：全国新华书店
开　　本：185mm×260mm　　印　　张：14.75　　字　　数：350 千字
版　　次：2023 年 10 月第 1 版　　印　　次：2023 年 10 月第 1 次印刷
定　　价：44.50 元

产品编号：090625-01

出 版 说 明

随着互联网技术的高速发展，大数据逐渐成为一股热潮，业界对大数据的讨论已经达到前所未有的高峰，大数据技术逐渐在各行各业甚至人们的日常生活中得到广泛应用。与此同时，人们也进入了云计算时代，云计算正在快速发展，相关技术热点也呈现出百花齐放的局面。截至目前，我国大数据及云计算的服务能力已得到大幅提升。大数据及云计算技术将成为我国信息化的重要形态和建设网络强国的重要支撑。

我国大数据及云计算产业的技术应用尚处于探索和发展阶段，且由于人才培养和培训体系的相对滞后，大批相关产业的专业人才严重短缺，这将严重制约我国大数据产业及云计算的发展。

为了使大数据产业的发展能够更健康、更科学，校企合作中的“产、学、研、用”越来越凸显重要，校企合作共同“研”制出的学习载体或媒介（教材），更能使学生真正学有所获、学以致用，最终直接对接产业。以“产、学、研、用”一体化的思想和模式进行大数据教材的建设，以“理实结合、技术指导书本、理论指导产品”的方式打造大数据丛书，可以更好地为校企合作下应用型大数据人才培养模式的改革与实践做出贡献。

本套大数据丛书均由具有丰富教学和科研实践经验的教师及大数据产业的一线工程师编写，丛书包括:《大数据技术基础应用教程》《数据采集技术》《数据清洗与 ETL 技术》《数据分析导论》《大数据可视化》《云计算数据中心运维管理》《数据挖掘》《Hadoop 大数据开发技术》《大数据与智能学习》《大数据深度学习》等。

作为一套从高等教育和大数据产业的实际情况出发而编写出版的大数据校企合作教材，本套丛书可供培养应用型和技能型人才的高等学校的大数据专业的学生所使用，也可供高等学校其他专业的学生及科技人员使用。

编委会主任

刘文清

编　委　会

前言

PREFACE

本书从算法的角度介绍数据挖掘使用的技术和相关的应用。第 1 章介绍数据挖掘的基本概念。第 2 章介绍数据和数据集的基本概念，并简单介绍大数据。第 3 章是数据挖掘中重要的第一步——数据的预处理；本章通过代码和实例展示及说明如何对结构化数据、非结构化文本数据进行预处理。第 4 章介绍分类任务的基本算法，包括常用的 KNN、SVM、随机森林、朴素贝叶斯等，并附有相应的代码；同时，介绍特征选择的方法和特征权重的概念，及其在分类算法中的作用；此外，本章还对类别不平衡、模糊分类、多分类等情况进行详细的介绍，并给出相应的实战演练。近年来，深度学习模型在很多数据挖掘任务中表现突出。第 5 章介绍基于深度学习的分类算法，如常用的 CNN、RNN、LSTM 算法在结构化数据、图像、文本数据上的分类。第 6 章介绍层次聚类、基于密度的聚类、主题模型等主流聚类算法，及其在结构化数据和文本数据上的应用。第 7 章介绍个性化建模的方法及基于不同方式的推荐算法，如基于内容、协同过滤、主题模型、深度学习、混合推荐等算法。

本书的每一章都配有相关的代码、实例以及练习题，希望能够帮助读者更深入地理解和运用数据挖掘算法。

编　者

2023 年 6 月

目 录

CONTENTS

绪　论

学习目标

- 了解数据挖掘概述
- 了解数据挖掘的主要问题
- 掌握数据挖掘的定义
- 掌握数据挖掘的应用

1.1 数据挖掘概述

近年来，数据挖掘（data mining）引起了学术界及工业界的极大关注，主要原因是现实生产生活中存在海量有潜在价值的数据，而各行各业都迫切需要将这些数据转换成有用的信息和知识。这些信息和知识可以广泛用于各种应用，包括商务管理 [1]、生产控制 [2]、市场分析、工程设计等，以帮助企业创造更高的利润和占据新的制高点。数据科学家对数据挖掘的研究由来已久，从 20 世纪 60 年代的数据搜集到 20 世纪 80 年代的数据访问、20 世纪 90 年代的数据仓库，再到如今流行的数据挖掘。数据挖掘的核心技术经历了数十年的发展，当前进入了实用的阶段 [3]。数据挖掘并非独立存在，而是与其他领域相互关联的，当前，数据挖掘结合了其他领域的理论及思想，包括统计学的抽样、估计和假设检验，以及人工智能、模式识别和机器学习的搜索算法、建模技术和学习理论等。相关领域起到重要的支撑作用，例如需要数据库系统提供有效的存储、索引和查询处理支持，采用高性能并行计算、分布式技术处理海量数据等。

1.2 数据挖掘的定义

数据挖掘可以从不同的角度进行定义。从技术角度上讲，数据挖掘就是从大量的、不完全的、有噪声的、模糊的、随机的实际应用数据中，提取其中有潜在价值的知识的过程，具有以下特点：①待挖掘的数据应是真实、可能含噪声的；②挖掘发现的是用户感兴趣的知识；③发现的知识是用户可接受、可理解、可运用的；④发现的是针对特定的问题的知识。从工业生产的角度来讲，利用数据挖掘技术对大量的生产数据进行探索和分析，可以揭示未知的或验证已知的规律。

1.2.1 数据挖掘的一般步骤

数据挖掘通常包括 8 个步骤。①信息收集：根据挖掘目标抽象出数据分析中所需的特征信息，然后选择合适的信息收集方法，将收集到的信息存入数据库；对于海量数据，选择一个合适的数据存储和管理的数据仓库是至关重要的。②数据集成：把不同来源、格式、特性的数据在逻辑或物理上有机地集中，从而为用户提供全面的数据共享。③数据规约：大多数数据挖掘算法的运行需要较长时间，数据规约技术用于得到数据集较小的规约表示，其仍保持接近于原数据的完整性，并且规约后与规约前数据挖掘的结果相同或差别较小。④数据清洗：在数据库中存在部分不完整的数据（如某些属性缺少属性值）、包含噪声的数据（包含错误的属性值）、不一致的数据（同样的信息不同的表示方式），因此需要进行数据清洗，将完整、正确、一致的数据存入数据仓库。⑤数据变换：通过平滑聚集、数据概化、规范化等方式将数据转换成适用于数据挖掘的形式。对于有些实数型数据，往往通过概念分层和数据的离散化实现数据转换。⑥数据挖掘过程：针对数据仓库中的数据，选择合适的分析工具，应用统计方法、事例推理、决策树、规则推理、模糊集、神经网络、聚类算法等方法处理数据，得出潜在有用的分析结果。⑦模式评估：从商业角度，由行业专家验证数据挖掘结果的正确性。⑧知识表示：将数据挖掘所得的分析信息以可视化的方式呈现给用户，或作为新的知识存放在知识库中，供其他应用程序使用。

数据挖掘往往是一个反复循环的过程，某一个步骤如果没有达到预期目标，都需要回到前面的步骤重新调整并执行，以达到较好的挖掘效果。不是所有的数据挖掘工作都包含这 8 个步骤，例如当某个工作中不存在多个数据源时，数据集成的步骤便可以省略。数据规约、数据清洗、数据变换又合称为数据预处理。在数据挖掘中，至少 60%的费用可能要花费在信息收集阶段，而 60%以上的精力和时间要花费在数据预处理阶段。

1.2.2 数据挖掘任务

数据挖掘的任务与人们的日常生活息息相关，常见任务包括关联分析、聚类分析、分类、预测、时序模式和偏差分析等。

1）关联分析

关联规则挖掘最早是由拉克什 • 艾活（Rakesh Apwal）等人[4] 提出的。两个或两个以上变量的取值之间存在某种规律性，称为关联。数据关联是数据库中存在的一类重要的、可被发现的知识。关联分为简单关联、时序关联和因果关联。关联分析（association analysis）的目的是找出数据库隐藏的关联关系网。一般用支持度和可信度两个阈值度量关联规则的相关性，还可以引入兴趣度、相关性等参数，使得挖掘的规则更符合要求。

2）聚类分析

聚类是根据相似性将数据对象归纳成若干类别，同一类中的数据对象彼此相似，不同类中的数据对象相异。聚类分析（clustering analysis）可以建立宏观的概念，发现数据的分布模式，以及数据对象属性之间可能存在的相互关系。

3）分类

分类（classification）将数据归类到预先设定的类别中。分类任务预期找出一个类别的抽象，它代表这类数据的整体信息，即该类的内涵描述，并用这种描述构造模型，一般用规则或决策树模式表示。

4）预测

预测（predication）是指利用历史数据找出数据变化规律和建立模型，并利用此模型对未来数据的种类及特征进行预测。预测任务关心的是精度和不确定性，通常采用预测方差进行度量。

5）时序模式

时序模式（time-series pattern）是指通过时间序列搜索出的重复发生率较高的模式。与回归一样，它也是用已知的数据预测未来的值，但这些数据的区别是变量所处的时间不同。

6）偏差分析

数据库中的数据可能存在若干异常情况，发现这些异常情况在数据挖掘中是非常重要的，因为偏差往往包含着有用的知识，偏差分析（deviation analysis）的基本方法就是分析检查结果与期望结果之间的差别。

1.3 数据挖掘的主要问题

当前，数据挖掘任务在很多领域有广泛的应用，同时存在若干问题亟须解决，主要包括以下五方面。

1.3.1 数据挖掘算法的有效性和可扩展性

为了有效地从数据库海量数据中提取信息，数据挖掘算法需要是有效和可扩展的。尤其对于大型数据库来说，数据挖掘算法的运行时间必须是用户可预计和可接受的。数据挖掘处理的数据规模十分庞大，达到 GB、TB 级甚至更大。为了处理海量规模的数据集，数据挖掘算法必须具有很强的扩展性。例如，使用特殊的搜索策略处理指数级的搜索问题，使用非内存的方式存储海量数据 [5] 等。

1.3.2 处理噪声和不完全数据

存放在数据库中的数据可能存在噪声、例外情况或不完全的数据对象，这些数据可能会使构造的数据挖掘模型出现过拟合或欠拟合，导致模型发现模式的精确性变差，数据挖掘算法会使用一系列发现和分析例外情况的离群点挖掘方法，这些方法可以在一定程度上保证后续数据分析方法的有效性。

1.3.3 高维度数据

数据挖掘任务常常面临的是成百上千维度的数据，相应的计算复杂度迅速增加，如在文本数据挖掘中，分词处理后的特征（词）可能有上万个；在生物信息学领域，涉及的基因表达数据可能有数千个特征；在处理图片、视频、空间等数据时更是如此。这些超高维数据的处理和分析给模型带来了很多的挑战和高昂的时间开销，促使研究人员针对高维度数据开发新的、高效的数据挖掘算法。

1.3.4 关系数据库和复杂数据类型的处理

当前，关系数据库和数据仓库在众多领域广泛使用，可能包含复杂的数据对象，如超文本、多媒体数据、空间数据、时间数据或事务数据。由于数据类型的多样性和数据挖掘目标的不同，期望一个系统能挖掘处理所有类型的数据是不现实的。针对特定类型的数据，往往需要构造特定的数据挖掘系统。

1.3.5 异种数据库和全球信息系统挖掘信息

局域和广域（如 Internet）计算机网络连接了许多数据源，形成了数据量大、分布式和异构的数据库[6]。从具有不同数据语义的结构、半结构和无结构的不同数据源发现知识，给数据挖掘提出了巨大挑战。数据挖掘可以帮助人们发现多个异构数据库中的数据规律，这些规律可以改进异构数据库信息交换和协同操作的性能，但它们难以被简单的查询系统发现。随着互联网数据的爆炸式增长，Web 挖掘技术能够发现关于 Web 连接、Web 使用和 Web 动态情况的有趣知识，已经成为数据挖掘面临的一个非常具有挑战性的领域。

1.4 数据挖掘的应用

数据挖掘的发展得益于互联网积累的海量数据，以及计算机领域机器学习取得的突破性进展。数据挖掘的历史可以追溯到 20 世纪下半叶。近年来，人们迎来了数据爆发的时代，数据挖掘从海量数据中提取有价值的信息或知识，使得爆发的数据能够被挖掘出价值，因此数据挖掘受到学术界和工业界的广泛关注，其在多个领域的应用也层出不穷。

1.4.1 推荐系统

21 世纪初，随着互联网技术的变革和发展，社会各行业在实际生产中积累了大量的数据，如电信、医疗、金融、旅游、交通、政府、教育、农业、文娱、工业等。其中，电子商务最具代表性，因为它作为一个商品交易平台，在为其他行业提供商务活动支持的同时，可以获得大量用户行为数据，急需运用数据挖掘技术分析用户的兴趣和习惯，并根据这些知识调整商业决策，最终达到提高销售收益的目标。数据挖掘在电商行业的典型应用是推荐系统[7]。随着信息技术和互联网技术的发展，人们从信息匮乏的时代步入了信息过载的时代，在这种时代背景下，人们越来越难以从大量的信息中找到自身感兴趣的信息，信息也越来越难以展示给可能对它感兴趣的用户，而推荐系统的任务就是连接用户和信息以创造价值。推荐系统能够将用户可能感兴趣的信息或物品（如音乐、电影、书籍、电视节目、网页）等推荐给用户。

一个典型的推荐场景如下：一个用户曾在某购书网站上买了一本图书《数据挖掘》，应该给他推荐展示哪些其他图书以促使他进行更多的购买呢？当缺乏该用户的行为数据时，传统的做法是给他推荐与《数据挖掘》相同类别的畅销书，如计算机科学技术类的《人工智能》《深度学习》等。假设拥有所有用户的购买记录，甚至拥有他们对所购图书的评价，就可以给单个用户推荐更加符合其喜好的图书。推荐系统可以收集用户的历史行为数据，然后通过预处理的方法得到用户-评价矩阵，再利用相关推荐算法得到对用户的个性化推荐。

有的推荐系统还会搜集用户对推荐结果的反馈，并根据实际的反馈信息动态调整推荐策略，从而产生更符合用户需求的推荐结果。

1.4.2 互联网风险控制

在金融领域，风险控制问题也需要数据挖掘技术提供支持 [8]。互联网金融掌握了可以颠覆传统的风控技术。商业银行传统的风险控制依赖于央行的征信系统。央行的征信系统通过商业银行、其他社会机构上报的数据，结合身份认证中心的身份审核，向银行系统提供信用查询和个人信用报告。在互联网快速发展的情况下，场自发形成了各具特色的风险控制生态系统。例如，阿里巴巴集团通过大数据挖掘自建了信用评级系统 [9]。

阿里巴巴集团使用电商平台阿里巴巴、淘宝、天猫、支付宝等累积的大量交易数据，再加上用户自己提供的销售数据、银行流水、水电缴费等数据，利用分类模型对用户信用进行评级。

1.5 小 结

随着数据挖掘领域研究的不断深入及其应用的愈发广泛，数据挖掘关注的焦点也有了新的变化。总的趋势是，数据挖掘研究和应用更加“社会化”和“大数据化”。数据挖掘将在相当长的时间内继续保持稳定发展，但有着向大规模数据分析和复杂数据分析方向发展的趋势。在用户层面，移动设备的普及与大数据革命带来的机遇使得数据挖掘模型可以对用户所处的上下文环境有更好的感知，以用户个性化、用户社交关系等为代表的研究大幅增加，这一现象是数据挖掘研究更“个性化”“社会化”的趋势体现。

1.6 参考文献

[1] 冯芷艳, 郭迅华, 曾大军, 等. 大数据背景下商务管理研究若干前沿课题 [J]. 管理科学学报, 2013, 16(1): 32-36.

[2] 段桂江, 严懿, 王洋. 基于数据挖掘的质量成本分析与控制 [D]. 2013.

[3] 邹志文, 朱金伟. 数据挖掘算法研究与综述 [J]. 计算机工程与设计, 2005, 26(9): 2304-2307.

[4] Wu K, Liu F. Application of data mining in customer relationship management[C]//2010 International Conference on Management and Service Science. IEEE, 2010: 1-4.

[5] Riedel E, Gibson G, Faloutsos C. Active storage for large-scale data mining and multimedia applications[C]//Proceedings of 24th Conference on Very Large Databases. 1998: 62-73.

[6] Madria S K, Bhowmick S S, Ng W K, et al. Research issues in web data mining[C]//International Conference on Data Warehousing and Knowledge Discovery. Springer, Berlin, Heidelberg, 1999: 303-312.

[7] Amatriain X, Oliver N, Pujol J M. Data mining methods for recommender systems[J]//Recommender systems handbook. Springer, Boston, MA, 2011: 39-71.

[8] 陈敬民. 关于互联网金融的若干思考 [J]. 金融纵横, 2013, 9: 13-15.

[9] 李二亮. 互联网金融经济学解析——基于阿里巴巴的案例研究 [J]. 中央财经大学学报, 2015 (2): 33-39.

数据及数据集基本分析

学习目标

- 了解数据对象及数据基本属性
- 了解三种结构化状态的数据
- 了解多种统计分析指标的基本概念
- 根据案例学习多种统计分析指标的计算
- 根据案例学习结构化和文本数据的可视化
- 掌握数据相似性计算的多种度量方法

获取大规模、带标注的数据是实际应用中进行数据分析挖掘的基础和前提。而数据分析是指根据分析任务目的，用适当的统计分析方法和工具对收集的数据进行处理，从中提取有价值的信息，然后进行研究和概括总结的过程。在数据分析前，首先需要明确数据分析目的，确定数据属性和形式，梳理分析思路，搭建数据分析框架。本章首先介绍数据基本属性的定义和形式，然后介绍如何对数据进行预分析探索，包括获取数据的频率、众数、百分位数、均值、极差和方差等，并给出在结构化数据集上的案例分析。此外，本章也将演示如何使用可视化技术对文本数据集进行深入分析，如何使用数据可视化技术直观地展示数值型数据，包括散点图、热力图、直方图、密度图、饼图、折线图等。学习本章之后，读者将了解如何对结构化数据和文本数据进行基本的数据分析，进而发现和总结出数据背后的模式和规律。

2.1 数据对象与属性

数据挖掘涉及的数据不能脱离数据对象（data object），那么什么是数据对象呢？样本（sample）、实例（example）、数据点（data points）或对象（object）等常见术语指的都是数据对象，即用属性描述的实体。

数据对象是数据库的重要组成部分，例如，在学校课程管理数据库中，数据对象可以是教师、学生和课程；在医院管理数据库中，数据对象可以是医生和患者。在数据库领域中，数据对象通常也用数据元组（data tuple）这一术语表示。数据库的表（table）中的每行都表示一个数据对象，而每列则表示数据对象的一种属性。如表 2.1 所示，第一列“2017909019”“2020301199” 均为属性 student_id；最后一行的“2020301199，王小明，男，20，计算机系”这 5 个属性构成了一个数据对象，对应“王小明”这一学生实体。

表 2.1 某数据库管理系统中的数据表示例

student_id	name	gender	age	department
2017909019	李晓峰	男	22	软件系
2020301199	王小明	男	20	计算机系

本节将介绍属性的定义，并逐一介绍各种类型的属性。

2.1.1 属性的定义

属性（attribute）通常是指对象的性质或特性，在数据挖掘中，属性往往以数据字段的形式存在，表示数据对象的特征。属性和特征（feature）、维（dimension）、变量（variable）等其他术语在数据挖掘中往往具有同样的含义。

属性按属性取值类型可以分为离散属性和连续属性。离散属性的取值可以是有限个数或者无限个数，可以使用整数表示，也可以不用数值表示。例如，一家商店的交易次数并没有上限，所以其交易记录的取值是无限的；学校的院系的取值可以是“软件系”“计算机系”这样的文字，而非数字。连续属性使用实数作为属性值的取值，当然，实数会使用有限的位数表示，连续属性的例子有长度、重量、高度等。

此外，属性也可以分为定性属性和定量属性。

2.1.2 定性属性

定性属性（qualitative attribute）通常使用描述性的文字，而不是具体的数字，即便使用了整数，也是将其当作符号使用，例如电话号码、邮政编码和学生的学号等。常见的定性属性包括标称属性、二元属性和序数属性。

1. 标称属性

标称属性（nominal attribute）的值通常为符号或描述性文字，可以帮助用户区分对象；但标称属性仅能提供比较是否相同 ($=$ 或 $/=$) 的操作，无法进行比较大小的操作（$>$ 或 $<$）。

例 2.1 学生的个人信息里包含的学号、性别、院系等都是标称属性，性别的值包括“男”和“女”，院系的值包括计算机系、土木工程系、数学系、金融系等，学号的值可能为 2017909019、2020301199 等。

对于性别、院系这种非数字的标称属性也可以用数字表示，如指定性别的值为 0 和 1，其中，0 表示男，1 表示女；指定院系的值为 0、1、2、3 等，其中，计算机系为 0，土木工程系为 1，数学系为 2，金融系为 3 等。但无论是这种由非数字转为数字表示的标称属性，还是本身的值就是数字的标称属性（如学号），都不能被定量地使用。显然，对标称属性进行大小比较或加减运算是毫无意义的。鉴于这个性质，标称属性是无法统计其均值和中位值的，但统计标称属性的众数是有意义的，如统计院系的众数就能够知道哪个学院的学生最多。

2. 二元属性

二元属性（binary attribute）是标称属性的一种特殊情况，当属性值只有两种时，例如在标称属性中提到的性别就只有男和女两种值，那么就会将这种标称属性称为二元属性。大多数情况下，二元属性会使用 0 和 1 作为值，其中，0 表示该属性不出现，1 表示出现。当 0 和 1 分别对应 false 和 true 时，二元属性也称布尔属性。

例 2.2 假设学生的个人信息中有一项属性为是否挂过科，那么该属性就是二元的，值为 0 时表示该学生从未挂过科，值为 1 时表示该学生挂过科。二元属性有对等和不对等之分：当二元属性的两个属性值具有同等的价值而不是倾向于其中之一时，则该二元属性是对等的，例如性别的男和女，无论是 0 表示男、1 表示女，还是 1 表示男、0 表示女，都不会有明显的区别；当人们更关注二元属性的两个属性值中的某个值时，则该二元属性是不对等的，例如学生有一项属性为是否拿过奖学金，显然 1 表示的拿过奖学金的属性更稀有、更重要。

3. 序数属性

序数属性（ordinal attribute）的特点在于属性值之间具有排序的信息，但属性值之间的差值却无法被量化。

例 2.3 假设奶茶店的奶茶有小杯、中杯和大杯，那么奶茶量这一属性的属性值——小、中、大就具有递增顺序，但是就小、中、大这三个值而言，我们无法得知它们的差值，如“大”比“中”大多少是没有体现的。再如中国的行政划分有级别的大小之分，其属性值为省、市、县、镇，这也是序数属性的例子。

对于一些需要人为主观划分属性值的属性，序数属性是很常见且有效的。例如，现在的人工服务通常会向客户调查对服务的满意程度，0 表示很不满意，1 表示不满意，2 表示一般，3 表示满意，4 表示很满意。

因为序数属性的属性值具有顺序信息，所以与标称属性相比，除了可以统计众数以外，序数属性还能统计中值（中位数）。

2.1.3 定量属性

定量属性（quantitative attribute）的本质是数值属性（numeric attribute），其属性值均使用数值（包括整数在内的实数），因此属性值之间的差值是可量化的、有意义的。定量属性可以分为区间标度属性和比率标度属性。

1. 区间标度属性

区间标度属性（interval-scaled attribute）引入了客观的尺度衡量单位，因此不同的属性值之间的差是可以准确定义出来的。

例 2.4 人们用来衡量冷热程度的温度有摄氏温度和华氏温度之分，30 比 20 高出 10，101 比 71 高出 30。值得注意的是，摄氏温度和华氏温度都不是以 0 作为最低温度的，因此存在低于其定义的 0 度的温度，这也就意味着不能认为 30 在冷热程度上是 15 的两倍。不存在真正的零点，数值可以为正、负或者零，这正是区间标度属性的特点。同理，时间的年份只会用来比较相差多少年，而不会说公元 2000 年是公元 1000 年的两倍，因为我们知道公元 0 年显然不是时间的起点。

2. 比率标度属性

比率标度属性（ratio-scaled attribute）具有绝对的零点，因此除了可以计算属性值之间的差值以外，计算属性值之间的比率也是有意义的。

例 2.5 对于长度，我们会很自然地说 1m 是 2m 的一半；对于重量，显然 50kg 是 10kg 的 5 倍。类似的例子还有速度、价格、年龄等。

比率标度属性的特点是允许单位转换，如公里与英里分别是长度的国际单位和英制单位，但它们在单位上是可以换算的，1 公里 =0.62 英里。这里要注意和区间标度属性的摄氏温度和华氏温度作区分，虽然摄氏温度和华氏温度也有一套换算体系：华氏度 (°F)=32+摄氏度 (℃)×1.8，但其是针对两种单位的数值的转换，而不是单位本身的转换。简而言之，两者的区别是：区间标度属性的换算公式为新值 =a× 旧值 +b；而比率标度属性的换算公式为新值 =a× 旧值。

2.2 数据与元数据

相对于数据这一人人皆知的概念，元数据（metadata）对于读者而言则可能比较陌生，而且对于元数据的定义其实并没有统一的说法。维基百科对于元数据的定义是“data that provides information about other data”，即提供关于其他数据信息的数据；此外还有一种更为简洁的定义是“data about data”，即关于数据的数据。这两种定义都过于抽象，难免让人产生疑问：元数据本身也是数据，那么它与数据的区别到底在哪里？本节将先从各方面比较数据与元数据，然后讲解元数据本身的一些性质。

2.2.1 传统的元数据

一般来说，数据可以只是一条信息，或是一张测量结果的表格，或是对某一对象的观察，抑或是对某一事物的描述等；而传统的、广泛意义上的元数据就是描述数据的相关信息。具体而言，数据就是元数据描述之物，数据本身更具描述性，并且会以较为详细的形式呈现。数据可以被进一步操作处理，从而得到较为规范的、富有含义的信息，也可以被引用参考、分析统计以协助做出一些决策。元数据既然作为“关于数据的数据”，这就意味着它包含了原来数据的相关信息和描述，可以用来帮助用户了解数据的性质，协助用户决定是否需要该数据。

例 2.6 用户在计算机上创建了一个文档，那么文档的内容就是数据，而文档的文件名、文件类型、文件大小、创建文档的时间等属性则是元数据。由这个例子可知，元数据虽然是描述数据的数据，但它并不是数据本身，文档的文件名、文件类型等元数据只是这个文档的一些细节而已。以拍照为例，使用相机拍下来的照片本身就是数据，而照片的图像大小、像素分辨率等则是元数据。

为了更好地比较数据与元数据的不同，可以参考表 2.2。

表 2.2 数据与元数据的区别

对比	数据	元数据
概念	数据是信息、测量结果、观察、事物描述等的集合，能够被操作处理、引用参考、分析统计	元数据是描述数据的相关信息
是否提供信息	数据本身可提供信息，也可不提供信息	元数据一定具有信息量，必然提供信息
是否被处理	数据可以是被处理过的，也可以是未被处理过的	元数据必然是被处理过的

现在我们知道了元数据源于数据，元数据可以是对数据在某些方面上的描述或者是对数据的补充说明等。然而也有部分数据是从某些数据经转换、总结或通过其他操作得到的，这种类型的数据与元数据的区别在哪里？显然，这种类型的数据虽然也是从某些数据处理得来的，但其自身具有一定的含义，可以独立存在，而元数据一旦脱离了其描述的原数据，就将变得毫无意义。

2.2.2 元数据的类型

关于元数据的类型，大致可分为以下几种（彼此之间可能存在交集）。

（1）描述性（descriptive）元数据：包括标题、主题、作者和创建日期等。

（2）权利（rights）元数据：可能包括版权状态、权利所有人或相关的许可条款等。

（3）技术（technical）元数据：包括文件类型、大小、创建或更新的日期时间等，技术元数据通常用于数字对象的管理上。

（4）保存（preservation）元数据：例如某个体在层次结构或序列结构中的位置，保存元数据往往用于导航。

（5）标记语言（markup languages）元数据：包括标题、名称、日期、列表和段落等，标记语言涉及的元数据往往用于导航以及互操作。

总而言之，元数据描述数据的相关信息，可以帮助用户区分不同的数据。当面对大量数据时，元数据可以帮助用户大大节省检索所需数据的时间。

2.2.3 元数据的模式

关于元数据的存在形式，显然需要统一的定义标准，否则不同的使用者采用各自不同的标准，会使数据的汇总、管理等变得烦琐且复杂。而为了解决标准引发的问题，就需要引入元数据的一个概念——模式（schema）。模式具体涉及对于数据与元数据之间的关系三元组的定义。

例 2.7 填表在生活和工作中是常见行为，而填得最多的自然是个人信息。例如姓名、性别、生日、出生地等，而我们所填的这张表格就涉及三元组。假设填表人叫王小明，那么王小明这个人的姓名在表格中的对应位置自然就是“王小明”，这就构成了一个简单的三元组：王小明（这里指代某个人这一实体）—姓名—王小明（这里特指名字）；同样地，王小明—性别—男、王小明—生日—19990916 都是三元组。平常，我们在填表时很少意识到这是三元组，这是因为填表人这一实体（同时是三元组的第一个元素）在同一张表格上的重复填写过程中被省略，正如表格上王小明—姓名 —王小明、王小明—性别—男、王小明—生日—19990916 等三元组的第一个元素都是王小明，因此表格上只会以“姓名：王小明”“性别：男”“生日：19990916”这样的键值对（key-value pair）的形式存在，但本质上它们是多个三元组。

前面提到的标准（schema）在三元组中也是有所体现的，例如三元组中的第二个元素“属性”与第三个元素“属性值”是需要对应匹配的。就好比出生地一栏填入生日信息是明显不对的，而属性值同样要遵守制定的标准。例如出生地要填到哪一行政级别，一般不可能只填“中国”，这显然过于模糊，无法获取有效的信息。但如果填到村级别，又太过精确，拥有同样属性值的个体过少，丧失了这一数据的意义。所以，设定粒度合适的标准可以很好地规范化数据与元数据。当然，很多时候标准不是唯一的，可以根据实际应用场景改变。

2.3 结构化、非结构化和半结构化数据

结构化（structured）数据、半结构化（semi-structured）数据和非结构化（unstructured）数据是数据挖掘中的 3 种数据类型，在大数据时代，它们扮演着不同的角色，深入了解每种类型的数据有助于更好地利用数据进行分析、预测以及进一步的决策。

2.3.1 结构化数据

结构化数据是高度组织化的信息，具有良好定义的结构，它可以是存在于记录或文件的固定字段中的任何数据，包含关系数据库和电子表格中涉及的数据。结构化数据通常存储在关系数据库中，例如传统的行数据库结构，通过搜索操作或算法即可被人或计算机程序访问和使用。虽然结构化数据的存储、查询和分析相对简单，但它本身必须根据字段名称和类型（如字符、数字、日期等）严格定义，因此往往会受到字符个数或只能使用特殊术语的限制。数据分析人员通常在 Excel 电子表格中使用 VLOOKUP 进行查询或者在关系数据库中使用结构化查询语言（Structured Query Language，SQL）对结构化数据进行查询。

例 2.8 在常见的学校、医院、商店等使用的关系数据库中，存储的数据往往是将对象的完整数据信息分解成与事先设定的数据字段相对应的数据值。表 2.3 就是一个数据库中的二维表，根据某个字段的具体值或大概值范围便能查询定位到所需的数据，这正是结构化数据的优点。

表 2.3 关系数据库中的结构化数据

id	name	age	gender
8004	李晓峰	18	男
9543	王小明	30	男
3606	张敏	24	女

结构化数据的缺点是扩展性差，例如关系数据库中想给某个表增加新的数据字段，那么表中已有的数据并没有对应该新数据字段的值，这可能会导致基于新数据字段的操作、分析出现问题。而且轻易对表的结构做出改变对于数据库的管理和操作显然不是好的习惯，这从侧面也反映了结构化数据的一个特点——应当具有良好定义的结构。如表 2.3 中的 name

字段，如果实际应用中需要对姓和名分开操作，那么字段就不应该只设置 name 字段，而是应该分成 last_name 和 first_name 两个字段。

2.3.2 非结构化数据

结构化数据是一种机器相对容易处理的数据类型，大多数 IT 人员也更为习惯使用。但更多人在接触结构化数据时会感到困惑，例如关系数据库中被精心设计的表内部数据是复杂难懂的。与结构化数据不同，非结构化数据更接近人类的自然语言，没有易于识别的结构，难以记录在 Excel 电子表格或关系数据库的数据表中，而且需要更专业的技能和工具才能使用。

例 2.9 非结构化数据可以分为人为生成的和由机器生成的。典型的人为生成的非结构化数据包括以下几种。

- 文本文件：Word 文档、PPT 演示文稿、PDF 文件、电子邮件、日志社交。
- 媒体：来自微信、微博的数据。
- 网站网页：博客网站。
- 多媒体文件：照片、图形图像文件、视频文件、音频文件。

典型的机器生成的非结构化数据包括以下几种。

- 卫星图像：天气数据、地形、军事活动。
- 科学数据：石油和天然气勘探、空间勘探、地震图像、大气数据。
- 监控图像：监控照片和录像。
- 传感器数据：交通、天气、海洋传感器数据。

由于非结构化数据不是以精确预定义的方式组织的，即便内部存在一定的结构，也不能完全符合关系数据库，而且非结构化数据本身就难以被计算机程序使用。虽然非结构化数据不遵循任何语义或规则、缺乏特定的格式或顺序，但其也蕴含着非常高的价值，并且越来越多地以复杂数据源的形式出现，例如网络日志、电子邮件、多媒体内容、客户服务交互和社交媒体数据。大多数业务交互本质上都是非结构化的，当下的所有数据中，有 80% 以上的数据被认为是非结构化的，而且未来这个数字还将继续增加。非结构化数据虽然未能同结构化数据一样具备成熟的分析技术和工具，但它越来越受各个企业的重视，能够更好地利用非结构化数据已成为一大竞争优势。如果说结构化数据可以提供客户的整体概况，那么非结构化数据则有助于深入了解客户的行为和意图，例如商品销售公司通过分析非结构化数据了解客户的购买习惯和时间、购买模式、对特定产品的情绪等。

例 2.10 通过电话推销产品的公司虽然可以利用结构化数据（如销售数据）得知自己的总销售额相较之前是提高还是降低，哪些产品的销售情况更好或是更差，但却无法根据结构化数据知道为什么销售情况变好或变差。但是如果对非结构化数据（如推销电话录音）进行分析，则可以找出推广员的哪些措辞导致了客户的反感和最终推销的失败，哪些技巧可以引起客户的积极回应，从而助力推销的成功，最终可以对推广员的措辞、推销技巧做出管理、改进。此外，像应用在工业机械上的传感器生成的非结构性数据可用于提前警告生产人员、加工人员，从而在机器遭受后果严重、代价高昂的故障之前就进行维修。

当然，想要在非结构化数据中发现有价值的信息并非易事，当前的数据挖掘技术面对庞大的非结构化数据也往往会遗漏有价值的信息，而且费时费力又成本昂贵。同时，企业在使用非结构化数据时也面临着挑战：一方面，非结构化数据的规模往往过于庞大，这给数据的存储与管理带来了巨大挑战；另一方面，非结构化数据的数据量增长是爆炸式的，难免要对已有的非结构化数据做出取舍，如何得知哪些数据可以删除，即如何确定哪些数据才是有价值的也是当今的一大难题。

2.3.3 半结构化数据

顾名思义，半结构化数据是介于结构化数据和非结构化数据之间的一种数据类型，但严格来说，半结构化数据也属于结构化数据——它存在一定的结构，但这种结构不固定也不严谨，不符合关系数据库等数据模型。半结构化数据包含标签（tag）或其他类型的标记（mark-up），可用于对数据进行分组并描述数据的存储方式。在半结构化数据中，类似的实体将被组合在一起并使用层次结构进行组织，同组的实体可以具有相同的属性，也可以有所不同，部分属性的缺失是允许的。由于这种结构上的不明确，计算机程序难以直接使用这些数据，想要将其存储在关系数据库中，也必须先对其进行一定的处理。

例 2.11 常见的半结构化数据有 XML 和 JSON。XML 是可扩展标记语言（extensible markup language），它定义了一组人机可读格式的文档编码规则。虽然 XML 可被人读懂，但这并没有带来多大的便利，因为通过阅读 XML 文档理解数据非常耗时。XML 之所以成为主流的半结构化的文档语言，胜在其标签驱动结构非常灵活，有很强的扩展性。对比下面两个 XML 文件：

```
<person>
<name>王小明</name>
<age>18</age>
<gender>男</gender>
<telephone>19912345678</telephone>
</person>
```

```
<person>
<name>张敏</name>
<gender>女</gender>
<email>zhangmin@gmail.com</email>
</person>
```

两个 person 实体拥有的属性可以不同，包括属性个数、属性顺序等，这正是半结构化数据的灵活之处。XML 文件也可以看作树或者图的数据结构，如上面王小明实体的 <person> 标签是树的根结点，<name>、<age>、<gender> 和 <telephone> 标签则是子结点。一旦某一实体有了新的属性，可以直接添加在该实体上，而不用考虑新属性对其他同类实体造成的影响，这正是半结构化数据良好扩展性的体现。

js 对象简谱（JavaScript Object Notation，JSON）是一种基于 JavaScript 编程语言子集的轻量级纯文本数据交换格式。其语法规则可总结为：对象表示为键/值对；数据由逗号分隔；花括号保存对象；方括号保存数组。JSON 支持各种编程语言，而且擅长在 Web 应用程序和服务器之间传输数据。JSON 的格式如下：

```
{
  "person": [{
      "name": "王小明",
      "age": 18,
      "gender": "男",
      "telephone": 19912345678
    },
    {
      "name": "张敏",
      "gender": "女",
      "email": "zhangmin@gmail.com"
    }
  ]
}
```

综上所述，半结构化数据区别于结构化数据的两个关键点在于嵌套的数据结构和缺少固定模式。在结构化数据中，数据表示为二维的数据关系表，而半结构化数据则表示为 n 层嵌套的层次结构。结构化数据在关系数据库系统中的使用和维护都需要遵循事先定义的固定模式，这个模式一经确定就不会轻易做出改变；半结构化数据不需要预定义严格模式，而是可以不断完善发展，即可以随时添加新属性。无固定模式设计的灵活性和表示各种信息的能力正是半结构化数据被广泛使用的原因。

随着半结构化数据的使用越来越广泛，如何分析半结构化数据成为一大挑战。有一种方法是先将半结构化数据存储在关系数据库，再使用关系数据库的规则进行分析。想要将半结构化数据存储在关系数据库中有 3 种选择，但无论哪种都存在明显的缺点：第一种方法需要先将半结构化数据转换成结构化数据那种固定模式，可以通过使用 ETL 工具或 Hadoop 系统实现，其本质是创建了一个非常脆弱的数据管道，半结构化数据的每次改变（如属性的增删）都会对其造成破坏，长此以往需要大量的维护；第二种方法需要将半结构化数据作为未解释的对象（如字符串）存储在关系表中，但这将导致访问数据时需要完整地扫描整个对象，即便使用了索引协助访问，索引的创建、存储和维护也增加了大量开销；第三种方法是使用 NoSQL 数据库这种非关系数据库存储和分析半结构化数据，这一方法虽然不再复杂，但 NoSQL 数据库本身并不是为了提供关系数据库那种优化性能和广泛的 SQL 支持而设计的。

2.4 数据集基本分析技术

数据分析是指根据分析目的，用适当的统计分析方法及工具对收集的数据进行处理与分析，从中提取有价值的信息，对数据集进行详细研究和概括总结的过程。常见的数据分析方法主要有描述统计、分类分析、回归分析、聚类分析、关联规则分析和主成分分析等。

本章将着重介绍描述统计、分类分析、回归分析以及聚类分析等数据分析技术，其他方法在后续章节会加以详细介绍。

描述统计是指从统计学的角度对数据进行分析的过程，主要使用多种统计指标对数据集进行全方位的描述，刻画其整体概况，也称探索性数据分析。常见的统计指标有频率和众数、百分位数、均值和中位数、极差和方差等。

2.4.1 频率和众数

频率（frequency）是指每个对象出现的次数与总次数的比值。形式化地，给定一个分类属性 x 的集合 S，假设集合中有 n 个元素，属性 x 的取值空间为 $\{v_1, \cdots, v_i, \cdots, v_k\}$，则取值 v_i 的频率计算公式如下：

$$\text{frequency}(v_i) = \frac{\text{值集 } S \text{ 中值 } v_i \text{ 出现的次数}}{n} \tag{2.1}$$

分类属性 x 的众数（mode）是指具有最高频率的属性值。众数在统计分布上具有明显集中趋势点的数值，能够代表数据的一般水平。需要注意的是，值集中可能会存在多个众数。

例 2.12 考虑学生的集合。成绩是学生的一个属性，可以从集合 $\{A, B, C\}$ 中取值。表 2.4 是成绩属性值对应的学生人数，成绩属性的众数是 A，其频率是 0.5。

表 2.4 某班级中各个成绩段的学生人数

成绩	人数	频率
A	40	0.5
B	20	0.25
C	20	0.25

值得注意的是，分类属性的取值空间是有限的，即分类属性通常具有少量值。因此，统计分类属性值的众数和频率可能会给后续的数据分析提供非常有价值的线索。但是，对于连续属性，众数往往是没有意义的，因为单个值出现的次数可能不会超过一次。

2.4.2 百分位数

对于连续数据，值集的百分位数 (percentile) 对刻画数据的真实分布情况具有重要的意义。值集是指属性值的集合。形式化地，给定一个连续属性 x 和 0 到 100 的整数 p，第 p 个百分位数 x_p 是指使得 x 属性值集合中 $p\%$ 的观测值小于 x_p 的一个 x 的取值。

例 2.13 集合 {1,2,3,4,5,6,7,8,9,10} 的百分位数 $x_{0\%}, x_{10\%}, \cdots, x_{90\%}, x_{100\%}$ 依次为 1.0, 1.5,2.5,3.5,4.5,5.5,6.5,7.5,8.5,9.5,10.0。通常，连续属性 x 的第 0 个百分位数是 x 的最小值，x 的第 100 个百分位数是 x 的最大值。

2.4.3 均值和中位数

对于连续数据，均值（mean）和中位数（median）是两个比较常见的统计量，它们能够在一定程度上反映值集的位置信息。均值是指值集的平均数，中位数是指值集的第 50 个百分位数。形式化地，给定一个具有 n 个元素的集合 $\{x_1, x_2, \cdots, x_n\}$，假设 $\{v^1, v^2, \cdots, v^n\}$ 代表递增排序后的 x 值。因此，x_1 等于 x 的最小值，x_n 表示 x 的最大值。均值和中位数的形式化定义如下：

$$\text{mean}(x) = \overline{x} = \frac{1}{n}\sum_{i=1}^{n} v^i \tag{2.2}$$

$$\text{median}(x) = \begin{cases} v^p, & p = (n+1)/2 \\ \dfrac{1}{2}(v^p + v^{p+1}), & p = n/2 \end{cases} \tag{2.3}$$

简单来说，如果值集中有奇数个值，则中位数是值集的中间值；如果有偶数个值，则中位数是值集最中间的两个数的平均值。例如，对于 3 个值的集合，中位数是 v^2；而对于 4 个值的集合，中位数是 $\frac{1}{2}(v^2 + v^3)$。

例 2.14 考虑值集 $A = \{2, 4, 6, 8, 10, 12\}$ 和值集 $B = \{2, 4, 6, 8, 10, 90\}$。其中，值集 A 的均值为 7.0，中位数为 7.0；值集 B 的均值为 20.0，中位数为 7.0。可见，在值集分布均匀的情况下，均值可以视为值集的中间，数值接近于中位数。如果值集分布不均匀，中位数仍然能够很好地指示值集的中间位置。由此可以看出，均值受离群点的影响特别大。对于包含离群点的值集 (B)，中位数可以很好地指示值集的中间位置。

2.4.4 极差和方差

极差（range）和方差（variance）是反映值集的分布情况的一组统计量。给定一个连续属性 x, 在某次观测中，它具有 n 个值 $\{v^1, \cdots, v^n\}$，现假设值集是一个递增的集合，则属性 x 的极差的计算方式如下:

$$\text{range}(x) = \max(x) - \min(x) = v^n - v^1 \tag{2.4}$$

极差反映了属性值变动的最大范围，它无法体现值集内部各属性值的变化情况。因此，方差常常用来替代极差作为刻画值集内部各个取值的分布情况的统计量。通常，属性 x 的观测值的方差记作 S_x^2，标准差（standard deviation）是方差的平方根，记作 S_x。方差和标准差均为非负数。方差的计算公式如下：

$$\text{variance}(x) = S_x^2 = \frac{1}{n-1}\sum_{i=1}^{n}(v^i - \overline{x})^2 \tag{2.5}$$

方差本质上是均值和其他值的差的平方和，因为均值对离群点敏感，所以离群点对方差也有很大的影响。

2.4.5　多元数据统计

前面介绍的一些统计指标都是对单个属性的度量。多元数据统计是指对包含多个属性的数据进行度量。对于具有 n 个属性的数据对象，其均值 $\bar{x}$ 可以表示为 $\{\bar{x}_1, \cdots, \bar{x}_n\}$，其中，$\bar{x}_1$ 表示多元数据 x 第 i 个属性 x_1 的均值。

一般来说，多元数据中各个属性相互独立。可以用前面介绍的方法依次为数据的每个属性构造频率、众数等统计量。除此之外，往往会采用协方差矩阵 $\boldsymbol{S}$(covariance matrix) 以及相关系数矩阵 $\boldsymbol{R}$(correlation matrix) 等统计量对多元数据各个属性间的相关性进行度量。协方差矩阵的计算方式如下：

$$
\begin{aligned}
s_{ij} &= \text{covariance}(x_i, x_j) \\
\text{covariance}(x_i, x_j) &= \frac{1}{n-1}\sum_{k=1}^{n}(x_{ki} - \overline{x_i})(x_{kj} - \overline{x_j})
\end{aligned}
\tag{2.6}
$$

其中，协方差矩阵 $\boldsymbol{S}$ 的第 ij 个元素 s_{ij} 是数据的第 i 个和第 j 个属性的协方差，x_{ki} 和 x_{kj} 分别表示第 k 个数据的第 i 和第 j 个属性的值。有趣的是，covariance(x_i, x_i)=variance(x_i)，即属性 x_i 与自己的协方差等同于本身的方差。

两个属性的协方差在一定程度上能够反映它们之间的相关程度。协方差的值越接近于 0，则说明两个属性越不线性相关。然而，直接观测协方差的值不能直观判断两个属性的相关程度。在相关性的判别上，相关系数往往比协方差更直观、更可取。相关系数矩阵的计算公式如下：

$$
r_{ij} = \text{correlation}(x_i, x_j) = \frac{\text{covariance}(x_i, x_j)}{s_i s_j} \tag{2.7}
$$

其中，s_i 和 s_j 分别表示属性 x_i 和 x_j 的标准差。一般来说，相关系数的值介于 -1 和 1。值得注意的是，correlation(x_i, x_i)=1，即属性 x_i 与自身完全线性相关。

2.5　结构化数据集基本分析技术

本节将以鸢尾花（Iris）数据集为例，详细介绍数据分析技术在结构化数据集上的应用。对于结构化的数据集，通常使用均值、中位数、方差等描述统计量对其进行分析，以发现数据集中隐藏的规律。

2.5.1　鸢尾花数据集介绍

接下来的章节会经常用到鸢尾花数据集，该数据集可以从加州大学欧文分校（UCI）的机器学习库中得到。鸢尾花数据集中包含 150 株鸢尾花的信息，来源于 3 个鸢尾花品种：Setosa、Versicolour 和 Virginica。数据集中，每个品种的鸢尾花都有 50 株，鸢尾花的特征包括：①花萼长度（厘米）；②花萼宽度（厘米）；③花瓣长度（厘米）；④花瓣宽度（厘米）；⑤品种（Setosa，Versicolour，Virginica）。

鸢尾花数据集可以直接从 Python 的 sklearn 工具包中导入，具体代码如下：

```
# 导入鸢尾花(Iris)数据集
from sklearn.datasets import load_iris
from collections import Counter
data = load_iris() # 加载鸢尾花数据集
print(list(data.target_names)) # 打印鸢尾花品种信息
print(list(data.feature_names)) # 打印鸢尾花特征信息
print(data.data.shape) # 打印鸢尾花数据集的规模
print(dict(Counter(data.target))) # 打印每种鸢尾花的数目
```

输出如下所示：

```
['setosa', 'versicolor', 'virginica']
['sepal length', 'sepal width', 'petal length', 'petal width']
(150, 4)
{0: 50, 1: 50, 2: 50}
```

2.5.2 描述统计

1. 频率和众数

在 2.5.1 节中，我们已经导入了鸢尾花数据集。鸢尾花数据集的各个特征均为连续变量，接下来将使用 Python 的 pandas 工具包计算该数据集各个特征的频率和众数。具体代码如下：

```
#打印鸢尾花各个特征的频率和众数
import numpy as np
import pandas as pd
df = pd.DataFrame(data.data, columns=list(data.feature_names))
columns = list(data.feature_names)
df["id"] = range(150)
x = [0 for i in columns]
for i in range(len(columns)):
    #根据种类特征进行聚合计算
    x[i]=df[["id",columns[i]]].groupby(columns[i], sort=True).count()/150
    print("*****{}*****".format(columns[i]))
    print("唯一值数目", x[i].shape[0])
    print("众数:%.2f\t频率:%.2f"%(x[i]["id"].idxmax(), x[i]["id"].max()))
```

输出如下所示：

```
*****sepal length (cm)*****
唯一值数目 35
众数:5.00 频率:0.07
*****sepal width (cm)*****
唯一值数目 23
```

```
众数:3.00 频率:0.17
*****petal length (cm)*****
唯一值数目 43
众数:1.40 频率:0.09
*****petal width (cm)*****
唯一值数目 22
众数:0.20 频率:0.19
```

2. 百分位数、均值和方差

使用 pandas 工具包计算数据集的四分位数、均值和方差等的代码如下：

```
#计算数据集的均值、方差、最小值、四分位数和最大值等
df_percent = df.drop('id', axis=1).describe()
print(df_percent)
```

输出如下所示：

```
    sepal length(cm)  sepal width(cm)  petal length(cm)  petal width(cm)
count   150.000000      150.000000        150.000000        150.000000
mean      5.843333        3.057333          3.758000          1.199333
std       0.828066        0.435866          1.765298          0.762238
min       4.300000        2.000000          1.000000          0.100000
25\%      5.100000        2.800000          1.600000          0.300000
50\%      5.800000        3.000000          4.350000          1.300000
75\%      6.400000        3.300000          5.100000          1.800000
max       7.900000        4.400000          6.900000          2.500000
```

2.6 文本数据集基本分析技术

本节以 20newsgroups 数据集为例，详细介绍文本数据集的基本分析技术。对文本数据集的分析通常采用文本可视化技术，从而帮助人们直观快速地理解文本内容。

2.6.1 20newsgroups 数据集介绍

20newsgroups 数据集是用于文本分类、文本挖掘和信息检索研究的国际标准文本数据集之一，该数据集可以使用 sklearn 提供的接口在线下载。该数据集种共有 18000 篇新闻文章，共涉及 20 种话题，所以称为 20newsgroups 数据集。数据集分为两部分：训练集和测试集。数据集的一些统计量如表 2.5 所示。

使用 sklearn 工具包提供的接口 fetch_20newsgroups 可以在线下载 20newsgroups 数据集。fetch_20newsgroups 的参数设置如下：

表 2.5　20newsgroups 数据集概况

类别	训练集文档数	测试集文档数	文档总数
alt.atheism	480	319	799
comp.graphics	584	389	973
comp.os.ms-windows.misc	591	394	985
comp.sys.ibm.pc.hardware	590	392	982
comp.sys.mac.hardware	578	385	963
comp.windows.x	593	395	988
misc.forsale	585	390	975
rec.autos	594	396	990
rec.motorcycles	598	398	996
rec.sport.baseball	597	397	994
rec.sport.hockey	600	399	999
sci.crypt	595	396	991
sci.electronics	591	393	984
sci.med	594	396	990
sci.space	593	394	987
soc.religion.christian	599	398	997
talk.politics.guns	546	364	910
talk.politics.mideast	564	376	940
talk.politics.misc	465	310	775
talk.religion.misc	377	251	628
汇总	11314	7532	18846

```
fetch_20newsgroups(
   data_home=None,   #文件下载后的保存路径，默认值为None
   subset="train",   #选择要加载的数据集，"train"/"test"/"all"
   categories=None, #如果为None，表示加载所有类别的数据；反之，则加载类别名称列表中的数
        据。默认值为None
   shuffle=True,     #是否对数据进行随机排序，默认值为True
   random_state=42, #随机种子数，默认值为42
   remove=(), #("headers","footers","quotes")的子集，删除指定部分的文本。
     "headers"会删除新闻标题，"footers"会删除看起来像签名的帖子末尾的块。
     而"quotes"则会删除看起来像引用其他帖子的行
   download_if_missing=True #如果数据不在本地，则重新下载，默认值为True
)
```

基于 sklearn 工具包，在线下载 20newsgroups 数据集的代码如下：

```
from sklearn import datasets
from collections import Counter
```

```
train = datasets.fetch_20newsgroups(subset='train') #下载训练集
test = datasets.fetch_20newsgroups(subset='test')   #下载测试集
print(train.keys())
#输出训练集各个类别文档数目
_train = Counter(train.target)
print(train.target_names)
print({i:_train[i] for i in range(20)})
#输出测试集各个类别文档数目
_test = Counter(test.target)
print(test.target_names)
print({i:_test[i] for i in range(20)})
#输出汇总之后的数目
_all = _train + _test
print({i:_all[i] for i in range(20)})
#输出训练集总文档数
print("训练集 测试集 汇总")
print(len(train.data), len(test.data), len(train.data)+len(test.data))
```

输出如下所示：

```
dict_keys(['data', 'filenames', 'target_names', 'target', 'DESCR'])
['alt.atheism', 'comp.graphics', 'comp.os.ms-windows.misc', 'comp.sys.ibm.pc.
    hardware','comp.sys.mac.hardware','comp.windows.x','misc.forsale', 'rec.autos',
    'rec.motorcycles', 'rec.sport.baseball', 'rec.sport.hockey', 'sci.crypt','sci.
    electronics', 'sci.med', 'sci.space', 'soc.religion.christian', 'talk.politics.
    guns', 'talk.politics.mideast', 'talk.politics.misc', 'talk.religion.misc']
{0: 480, 1: 584, 2: 591, 3: 590, 4: 578, 5: 593, 6: 585, 7: 594, 8: 598, 9: 597, 10:
     600, 11: 595, 12: 591, 13: 594, 14: 593, 15: 599, 16: 546, 17: 564, 18: 465,
    19: 377}
['alt.atheism', 'comp.graphics', 'comp.os.ms-windows.misc', 'comp.sys.ibm.pc.
    hardware','comp.sys.mac.hardware','comp.windows.x', 'misc.forsale', 'rec.autos',
     'rec.motorcycles', 'rec.sport.baseball', 'rec.sport.hockey', 'sci.crypt', 'sci.
    electronics', 'sci.med', 'sci.space', 'soc.religion.christian', 'talk.politics.
    guns', 'talk.politics.mideast', 'talk.politics.misc', 'talk.religion.misc']
{0: 319, 1: 389, 2: 394, 3: 392, 4: 385, 5: 395, 6: 390, 7: 396, 8: 398, 9: 397, 10:
     399, 11: 396, 12: 393, 13: 396, 14: 394, 15: 398, 16: 364, 17: 376, 18: 310,
    19: 251}
{0: 799, 1: 973, 2: 985, 3: 982, 4: 963, 5: 988, 6: 975, 7: 990, 8: 996, 9: 994, 10:
     999, 11: 991, 12: 984, 13: 990, 14: 987, 15: 997, 16: 910, 17: 940, 18: 775,
    19: 628}
训练集 测试集 汇总
11314 7532 18846
```

2.6.2 文本可视化

文本可视化能够通过图表的形式直观地展示文本数据内部每个词条的分布，对于理解文档主旨、对比文档信息、挖掘文本的常见模式具有非常重要的意义。文本数据可视化通常包括 3 个步骤：提取关键词、计算词权重、生成图表。在文本可视化领域，常见的图表有词云图和力导向图等。本节将基于词频统计详细介绍词云图的使用。

1. 词频统计

词频统计是指统计文档中各个词条的个数，是文本数据可视化技术中最基础的步骤。对于 2.5 节中的 20newsgroups 数据集，选取第一个类别的数据进行词频统计。词频统计的结果如表 2.6 所示。

表 2.6 词频统计结果示例（前 10 个词）

词	词频	词	词频
zus	9020	zlumber	9015
zur	9019	zionist	9014
zues	9018	zion	9013
zoo	9017	zillions	9012
zombie	9016	zeroed	9011

使用 sklearn 进行词频统计的具体代码如下：

```
# 词频统计
import numpy as np
from sklearn.feature_extraction.text import TfidfVectorizer
# 提取数据集中类别为0的数据
group0 = np.array(train.data)[np.array(train.target)==0]
vectorizer = TfidfVectorizer()
# 词频统计
X = vectorizer.fit_transform(group0)
vocabulary = vectorizer.vocabulary_
# 对词频结果进行降序排序
vocabulary = sorted(vocabulary.items(), key=lambda x: -x[1])
```

2. 词云图

词云图（word cloud）是指以词云的形式展示文档中的前 n 个关键词。词云图中每个词条的大小由词条的重要性决定。本节将介绍如何使用 wordcloud 工具包绘制词云图。在使用 wordcloud 工具包之前，需要先安装 matplotlib（Python 中的图像绘制库）和 wordcloud 库。如果没有安装，在命令行中运行指令 “pip install matplotlib wordcloud” 即可完成安装。基于 wordcloud 库绘制词云图的代码如下：

```
# 生成词云图
import matplotlib.pyplot as plt
```

```
from wordcloud import WordCloud
group0 = " ".join(group0)
# 去除停用词
wc = WordCloud(
    # font_path=None,              # 字体路径
    background_color='white',     # 背景颜色
    width=1000,                   # 宽度
    height=600,                   # 高度
    max_font_size=50,             # 字体大小
    min_font_size=10,
    mask=plt.imread('xin.jpg'),  # 背景图片，从网上下载的心形图片
    max_words=1000                # 词最大数量
  )
wc.generate(group0)               # 词云生成
wc.to_file('wordcloud.png')       # 图片保存
```

绘制的词云图如图 2.1 所示。从词云图中，可以看到第一个类别（alt.atheism）是关于宗教、神学方面的，突出的词有 God（上帝）、Jesus（耶稣）和 religion（宗教）。

图 2.1　词云图示例

2.7　数据可视化技术

数据可视化指的是通过图表的形式直观地展示数据的过程。对数据进行合理的可视化有利于帮助人们形象地分析和理解数据，进而发现和总结出数据背后的模式和规律。数据可视化具有易理解、直观和形象的特点。接下来根据不同的数据分析目的分别介绍常用的数据可视化技术。

2.7.1 可视化数据变量之间的相关性

1. 散点图

散点图可以用来描述两个或者三个数据变量之间的相关性，它将考察的变量值映射到平面或者空间上，可以通过观察平面或者空间上的点的分布分析变量间的相关性。

实验数据集：seaborn 工具包中自带的鸢尾花数据集；鸢尾花数据集是常用的分类实验数据集，包含 150 条训练样本，分为 3 个类别，其中，每个类别有 50 个训练样本，每个样本包含 4 个属性——花萼长度、花萼宽度、花瓣长度、花瓣宽度。

实验说明：使用散点图对鸢尾花的花萼长度和花萼宽度进行分析。绘制的散点图如图 2.2 所示，可以发现 versicolor 和 virginica 的样本在散点图中的分布区域更接近，说明这两种类别的鸢尾花的花萼长度和花萼宽度也比较接近。

实验代码：

```
import seaborn as sns
import matplotlib.pyplot as plt
# 加载Iris数据集
df_iris = sns.load_dataset("iris")
# 绘制散点图
sns.lmplot(x='sepal_length', y='petal_length', data=df_iri,hue='species', fit_reg=
    False)
plt.savefig("./diagram/scatter_diagram.png") # 图片保存
plt.show()
```

实验图例：

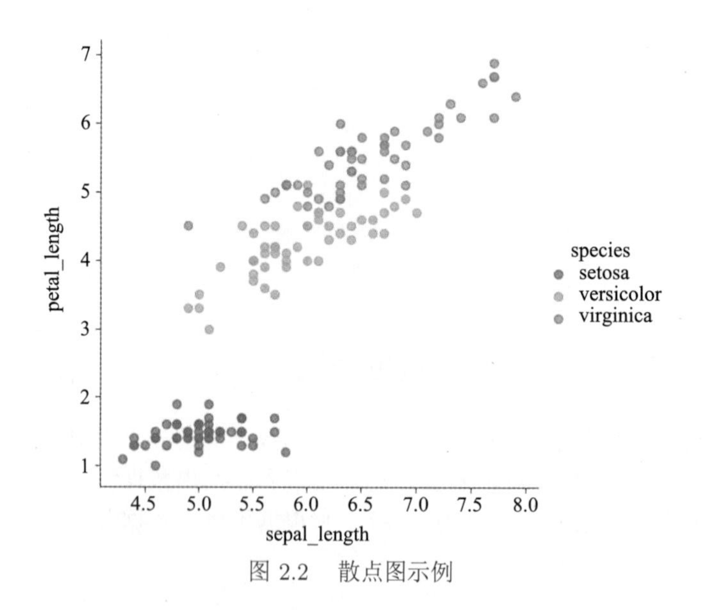

图 2.2 散点图示例

2. 热力图

热力图是一种矩阵表示方法，可以用来描述两个或者三个数据变量之间的相关性，它使用颜色的深浅或不同的颜色衡量两个变量之间的相关性。可以通过分析颜色的深浅分布得到变量间的相关程度。

实验数据集：seaborn 工具包中自带的数据集 flights; 该数据集记录了从 1949 年到 1960 年每个月份的航班乘客数量。数据集共有 144 条训练样本，每条样本具有 3 个属性——航班年份、航班月份、航班乘客量。

实验说明：使用热力图对航班年份和航班月份的乘客量进行分析。绘制的热力图如图 2.3 所示，可以发现从 1956 年到 1960 年的六、七、八月的颜色比较深，说明这几个月的乘客量相对更多，从而得知六、七、八月是高峰期。而且随着年份的增加，单元格的颜色逐渐加深，说明乘客量随着年份的增加一直在增多。

实验代码：

```
import seaborn as sns
import matplotlib.pyplot as plt
# 加载flights数据集
flights = sns.load_dataset('flights')
# 提取出数据集三个属性_航班年份、航班月份、航班乘客量
flights = flights.pivot('month', 'year', 'passengers')
# 绘制热力图
sns.heatmap(flights, linewidths=0.5, cmap='Greys', cbar=True)
plt.savefig("./diagram/heatmap.png") # 图片保存
plt.show()
```

实验图例：

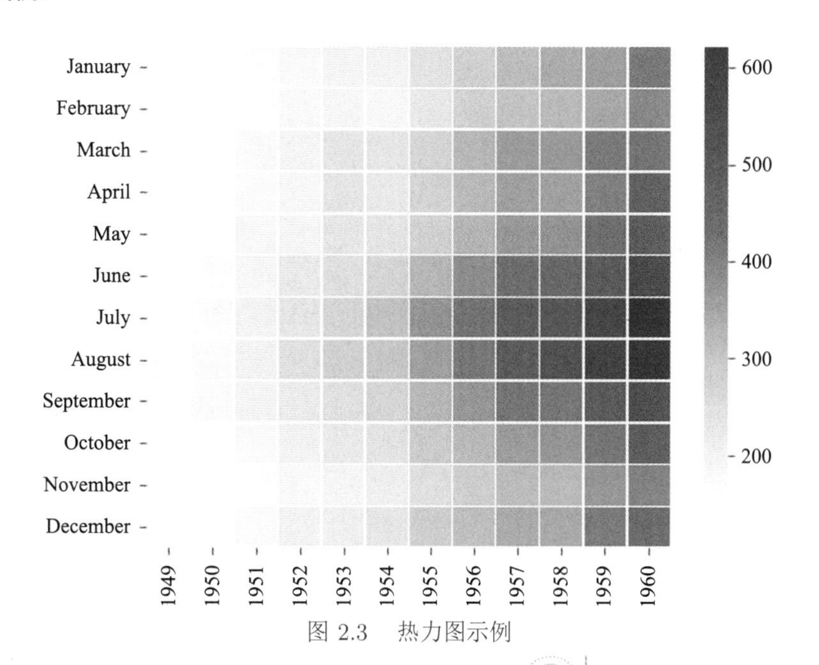

图 2.3　热力图示例

2.7.2 可视化数据变量值的分布情况

1. 直方图

直方图又称柱状图，可以用来分析和描述数据的分布情况，它能够直观地显示各组数据之间的频数的差异。在直角坐标系上，横坐标表示分组类别，纵坐标表示每个分组类别的频数。

实验数据集： seaborn 工具包中自带的数据集 Iris。

实验说明： 使用直方图展现鸢尾花的 4 个属性——花萼长度、花萼宽度、花瓣长度、花瓣宽度的分布情况。绘制的直方图如图 2.4 所示。

实验代码：

```
import seaborn as sns
import matplotlib.pyplot as plt
# 加载Iris数据集
df_Iris = sns.load_dataset("iris")
# 绘制直方图
sns.distplot(df_Iris["petal_length"], kde=False,color="green")
plt.title("sepal_length")
plt.savefig("./diagram/histogram_petal_length.png") # 图片保存
plt.show()
```

实验图例：

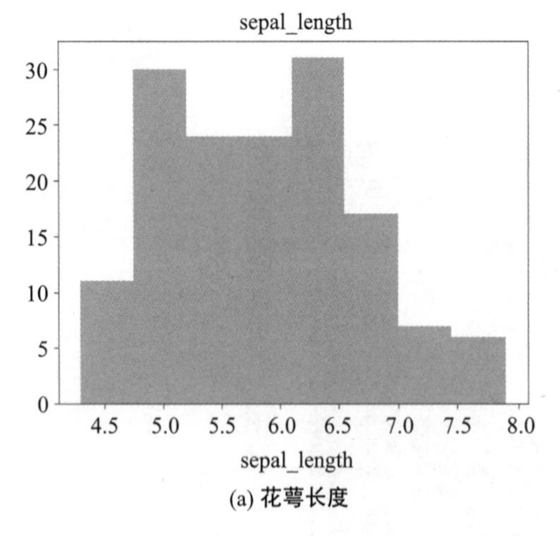

(a) 花萼长度

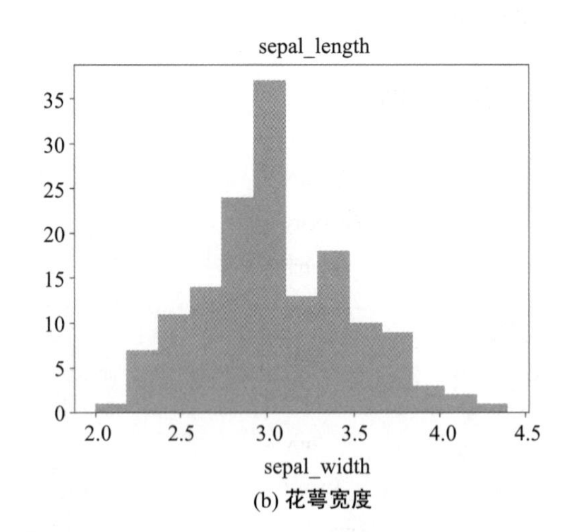

(b) 花萼宽度

图 2.4 直方图示例

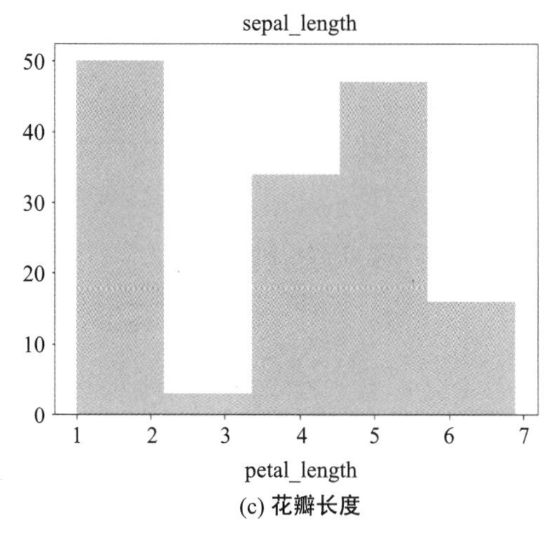

(c) 花瓣长度

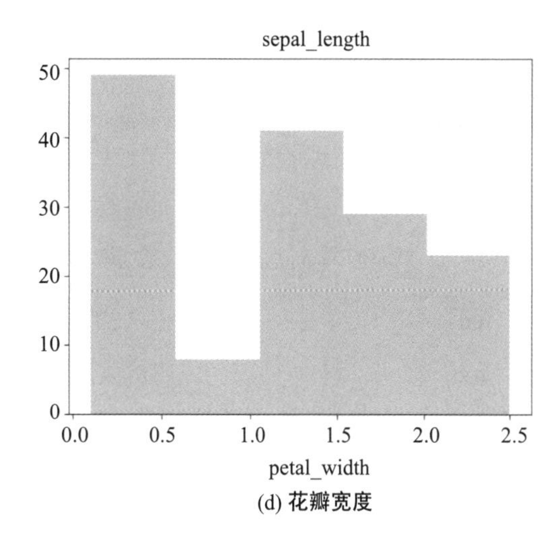

(d) 花瓣宽度

图 2.4 （续）

2. 密度图

密度图又称密度曲线图，可以用来描述连续变量的分布情况，它使用平滑曲线可视化数值的分布。密度图中的峰值区域是值高度集中的区域。通过展现多个不同变量的密度曲线，可以分析出变量之间的分布关系。

实验数据集： seaborn 工具包中自带的数据集 Iris。

实验说明： 本数据集上共有 4 个属性——花萼长度、花萼宽度、花瓣长度、花瓣宽度，其中包含 3 个品种（Setosa,Versicolor,Virginica）。因此，分别对 4 个属性在 3 个鸢尾花品种的分布情况进行展示，进而分析出哪种属性特征更能区分鸢尾花的品种类别。绘制的密度图如图 2.5 所示。从密度图 2.5（a）中可以发现，setosa 类别的花萼长度的峰值区域在 5 左右，而 versicolor 和 virginica 类别的花萼长度的峰值区域相比 setosa 更大，说明这两种鸢尾花相比 setosa 品种拥有更长的花萼。

实验代码：

```
import seaborn as sns
import matplotlib.pyplot as plt
# 加载Iris数据集
df_Iris = sns.load_dataset("iris")
variable = "petal_width"
# 绘制密度图
sns.kdeplot(df_Iris.loc[df_Iris['species']=="setosa", variable], shade=True, color="
    deeppink", label="setosa")
# 绘制密度图
sns.kdeplot(df_Iris.loc[df_Iris['species']=="versicolor", variable], shade=True,
    color="orange", label="versicolor")
# 绘制密度图
sns.kdeplot(df_Iris.loc[df_Iris['species'] == "virginica", variable], shade=True,
    color="green", label="virginica")
plt.title("Density Map of " + variable + " by species")
```

```
plt.savefig("./diagram/densityMap_"+variable+".png") # 图片保存
plt.legend()
plt.show()
```

实验图例：

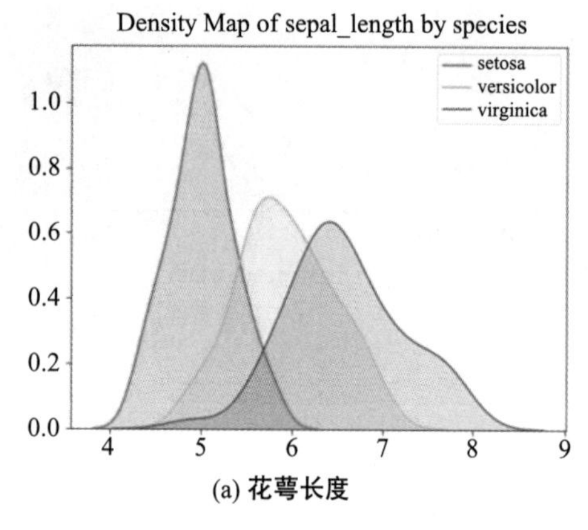

(a) **花萼长度**

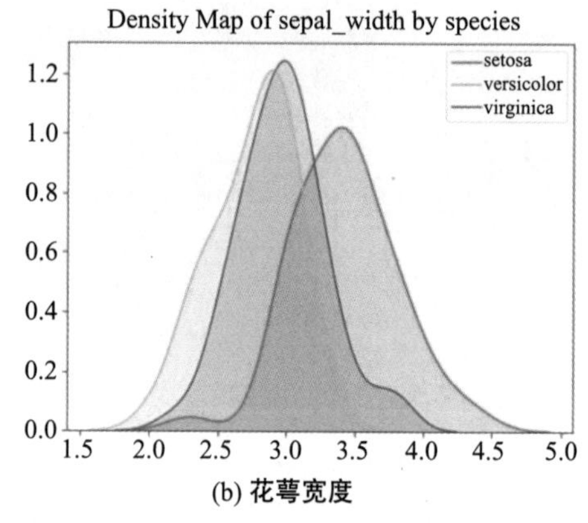

(b) **花萼宽度**

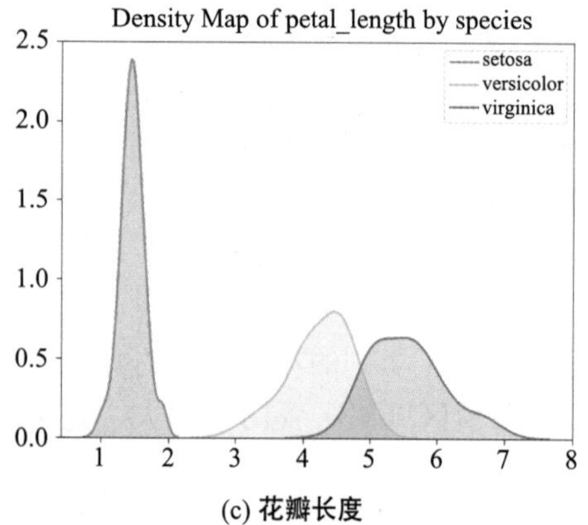

(c) **花瓣长度**

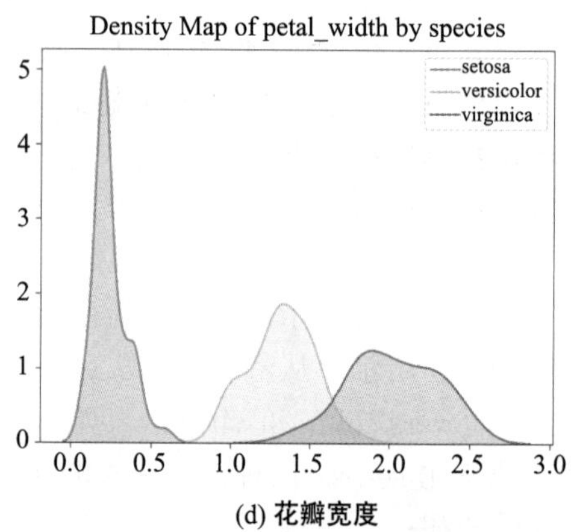

(d) **花瓣宽度**

图 2.5　密度图示例

3. 饼图

饼图又称饼状图，可以用来描述不同类别的占比情况。在饼图中，一个圆形按照类别占据的比例划分成多个扇形，整个圆形代表数据的总量，而每个扇形表示对应类别占总体的比例。

实验数据集： seaborn 工具包中自带的数据集 Iris。

实验说明： 使用饼图展现 3 个类别的训练样本数量的占比情况。绘制的饼图如图 2.6 所示。从图中可以直观地发现，versicolor 品种的训练示例占比最少。

实验代码：

```
import seaborn as sns
import matplotlib.pyplot as plt
# 加载Iris数据集
df_Iris = sns.load_dataset("iris")
```

```
# 统计每个花卉品种的训练样本数量
df = df_Iris.groupby("species").size()
# 绘制饼图
df.plot(kind="pie", subplots=True)
plt.ylabel("") # 设置类别
plt.title("每个品种的训练实例数量")
plt.savefig("./diagram/pie_chart.png") # 图片保存
plt.show()
```

实验图例:

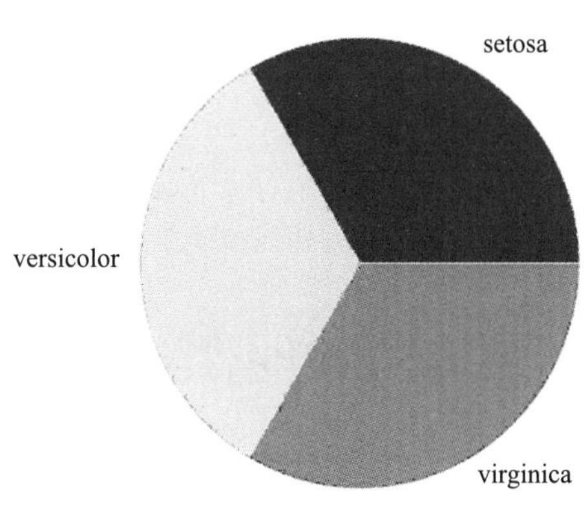

图 2.6　饼图示例

4. 折线图

折线图又称折线统计图，它使用折线的上升或者下降趋势表示统计数量的增减变化情况。

实验数据集: seaborn 工具包中自带的数据集 flights。

实验说明: 使用折线图展示航班从 1949 年到 1960 年乘客量的变化情况。绘制的折线图如图 2.7 所示。从图中可以发现，乘客数量呈直线趋势，逐年上升。

实验代码:

```
import seaborn as sns
import matplotlib.pyplot as plt
# 加载flights数据集
df_flights = sns.load_dataset("flights")
# 提取每年的航空乘客量
flight_dict = dict(df_flights["passengers"].groupby(df_flights["year"]).sum())
x, y = [], []
for (key, value) in flight_dict.items():
   x.append(key)
   y.append(value)
```

```
# 绘制折线图
plt.plot(x, y, color="tab:green")
plt.savefig("./diagram/line_chart.png") # 图片保存
plt.show()
```

实验图例:

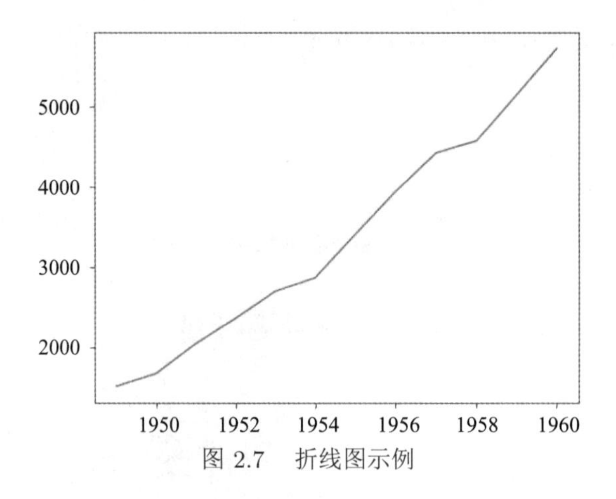

图 2.7　折线图示例

2.8　数据对象相似性与距离计算

2.8.1　数据对象的相似性定义

对数据对象相似性的衡量在数据挖掘中起着重要作用，常常被许多数据挖掘技术使用，如最近邻分类、聚类、信息检索和异常检测等。数据对象之间的相似性指的是使用数值度量数据对象的相似程度，两个数据对象越相似，相似程度的数值就越高，反之亦然。

2.8.2　数据对象相似性的度量方法

1. 余弦相似性

余弦相似性使用向量空间上两个向量夹角的余弦值衡量两个数据对象的相似性。余弦相似度的数值范围是 $[-1,1]$, 相似度的数值越高，表明两个数据对象越相似。值得注意的是，余弦相似性的计算更加注重两个数据对象向量在方向上的差异，而非距离或者长度的差异。

现假设两个数据对象 $\boldsymbol{X}$ 和 $\boldsymbol{Y}$ 在向量空间上的表示分别为:

$$\begin{aligned}\boldsymbol{X}&=(x_1,x_2,\cdots,x_n)\\ \boldsymbol{Y}&=(y_1,y_2,\cdots,y_n)\end{aligned}\tag{2.8}$$

则两个数据对象向量 $\boldsymbol{X}$ 和 $\boldsymbol{Y}$ 的余弦相似性的计算公式如下:

$$\cos\theta=\frac{\sum\limits_{i=1}^{n}x_i\times y_i}{\sqrt{\sum\limits_{i=1}^{n}x_i^2}\times\sqrt{\sum\limits_{i=1}^{n}y_i^2}}\tag{2.9}$$

2. 欧几里得距离

欧几里得距离 [1] 是最常用的衡量两个数据对象之间距离的方法，它用于衡量两个向量在 n 维空间中的真实距离，适用于稠密且连续的数据。

两个数据对象向量 $\boldsymbol{X}$ 和 $\boldsymbol{Y}$ 的欧几里得距离的计算公式如下：

$$d=\sqrt{\sum_{i=1}^{n}(x_i-y_i)^2} \tag{2.10}$$

3. 曼哈顿距离

曼哈顿距离 [2] 用来衡量向量空间在相同维度上的距离和。两个数据对象向量 $\boldsymbol{X}$ 和 $\boldsymbol{Y}$ 的曼哈顿距离的计算公式如下：

$$d=\sum_{i=1}^{n}|x_i-y_i| \tag{2.11}$$

4. 皮尔森相关系数

皮尔森相关系数 [3] 用来衡量两个变量的线性相关的强弱程度，其系数的取值范围为 $[-1,1]$。系数 r 的绝对值越大，两个变量间的相关性越强。当 $r>0$ 时，两个变量呈正相关；当 $r<0$ 时，两个变量呈负相关；当 $r=0$ 时，两个变量不是线性相关的（非线性相关），或呈其他类型的相关性；当 $r=-1$ 或者 $r=1$ 时，两个变量呈线性相关。

两个数据对象向量 $\boldsymbol{X}$ 和 $\boldsymbol{Y}$ 的皮尔森相关系数的计算公式如下：

$$\phi_{x,y}=\frac{\text{covariance}(\boldsymbol{X},\boldsymbol{Y})}{s_x s_y} \tag{2.12}$$

其中，$\text{covariance}(\boldsymbol{X},\boldsymbol{Y})$ 表示变量 $\boldsymbol{X}$ 和变量 $\boldsymbol{Y}$ 之间的协方差；s_x 和 s_y 分别表示变量 $\boldsymbol{X}$ 和变量 $\boldsymbol{Y}$ 的标准差。协方差和标准差的具体计算公式见 2.4.5 节。

5. Jaccard 系数

Jaccard 系数 [4] 用来衡量样本集合间的相似性和差异性。给定集合 A 和 B，衡量它们之间相似性的 Jaccard 系数的计算公式为：

$$J(A,B)=\frac{|A\cap B|}{|A\cup B|}=\frac{|A\cap B|}{|A|+|B|-|A\cap B|} \tag{2.13}$$

其中，$|A|$ 表示集合 A 中的元素个数。

2.9 大数据概述

2.9.1 大数据的兴起

随着互联网、社交网络、物联网、云计算等领域技术的飞速发展与广泛应用，大量结构化、半结构化和非结构化的数据随之产生。同时，大量的数据具有丰富的可挖掘价值。然而，传统的数据存储、数据分析技术都难以处理庞大的数据量。各种技术难题——数据获取、数据存储、数据实时分析等都需要解决，也因此产生了“大数据”的概念。

2.9.2 大数据的特点

大数据具有以下特点。

①海量性：随着互联网的发展以及移动设备的广泛应用，数据每时每刻都在产生。数据量将从 TB 级别跃升到 PB 级别。②多样性：随着传感器、智能设备以及社交协作技术的飞速发展，数据不仅包含传统的关系数据，还包含来自网站或平台上的日志、社交平台的用户数据、邮件以及传感器数据等。正是由于数据来源的多样，不同方式产生的数据均具有各自的特点。③高速性：高速性描述的是数据产生、分析、移动的速度。在高速的网络时代，数据是具有时效性的，不仅需要具有数据存储技术，还必须具有数据的快速处理以及分析技术。④易变性：大数据具有多层结构，这意味着大数据会呈现出多变的形式和类型。与传统业务数据相比，大数据具有不规则和模糊不清的特性，从而难以使用传统的数据分析技术进行数据挖掘。因此，人们面临的挑战是处理并从以各种形式呈现的复杂数据中挖掘价值。

2.10 小 结

本章首先对数据集及数据集基本分析技术进行了概述，简单介绍了数据的属性、定义以及多种数据统计指标，然后分别从描述统计的角度使用多种统计指标对结构化数据集进行了描述刻画，并结合一些编程代码生动地展示了如何计算结构化数据的多种统计指标。另一方面，本章从数据展现的角度分别以表格和图形的方式呈现了文本和结构化数据，包括词云图、散点图、热力图、直方图、密度图、饼图、折线图等。读者可以通过编程代码和案例图片进一步加以理解，做到透彻领会经典案例中的数据可视化，并通过实战练习、撰写数据分析报告、充分结合理论与实践经验，真正学会如何最大化地发挥数据的作用。

2.11 练 习 题

1. 简答题

（1）思考欧几里得距离、余弦相似性、曼哈顿距离各自的不足和适用场景。

（2）可视化图表可分为对比型图表和分布型图表，这两种图表分别有什么特点，我们学习的图表中哪些属于对比型，哪些属于分布型？

2. 操作题

对餐厅小费数据集 (seaborn 库中包含该数据集) 运用数据可视化技术进行数据分析，要求:

（1）小费和总消费之间的关系（散点图 + 回归分析）;

（2）吸烟与否是否会对小费金额产生影响（箱图或者提琴图）;

（3）性别 + 吸烟的组合因素对慷慨度的影响（统计柱状图）;

（4）什么时候顾客给的小费更慷慨（箱图或者提琴图）。

```
import seaborn as sns
import matplotlib.pyplot as plt
data = sns.load_dataset("tips")
data.head()
# 总消费，小费，性别，吸烟与否，就餐日期，就餐时间，就餐人数
```

2.12 参考文献

[1] Danielsson P E. Euclidean distance mapping[J]. Computer Graphics and image processing, 1980, 14(3): 227-248.

[2] Niedermeier R, Sanders P. On the Manhattan Distance Between Points on Space Filling Mesh Indexings[M]. Univ., Fak. für Informatik, 1996.

[3] Puth M T, Neuhäuser M, Ruxton G D. Effective use of Pearson's product–moment correlation coefficient[J]. Animal behaviour, 2014, 93: 183-189.

[4] Niwattanakul S, Singthongchai J, Naenudorn E, et al. Using of Jaccard coefficient for keywords similarity[C]//Proceedings of the international multiconference of engineers and computer scientists. 2013, 1(6): 380-384.

第3章 数据预处理

学习目标

- ❑ 了解数据预处理的基本概念
- ❑ 掌握并实现常用的数据清洗方法
- ❑ 掌握并实现常用的数据降维方法
- ❑ 了解敏感数据的识别方法
- ❑ 了解敏感信息的去除算法
- ❑ 根据案例学习结构化数据和文本数据的预处理

在实际业务处理中，人们获得的数据往往是不完整、不一致的“脏”数据，例如存在缺失值、重复值、不一致等问题，直接使用原数据训练模型可能会影响模型的性能。因此，在训练模型前，往往会对数据进行预处理。数据预处理一方面可以提高数据的质量，另一方面可以使数据中蕴含的信息更容易被挖掘。本章从数据预处理的概述开始，深入浅出地讲解常用的多种数据预处理方法，例如数据清洗、数据降维等。其中，数据清洗主要处理数据中的缺失值、异常点、噪声等；而数据降维指的是降低数据的维度，主要用来减少冗余特征，提升模型训练速度与模型精度。数据降维算法多种多样，本章将介绍几种常用的降维算法，包括主成分分析 [1]、多维缩放降维 [2]、等度量映射降维 [3] 以及局部线性嵌入 [4]。另外，本章将通过实际案例展示如何利用现有的数据预处理方法分别处理结构化数据和文本数据。最后，本章还将介绍不同数据类型的敏感数据识别方法，以及 3 种常用的敏感信息去除算法。

3.1 数据预处理概述

在工程实践中，使用的数据往往不像在科学研究中使用的数据那么干净，普遍存在缺失值、重复值、不一致等问题，这就需要进行数据预处理。数据预处理没有标准的流程，通常因为任务的不同、数据集属性的不同而有所变化。本章将根据数据类型与任务的不同介绍多种数据预处理方法，包括以下部分：

- 数据清洗。数据清洗是数据挖掘工程实践中非常重要的一环。现实世界中的数据往往存在缺失值、重复值、不一致等问题，需要先经过数据清洗才能使用。
- 数据降维。数据降维的主要作用包括减少冗余的特征、提升模型训练速度与模型精度；降维后的特征维度低，便于可视化 (通常为二维或者三维)。
- 结构化数据预处理技术。结构化数据即数据库数据，存储在数据表中，表中的数值特征可能存在范围不一致的问题，需要进行归一化或者标准化操作。

- *文本数据预处理技术*。文本数据是一种非结构化数据，预处理过程包括过滤特殊字符、过滤停止词、词形还原等。
- *隐私保护与数据脱敏*。许多数据挖掘任务中的数据包含用户隐私信息，针对不同的隐私敏感性与数据可用性要求，可以使用不同的数据脱敏方法对敏感信息进行去除。

3.2 数据清洗

本节主要介绍数据清洗的一些方法。在这之前，我们先思考一个问题——为什么要进行数据清洗？理想中的数据应该是完美的，数据质量非常高，不存在异常点、缺失值，也没有噪声数据。但实际上，现实中的数据可能充斥着大量的噪声，可能包含许多缺失值，或者存在由于人工输入错误而导致的异常点，这些情况的出现使得我们难以挖掘出有效的信息。因此，在数据挖掘中需要进行数据清洗，数据清洗不仅可以提高数据的质量，还可以使数据更适合挖掘。

3.2.1 缺失值处理

无论是项目数据还是竞赛数据，都会遇到数据缺失的情况。有些做法比较简单粗暴，即直接删除缺失的数据或者用 0 值或其他特殊值进行填充。那么，到底如何处理数据缺失的情况呢？其实，根据不同的数据，应该采取不同的策略。

首先要进行数据分析，查看数据缺失的分布情况。这里采用的数据集来源于 Kaggle 竞赛平台的电信用户流失数据，该数据集共有 13259 条样本、79 维特征。接下来针对其中一维特征进行分析。

```
import pandas as pd
data = pd.read_csv('sampletelecomfinal.csv') # 读取数据
print(data.shape)
print(features['mou_Mean].isnull().sum())
```

输出结果如下：

```
(13259, 79)
mou_Mean 26
```

可以看到，13259 条样本中，'mou_Mean'列只有 26 条数据缺失，占总体数据约 0.2%，此时数据缺失比较少。因此，删除缺失数据对整体的数据分布几乎没有影响。如果数据缺失比较多，而且该列数据又比较重要，直接删除缺失数据势必会影响模型的性能。因此，当数据缺失比较多时，通常采用以下方法进行处理：

- 均值或中位数填充法。如果数据的分布是比较均匀的，那么可以采用均值进行填充；相反，如果数据分布比较倾斜，那么可以采用中位数进行填充。该填充方法的处理方式比较简单，也不会减少样本。

- 随机插补法。从数据集中随机选择一个不含缺失值的样本替换缺失的样本。
- 热平台插补法 [5]。从不含缺失值的样本集中检索出与包含缺失值的样本相似的样本，然后利用该样本的观测值插补缺失值。该方法比较简单，准确率也比较高。但是当变量数量较多时，难以检索出与包含缺失值的样本相似的样本，这时通常可以按照一些变量将数据进行分层，然后在层中使用均值进行插补。
- 多重插补法 [6]。通过对缺失的数据构造多个插补值可以生成多个完整的数据集，然后对每个完整数据集分别使用相同的方法进行处理，最终分析这些数据集并总结分析结果，以得到对缺失变量的估计。
- 建模法。根据数据集中的其他数据列训练模型，对缺失数据进行预测。

3.2.2 异常点检测

异常点就是通常说的“离群点”“孤立点”。异常点的出现可能是由于人工输入错误而导致的。在处理异常点之前，需要先进行异常点检测。下面介绍几种检测异常点的常用方法。

1. 统计分析

获取数据之后，可以先简单地对数据做一个统计分析，例如统计属性的最大/最小值。最大/最小值可以用来判断该属性的取值是否在合理范围内，如某个用户的身高为 −30cm，这显然是不合理的。

```
import pandas as pd
data = pd.read_csv('sampletelecomfinal.csv') # 读取数据
data[['mou_Mean', 'totmrc_Mean', 'rev_Range', 'mou_Range']].describe()
    #生成描述性统计数据
```

输出结果如下：

```
        mou_Mean       totmrc_Mean    rev_Range       mou_Range
count 13233.000000   13233.000000   13233.000000   13233.000000
mean    529.348409      46.960394      44.696770     382.439696
std     546.503814      24.145539     139.109904     569.885497
min       0.000000      -6.167500       0.000000       0.000000
25%     160.250000      30.000000       1.980000     114.000000
50%     365.250000      44.990000      15.990000     246.000000
75%     719.250000      59.990000      57.360000     486.000000
max   12206.750000     399.990000   13740.540000   43050.000000
```

输出结果统计数据集的集中趋势，分散和行列的分布情况 (不包括 NaN 值)。默认情况下仅返回数值类型列的统计结果，结果指标包括数量 (count)、平均值 (mean)、方差 (std)、最小值 (min)、第 25 百分位、中位数 (第 50 百分位)、第 75 百分位和最大值 (max)。

2. 3α 原则

如果数据的分布遵循正态分布，那么在 3α 原则下，那些偏离平均值 3 倍标准差的值就是异常值。因为在数据遵循正态分布的情况下，偏离平均值 3 倍标准差的值出现的概率为 $P(|x-u|>3\alpha)\leqslant 0.003$，属于极小概率事件，因此出现在该范围内的值可以视为异常点。在数据不遵循正态分布的情况下，也可以根据偏离平均值多少倍的标准差判断异常点。

3. 基于模型检测

基于模型检测的方法是指创建一个数据模型以拟合数据对象，而那些不能与模型完全拟合的对象就是异常点。如果模型是若干簇组成的集合，那么不属于任何簇的数据对象就是异常点。使用回归模型时，那些与预测值相对较远的对象就是异常点。

3.2.3 异常点处理

前面介绍了几种异常点检测方法，下面介绍处理异常点的方法。

（1）删除异常点。对于非常明显且数量较少的异常点，可以直接删除。

（2）不处理。如果算法对异常点不敏感，则不需要处理；如果算法对异常点敏感，则最好不要使用该算法，例如 K 均值聚类算法 (K-means Clustering Algorithm)、K 最近邻 (K-Nearest Neighbors，KNN) 算法等。

（3）平均值替代。使用该属性列的平均值代替异常点，这种做法不会减少样本，处理方式也比较简单。

（4）视为缺失值。参考处理缺失值的方法处理异常点。

3.2.4 重复数据处理

获取的数据中可能存在一些重复数据，这时就需要进行过滤。首先创建数据集：

```
# 创建数据集
import pandas as pd
data = pd.DataFrame({'name': ['Ming', 'Hong', 'Li', 'Feng', 'Hong', 'Ming'], 'score'
    : [90,85,95,85,85,90]})
print(data)
```

输出结果如下：

```
index name   score
0     Ming   90
1     Hong   85
2     Li     95
3     Feng   85
4     Hong   85
5     Ming   90
```

接下来查看数据是否包含重复行：

```
# 调用DataFrame的duplicated函数返回一个布尔型Series，表示该行是否重复
print(data.duplicated())
```

输出结果如下：

```
0   False
1   False
2   False
3   False
4   True
5   True
dtype: bool
```

可以看到第 5 条和第 6 条数据是重复的，需要进行过滤：

```
# 调用DataFrame的drop_duplicates函数返回去除重复数据的DataFrame
data.drop_duplicates()
print(data)
```

输出结果如下：

```
index   name   score
0       Ming   90
1       Hong   85
2       Li     95
3       Feng   85
```

3.2.5 噪声处理

噪声是指机器无法解析的无意义数据，它可能由于数据收集错误、数据录入错误等而产生。噪声主要包括错误值或偏离期望的孤立点值，噪声的存在给数据的挖掘与分析造成了一定的干扰，因此需要清洗噪声。下面介绍几种处理噪声的方法。

（1）分箱法。分箱法就是将数据按照一定的规则放入不同的箱中，然后对每个箱中的数据进行分析，并根据分析结果对箱中的数据进行处理。这里所说的分箱规则是根据数据的条数进行分箱，这样可以确保每个箱中的数据量是一样的；也可以定义区间进行分箱，将数据放入对应区间的箱中。箱中数据的处理方法根据取值的不同可以划分为以下 3 种。

- 根据箱的均值平滑：计算每个箱的平均值，然后用该平均值替换箱中的数据。
- 根据箱的中位数平滑：计算每个箱的中位数，然后用该中位数替换箱中的数据。
- 根据箱的边界平滑：计算每个箱的最大和最小边界，然后对于箱中的每个数据用最近的边界进行替换。

（2）回归法。回归法就是利用函数建模变量与变量之间的关系，然后根据这个函数预测其中一个变量。回归法分为两种：单线性回归和多线性回归。单线性回归就是利用一条

直线拟合两个变量，从而使用已知的其中一个变量预测另外一个变量。多线性回归是单线性回归的扩展，它利用一个多维面拟合数据。

3.3 数据降维

3.3.1 数据降维概述

在机器学习领域中，数据降维是指通过一个映射函数将原始的高维数据映射到低维空间中。数据降维的核心在于学习一个映射函数 $f: x \rightarrow y$，其中，x 是原始数据的向量表示，y 是原始数据经过映射函数后的向量表示，通常向量 y 的维度小于向量 x 的维度。数据降维的作用以及使用降维后的数据进行数据挖掘的优势在于：

（1）原始高维数据可能包含大量冗余信息和噪声信息，这些信息的存在给数据的挖掘与分析造成了误差，降低了模型的性能。数据降维可以减少冗余信息和噪声信息，从而提升模型的性能。

（2）当数据的特征维度较高时，特征间往往存在多重共线性，即特征属性之间存在相互关联关系。数据降维能够一定程度上消除多重共线性的影响，提升机器学习模型的鲁棒性与泛化性。

（3）数据降维可以减缓高维特征中稀疏性的问题，帮助机器学习模型更好地找到有意义的数据特征。

（4）数据降维可以减少机器学习模型在训练高维特征数据时的训练时长，提高训练速度。

在很多算法中，降维算法都是数据预处理的一部分，下面介绍主成分分析（Principal Component Analysis，PCA）、多维缩放（Multiple Dimensional Scaling，MDS）降维、等度量映射（Isometric Mapping，Isomap）降维以及局部线性嵌入（Locally Linear Embedding，LLE）等多种主流的数据降维算法及其代码实现。

3.3.2 主成分分析降维

主成分分析是最常用的一种数据降维方式，它通过正交变换将一组可能存在相关性的变量转换为一组线性不相关的变量，转换后的这组变量称为主成分。算法步骤如下：

输入：样本集 $X = \{\boldsymbol{x}_1, \boldsymbol{x}_2, \cdots, \boldsymbol{x}_N\}$；样本数 N；原始特征维度 n；低维空间维数 n'。

输出：样本集在低维空间中的矩阵 $\boldsymbol{Z} = (\boldsymbol{z}_1, \boldsymbol{z}_2, \cdots, \boldsymbol{z}_N)$；映射矩阵 $\boldsymbol{W} = (\boldsymbol{w}_1, \boldsymbol{w}_2, \cdots, \boldsymbol{w}_{n'})$；样本均值向量$\boldsymbol{\mu}$。

算法步骤：

计算样本均值向量 $\boldsymbol{\mu}$：

$$\boldsymbol{\mu} = \frac{1}{N}\sum_{j=1}^{N} \boldsymbol{x}_j \tag{3.1}$$

对所有样本进行中心化操作：

$$\boldsymbol{x}_i \leftarrow \boldsymbol{x}_i - \boldsymbol{\mu} \tag{3.2}$$

计算样本的协方差矩阵 $\boldsymbol{X}\boldsymbol{X}^{\mathrm{T}}$；

对协方差矩阵 $\boldsymbol{X}\boldsymbol{X}^{\mathrm{T}}$ 做特征值分解；

对求得的特征值排序，取最大的 n' 个特征值对应的特征向量 $\boldsymbol{w}_1, \boldsymbol{w}_2, \cdots, \boldsymbol{w}_{n'}$，构造投影矩阵 $\boldsymbol{W} = (\boldsymbol{w}_1, \boldsymbol{w}_2, \cdots, \boldsymbol{w}_{n'})$；

通过映射矩阵 $\boldsymbol{W}$ 将所有样本映射到低维空间，得到样本集在低维空间中的矩阵

$$\boldsymbol{Z} = \{\boldsymbol{z}_1, \boldsymbol{z}_2, \cdots, \boldsymbol{z}_N\}$$

$$\boldsymbol{Z} = \boldsymbol{X}\boldsymbol{W}^{\mathrm{T}} \tag{3.3}$$

在处理新样本时，只需要将新样本通过样本均值向量$\boldsymbol{\mu}$ 进行中心化，再与映射矩阵 $\boldsymbol{W}$ 相乘，即可得到降维后的样本数据。代码实现如下：

```
import numpy as np
import matplotlib.pyplot as plt
from mpl_toolkits.mplot3d import Axes3D
from matplotlib.ticker import NullFormatter
from sklearn import datasets
from sklearn import decomposition

plt.rcParams['font.sans-serif'] = ['SimHei'] #用来正常显示中文标签
plt.rcParams['axes.unicode_minus'] = False    #用来正常显示负号

iris = datasets.load_iris() # 加载Iris数据集
X = iris.data
y = iris.target
y = np.choose(y, [1, 2, 0]).astype(np.float)

fig = plt.figure(1, figsize=(15, 8))          #初始化输出画布
plt.clf()
ax = fig.add_subplot(121, projection='3d')  #设置画布中的第一个子图
plt.cla()

#执行PCA降维
pca = decomposition.PCA(n_components=3)
X_t = pca.fit_transform(X)
# 将降维后的数据点映射到画布上
for name, label, color in [('山鸢尾', 0, 'red'), ('杂色鸢尾', 1, 'blue'), ('维吉尼亚
    鸢尾', 2, 'yellow')]:
   ax.scatter(X_t[y == label, 0],
              X_t[y == label, 1],
              X_t[y == label, 2],
              label=name,
              color=color,
              edgecolor='k')
```

```
plt.legend(prop={'size': 15})
ax = fig.add_subplot(122) # 设置画布中的第二个子图

#执行PCA降维
pca = decomposition.PCA(n_components=3)
X_t = pca.fit_transform(X)
# 将降维后的数据点映射到画布上
for name, label, color in [('山鸢尾', 0, 'red'), ('杂色鸢尾', 1, 'blue'), ('维吉尼亚
    鸢尾', 2, 'yellow')]:
    ax.scatter(X_t[y == label, 0],
               X_t[y == label, 1],
               label=name,
               color=color,
               edgecolor='k')
plt.show() # 输出画布
```

PCA 运行结果如图 3.1 所示。

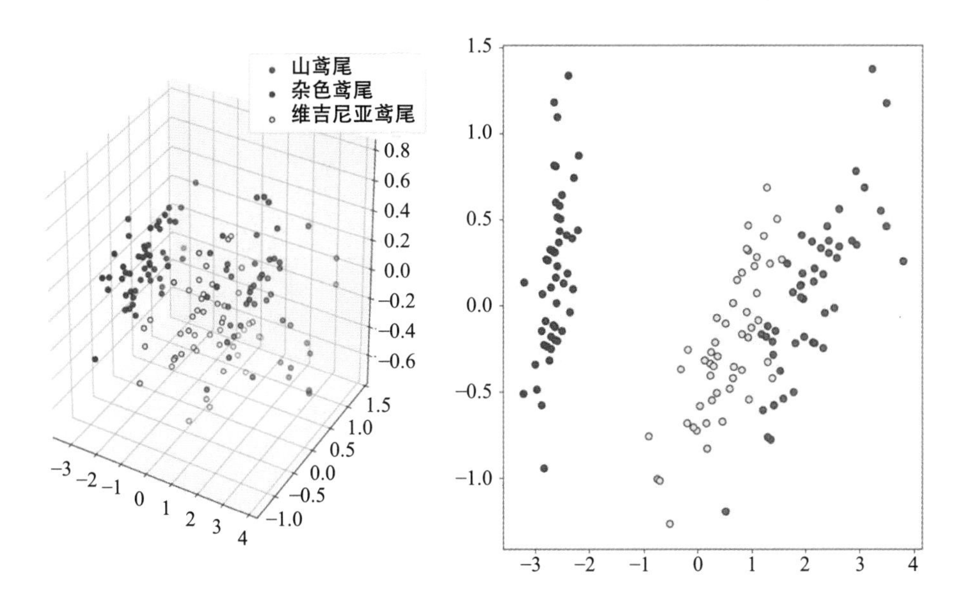

图 3.1 PCA 运行结果

3.3.3 多维缩放降维

多维缩放降维要求原始空间中的样本之间的距离在低维空间中得到保持。首先计算距离矩阵 $\boldsymbol{D} \in \mathbb{R}^{N\times N}$，其第 i 行第 j 列的元素 $d_{i,j}$ 表示样本 x_i 与 x_j 的距离。算法步骤如下。

- 输入：样本集 $X=\{\boldsymbol{x}_1,\boldsymbol{x}_2,\cdots,\boldsymbol{x}_N\}$；距离矩阵 $D\in\mathbb{R}^{N\times N}$；低维空间数 n'。
- 输出：样本集在低维空间中的矩阵 $\boldsymbol{Z}$。

- 算法步骤：
- 根据下列式子计算 $d_{i,\cdot}^2, d_{j,\cdot}^2, d_{\cdot,\cdot}^2$。

$$d_{i,\cdot}^2 = \frac{1}{N}\sum_{j=1}^{N} d_{ij}^2 \tag{3.4}$$

$$d_{j,\cdot}^2 = \frac{1}{N}\sum_{i=1}^{N} d_{ij}^2 \tag{3.5}$$

$$d_{\cdot,\cdot}^2 = \frac{1}{N^2}\sum_{i=1}^{N}\sum_{j=1}^{N} d_{ij}^2 \tag{3.6}$$

- 计算得到矩阵 $\boldsymbol{B}$，其中第 i 行第 j 列的值 $b_{i,j}$ 为

$$b_{i,j} = \frac{d_{i,\cdot}^2 + d_{j,\cdot}^2 - d_{\cdot,\cdot}^2 + d_{ij}^2}{2} \tag{3.7}$$

- 根据式 (3.8)，对矩阵 $\boldsymbol{B}$ 进行特征值分解。

$$\boldsymbol{B} = \boldsymbol{V}\boldsymbol{\Lambda}\boldsymbol{V}^{\mathrm{T}} \tag{3.8}$$

- 对求得的特征值排序，取 $\boldsymbol{\Lambda}$ 为 n' 个最大特征值构成的对角矩阵, 和对应的特征向量 $\widetilde{\boldsymbol{V}}$，则

$$\boldsymbol{Z} = \widetilde{\boldsymbol{\Lambda}}^{1/2}\widetilde{\boldsymbol{V}}^{\mathrm{T}} \in \mathbb{R}^{n' \times N} \tag{3.9}$$

代码实现如下：

```
import numpy as np
import matplotlib.pyplot as plt
from mpl_toolkits.mplot3d import Axes3D
from matplotlib.ticker import NullFormatter
from sklearn import datasets
from sklearn import manifold

plt.rcParams['font.sans-serif'] = ['SimHei']      #用来正常显示中文标签
plt.rcParams['axes.unicode_minus'] = False        #用来正常显示负号

iris = datasets.load_iris() # 加载Iris数据集
X = iris.data
y = iris.target
y = np.choose(y, [1, 2, 0]).astype(np.float)

fig = plt.figure(1, figsize=(15, 8))        #初始化输出画布
plt.clf()
ax = fig.add_subplot(121, projection='3d') #设置画布中的第一个子图
```

```
plt.cla()

#执行MDS降维
mds = manifold.MDS(max_iter=100, n_components=3, n_init=1)
X_t = mds.fit_transform(X)
# 将降维后的数据点映射到画布上
for name, label, color in [('山鸢尾', 0, 'red'), ('杂色鸢尾', 1, 'blue'), ('维吉尼亚
    鸢尾', 2, 'yellow')]:
   ax.scatter(X_t[y == label, 0],
              X_t[y == label, 1],
              X_t[y == label, 2],
              label=name,
              color=color,
              edgecolor='k')

plt.legend(prop={'size': 15})
ax = fig.add_subplot(122) # 设置画布中的第二个子图

#执行MDS降维
mds = manifold.MDS(max_iter=100, n_components=3, n_init=1)
X_t = mds.fit_transform(X)
# 将降维后的数据点映射到画布上
for name, label, color in [('山鸢尾', 0, 'red'), ('杂色鸢尾', 1, 'blue'), ('维吉尼亚
    鸢尾', 2, 'yellow')]:
   ax.scatter(X_t[y == label, 0],
              X_t[y == label, 1],
              label=name,
              color=color,
              edgecolor='k')
plt.show() # 输出画布
```

MDS 算法运行结果如图 3.2 所示。

3.3.4 等度量映射降维

等度量映射降维是最早的流形方法之一，Isomap 可以看作多维缩放分析或核主成分分析的拓展。Isomap 寻求一种低维嵌入，以保持所有样本点之间的测地距离 (geodesic distances)。测地距离相比于两点间的直线距离更能反映样本在高维空间的分布。Isomap 利用流形在局部上与欧几里得空间同胚的性质，使用每个点与其相邻的点构建近邻连接图，通过计算近邻连接图上两点间的最短路径而近似得到流形上的测地距离。算法步骤如下：

- 输入：样本集 $X=\{x_1,x_2,\cdots,x_N\}$；低维空间维数 n'；近邻参数 k。
- 输出：样本集在低维空间中的矩阵 $\boldsymbol{Z}$。
- 算法步骤:

- 对样本集中的每个样本点 x_i，计算它的 k 近邻；同时将 x_i 与它的 k 近邻的距离设置为欧几里得距离，与其他点的距离设置为无穷大。
- 通过最短路径算法计算任意两个样本点之间的距离，获得距离矩阵 $\boldsymbol{D} \in \mathbb{R}^{N\times N}$，其中，第 i 行第 j 列表示样本 x_i 与样本 x_j 之间的近似测地距离。
- 将样本集 X 与距离矩阵 $\boldsymbol{D}$ 作为输入，调用多维缩放算法获得样本集在低维空间中的矩阵 $\boldsymbol{Z}$。

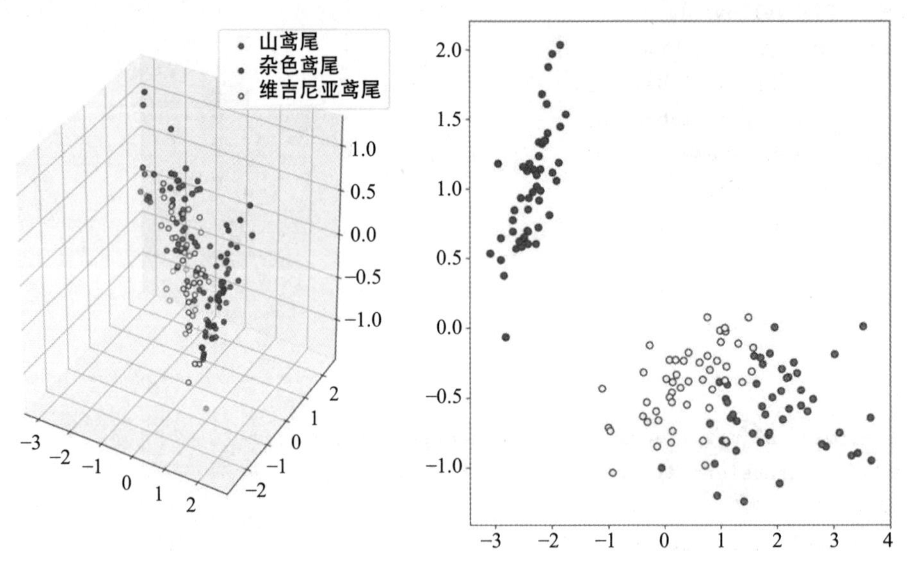

图 3.2　MDS 算法运行结果

相比于主成分分析降维方法，MDS 算法和 Isomap 算法在处理新样本时需要计算所有样本间的距离以得到距离矩阵，再重新计算所有样本的降维矩阵。这样的做法运算量太大，不适合用在对延迟要求较高的场景中。可行的解决方法是：将原样本集看作数据的特征 X，将降维后的样本集看作数据的标签 Y，通过训练一个回归模型 $Y = f(\ X)$，当处理新样本时，将新样本输入回归模型即可得到一个预测的近似降维结果。代码实现如下：

```
import numpy as np
import matplotlib.pyplot as plt
from mpl_toolkits.mplot3d import Axes3D
from matplotlib.ticker import NullFormatter
from sklearn import datasets
from sklearn import manifold

plt.rcParams['font.sans-serif'] = ['SimHei'] #用来正常显示中文标签
plt.rcParams['axes.unicode_minus'] = False   #用来正常显示负号

iris = datasets.load_iris() # 加载Iris数据集
X = iris.data
y = iris.target
y = np.choose(y, [1, 2, 0]).astype(np.float)
```

```
fig = plt.figure(1, figsize=(15, 8))       #初始化输出画布
plt.clf()
ax = fig.add_subplot(121, projection='3d') #设置画布中的第一个子图
plt.cla()

#执行Isomap降维
isomap = manifold.Isomap(n_neighbors=10, n_components=3)
X_t = isomap.fit_transform(X)
# 将降维后的数据点映射到画布上
for name, label, color in [('山鸢尾', 0, 'red'), ('杂色鸢尾', 1, 'blue'), ('维吉尼亚
    鸢尾', 2, 'yellow')]:
   ax.scatter(X_t[y == label, 0],
              X_t[y == label, 1],
              X_t[y == label, 2],
              label=name,
              color=color,
              edgecolor='k')

plt.legend(prop={'size': 15})
ax = fig.add_subplot(122) # 设置画布中的第二个子图

#执行Isomap降维
isomap = manifold.Isomap(n_neighbors=10, n_components=3)
X_t = isomap.fit_transform(X)
# 将降维后的数据点映射到画布上
for name, label, color in [('山鸢尾', 0, 'red'), ('杂色鸢尾', 1, 'blue'), ('维吉尼亚
    鸢尾', 2, 'yellow')]:
   ax.scatter(X_t[y == label, 0],
              X_t[y == label, 1],
              label=name,
              color=color,
              edgecolor='k')
plt.show() # 输出画布
```

Isomap 运行结果如图 3.3 所示。

3.3.5 局部线性嵌入降维

局部线性嵌入降维维护的是样本集中每个样本点与其邻域内其他样本点的线性关系，它可以看作一系列局部主成分分析，通过全局比较找出最佳非线性嵌入。算法步骤如下。

- 输入：样本集 $B=\{\boldsymbol{x}_1,\boldsymbol{x}_2,\cdots,\boldsymbol{x}_N\}$；低维空间维数 n'；近邻参数 k。
- 输出：样本集在低维空间中的矩阵 $\boldsymbol{Z}$。

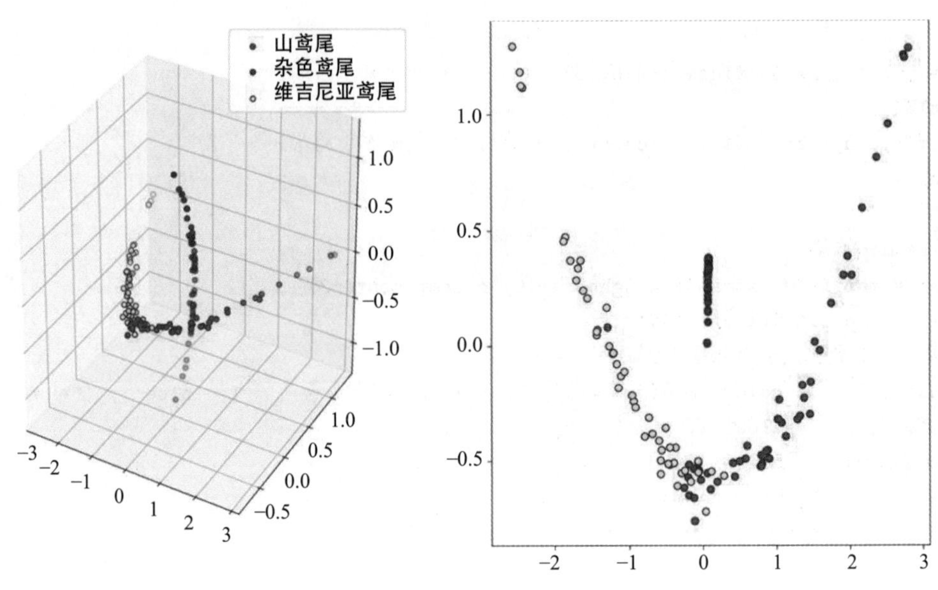

图 3.3　Isomap 运行结果

算法步骤：

对于样本集中的每个点 $\boldsymbol{x}_i, i=1,2,\cdots,N$ 执行下列操作。

对于样本 $\boldsymbol{x}_i$ 的 k 个近邻集合 Q_i，根据 Q_i 中的每个样本 x_j 计算：

$$w_{i,j}=\frac{\sum\limits_{k\in Q_i}C_{j,k}^{-1}}{\sum\limits_{l,s\in Q_i}C_{l,s}^{-1}}$$

$$C_{j,k}=(\boldsymbol{x}_i-\boldsymbol{x}_j)^{\mathrm{T}}(\boldsymbol{x}_i-\boldsymbol{x}_k)$$

对于样本集中其他所有不在集合 Q_i 的样本 $x_j, w_{i,j}=0$。

构建矩阵 $\boldsymbol{W}$，其中，第 i 行第 j 列的值为 $w_{i,j}$。

计算 $\boldsymbol{M}=(\boldsymbol{I}-\boldsymbol{W})^{\mathrm{T}}(\boldsymbol{I}-\boldsymbol{W})$。

对 $\boldsymbol{M}$ 进行特征值分解，取其最小的 n' 个特征值对应的特征向量，即得到样本集在低维空间中的矩阵 $\boldsymbol{Z}$。

代码实现如下：

```
import numpy as np
import matplotlib.pyplot as plt
from mpl_toolkits.mplot3d import Axes3D
from matplotlib.ticker import NullFormatter
from sklearn import datasets
from sklearn import manifold

plt.rcParams['font.sans-serif'] = ['SimHei'] #用来正常显示中文标签
plt.rcParams['axes.unicode_minus'] = False   #用来正常显示负号
```

```
iris = datasets.load_iris() # 加载Iris数据集
X = iris.data
y = iris.target
y = np.choose(y, [1, 2, 0]).astype(np.float)

fig = plt.figure(1, figsize=(15, 8))        #初始化输出画布
plt.clf()
ax = fig.add_subplot(121, projection='3d') #设置画布中的第一个子图
plt.cla()

#执行LLE降维
lle = manifold.LocallyLinearEmbedding(n_components=3, n_neighbors=10)
X_t = lle.fit_transform(X)
# 将降维后的数据点映射到画布上
for name, label, color in [('山鸢尾', 0, 'red'), ('杂色鸢尾', 1, 'blue'), ('维吉尼亚
    鸢尾', 2, 'yellow')]:
   ax.scatter(X_t[y == label, 0],
              X_t[y == label, 1],
              X_t[y == label, 2],
              label=name,
              color=color,
              edgecolor='k')

plt.legend(prop={'size': 15})
ax = fig.add_subplot(122) # 设置画布中的第二个子图

#执行LLE降维
lle = manifold.LocallyLinearEmbedding(n_components=2, n_neighbors=10)
X_t = lle.fit_transform(X)
# 将降维后的数据点映射到画布上
for name, label, color in [('山鸢尾', 0, 'red'), ('杂色鸢尾', 1, 'blue'), ('维吉尼亚
    鸢尾', 2, 'yellow')]:
   ax.scatter(X_t[y == label, 0],
              X_t[y == label, 1],
              label=name,
              color=color,
              edgecolor='k')
plt.show() # 输出画布
```

LLE 运行结果如图 3.4 所示。

3.3.6 降维效果比较

本节将对上文提到的 4 个降维算法进行降维效果对比。具体对比方案如下：

- 采用 Iris 分类数据集作为测试数据集，原始特征维度为 4，类别标签为 Setosa、

Versicolor、Virginica，分别对应 3 种鸢尾花类型。

- 分别用 4 种降维方法对其进行降维，且降维维度一致 ($n'=2$)。
- 对降维后的数据采用同一分类算法分别训练 4 次，并测试分类性能。

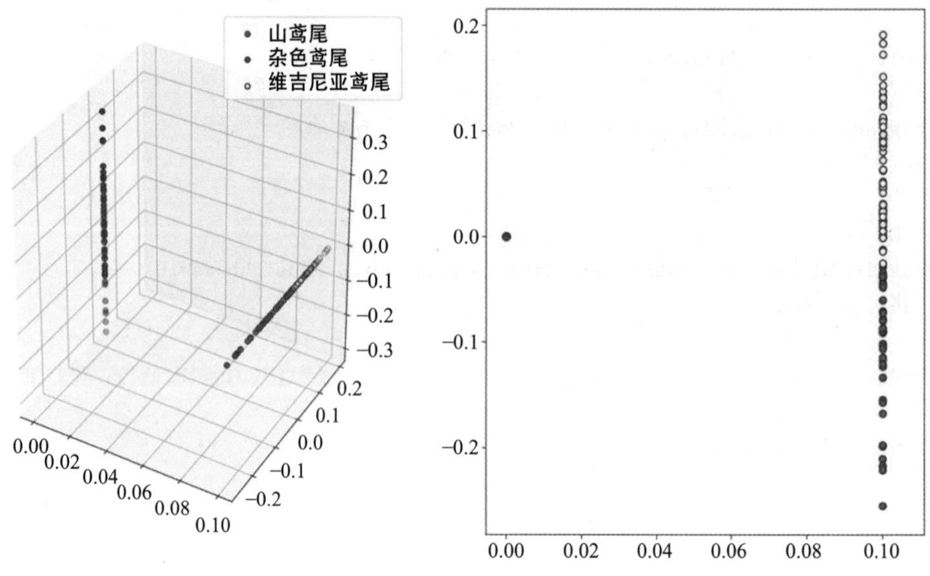

图 3.4　LLE 运行结果

代码实现如下：

```
import numpy as np
from sklearn import datasets
from sklearn import manifold
from sklearn import decomposition
from sklearn.ensemble import RandomForestClassifier
from sklearn.model_selection import train_test_split
from sklearn.metrics import accuracy_score
import matplotlib.pyplot as plt
np.random.seed(50)
plt.rcParams['font.sans-serif'] = ['SimHei']   #用来正常显示中文标签
plt.rcParams['axes.unicode_minus'] = False     #用来正常显示负号

# 将数据点映射到画布上
def draw(ax, X_t, y):
    for name, label, color in [('山鸢尾',0,'red'),('杂色鸢尾',1,'blue'), ('维吉尼亚鸢
        尾', 2, 'yellow')]:
        ax.scatter(X_t[y == label, 0],
                   X_t[y == label, 1],
                   label=name,
                   color=color,
                   edgecolor='k')
```

```
fig = plt.figure(1, figsize=(15, 8)) #初始化画布
iris = datasets.load_Iris()          #加载Iris数据集
X = iris.data
y = iris.target
X_train, X_test, y_train, y_test = train_test_split(X, y, test_size=0.2, random_
    state=20) # 按照八二比例分割出训练集和测试集

classifier = RandomForestClassifier(n_estimators=100) # 设置评测用的分类器

# 测试原始数据的分类效果
classifier.fit(X_train, y_train)
y_pred = classifier.predict(X_test)
print('原始测试集分类准确率为{:.2f}$\%$'.format(100*accuracy_score(y_true=y_test, y_
    pred=y_pred)))

# 设置各个降维算法的配置
params = {'主成分分析': {'param': {'n_components': 2}, 'model': decomposition.PCA},
          '多维缩放':{'param':{'max_iter':100,'n_components': 2,'n_init': 1}, 'model
              ': manifold.MDS},
          '等度量映射':{'param':{'n_neighbors':10,'n_components': 2}, 'model':
             manifold.Isomap},
          '局部线性嵌入': {'param': {'n_neighbors': 10, 'n_components': 2}, 'model':
              manifold.LocallyLinearEmbedding}}


for index, model_name in enumerate(params.keys()):
    param = params[model_name]['param']
    model = params[model_name]['model'](**param)
    X_t = model.fit_transform(X) #执行数据降维
    X_train_t,X_test_t,y_train,y_test=train_test_split(X_t, y, test_size=0.2, random_
        state=20) #对降维后的数据进行分割，得到训练集和测试集
    ax = fig.add_subplot(241+index) # 设置该降维算法对应的第一个子图
    plt.title('{}-训练集'.format(model_name)) # 设置子图标题
    draw(ax, X_train_t, y_train) # 刻画训练集的数据点
    plt.legend()
    ax = fig.add_subplot(245+index) # 设置该降维算法对应的第二个子图
    plt.title('{}-测试集'.format(model_name)) # 设置子图标题
    draw(ax, X_test_t, y_test) # 刻画测试集的数据点
    classifier = RandomForestClassifier(n_estimators=100)
    classifier.fit(X_train_t, y_train) # 利用降维后的数据训练分类器
    y_pred = classifier.predict(X_test_t) # 测试分类器效果
    print(''使用降维模型 '{}' 后，测试集分类准确率为'{:.2f}$\%$'.
        format (model_name, 100*accuracy_score (y_true=y_test, y_pred=y_pred))) #输出
            分类结果
```

输出结果如下：

```
原始测试集分类准确率为 90.00%
使用降维模型 PCA 后，测试集分类准确率为 96.67%
使用降维模型 MDS 后，测试集分类准确率为 96.67%
使用降维模型 Isomap 后，测试集分类准确率为 90.00%
使用降维模型 LLE 后，测试集分类准确率为 86.67%
```

从上述实战中可以看出，不同的降维方法会取得不同的降维效果（图 3.5），并且在分类任务测试中可以看到，在 Iris 数据集上，PCA 和 MDS 降维后的数据能取得了更高的分类准确率。针对不同的数据集选取不同的降维方法，可以达到提高模型性能的效果。

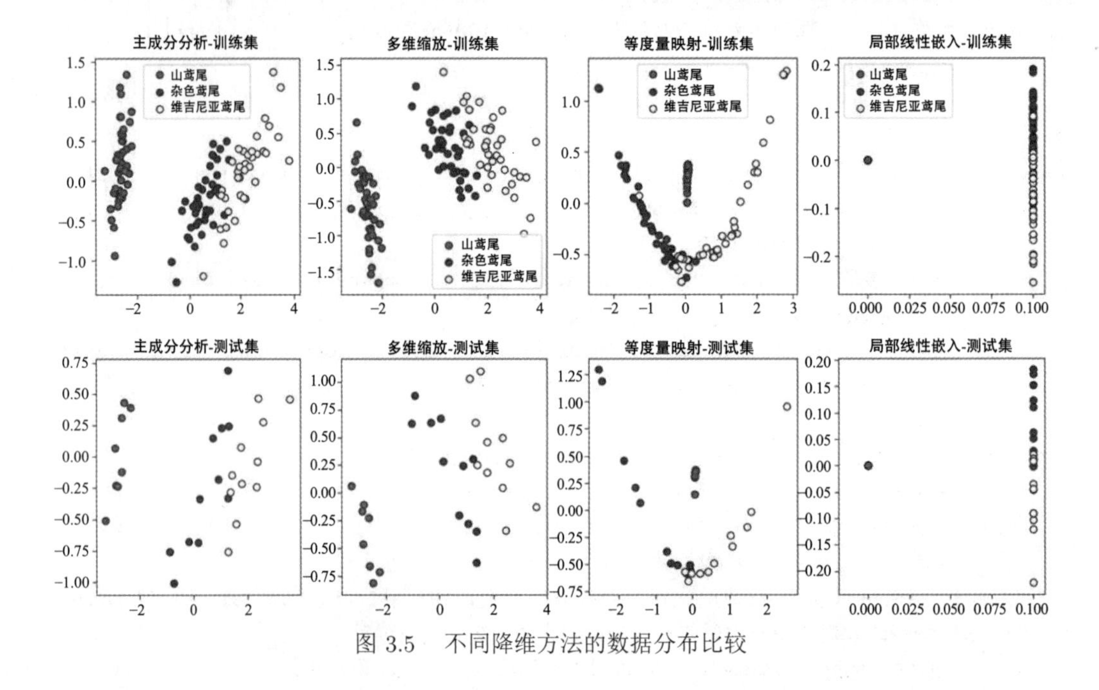

图 3.5　不同降维方法的数据分布比较

3.4　结构化数据预处理技术

结构化数据通常是由二维数据表的结构呈现的，其每行可以看作单个数据点或观察值，每列则作为不同属性的字段。对于结构化数据，其数据类型大致可以分为数值属性和类别属性，数值属性在输入模型之前需要进行标准化、归一化等一系列操作；类别属性需要进行编码后才可被模型处理。下面介绍常用的结构化数据预处理技术。

3.4.1　数据清洗

由于原始数据不同属性的数据类型不同，其数值也相差较大，因此需要先对数据进行清洗才能被模型使用。目前有很多开源的数据分析处理工具，这里使用 pandas 进行数据预处理。

1. 编码

对于类别属性，其数据类型无法被模型直接接收，在使用前需要进行编码操作。对于字符串类型，可根据内容将其编码为不同的类别表示；对于时间类型，可从中提取出年、月、日等数值或将其转换为时间戳作为模型输入。sklearn 工具包提供了编码方法，可直接将类别映射到连续整数中。

```
# 对属性进行编码
from sklearn import preprocessing
encoder = preprocessing.LabelEncoder()
encoder.fit(['a', 'b', 'c', 'd']) # 训练LabelEncoder
label = encoder.transform(['a', 'b', 'a', 'c', 'b', 'd'])
    #使用训练好的LabelEncoder对原数据进行编码
print(label)
```

输出结果如下：

```
[0, 1, 0, 2, 1, 3]
```

从输出结果可以看到，LabelEncoder 可以将类别分配一个从 0 到类别数 −1 之间的编码，如类别 'a'转换成了数字 0。这样处理过后，使得后续的数据分析变得更容易，且方便模型训练。

2. 标准化

数据标准化是指将数值属性的数据按照一定的比例进行缩放，使其值落在特定的区间内。在对不同类型的数据进行操作的过程中，往往需要将数值转换为相同的范围及量纲，以便后续进行比较或线性计算。标准化的方法有很多，最典型的是 Z-score 标准化方法，该方法令原始数据减去其均值再除以标准差，使其服从标准正态分布。具体代码如下：

```
#Z-score标准化
import pandas as pd
data = pd.DataFrame([1, 2, 3, 2, 1])
mean = data.mean()          #计算均值
std = data.std()            #计算方差
data = (data - mean) / std # 根据均值和方差标准化原数据
print(data)
```

输出结果如下：

```
[-0.956183, 0.239046, 1.434274, 0.239046, -0.956183]
```

3. 归一化

归一化是标准化的一种典型方法，它通过缩放将数据映射到 [0,1] 区间，以提升模型的收敛速度和精度。其中，常见的方法是离差标准化 (min-max 标准化)，它通过使用数据中的最大值减去最小值得到标准化公式中的分母，数据的当前值减去最小值得到公式中的分子，从而得到数据处理后的结果。具体代码如下：

```
#Z-score归一化
import pandas as pd
data = pd.DataFrame([1, 2, 3, 2, 1])
max = data.max() # 得到数据中的最大值
min = data.min() # 得到数据中的最小值
data = (data - min) / (max - min) # 根据最大值和最小值归一化原数据
print(data)
```

输出结果如下：

```
[0.0, 0.5, 1.0, 0.5, 0.0]
```

4. apply 函数

数据清洗过程中，可能需要对数据按行或者按列进行操作，例如对行或列的数据进行运算。下面介绍对列数据进行平方以及列之间进行求和的例子，具体代码如下：

```
# 按列apply
import pandas as pd
data = pd.DataFrame([[1, 1, 1], [2, 2, 2], [3, 3, 3]],
    columns=['c1', 'c2', 'c3']) # 数据初始化并指定列名
print(data)
```

输出结果如下：

```
   c1  c2  c3
0   1   1   1
1   2   2   2
2   3   3   3
```

apply 函数接收列名作为参数。本例对 c1 列进行平方操作，并使用 lambda 匿名函数实现平方运算。

```
data['c1'] = data['c1'].apply(lambda x: x * x)
print(data)
```

输出结果如下：

```
   c1  c2  c3
0  1   1   1
1  4   2   2
2  9   3   3
```

将 c2 列和 c3 列逐元素求和，并将结果保存为 c4 列。

```
data['c4'] = data.apply(lambda x: x['c2'] + x['c3'], axis=1)
    # 使用lambda匿名函数实现列之间逐元素求和
print(data)
```

输出结果如下：

```
   c1  c2  c3  c4
0  1   1   1   2
1  4   2   2   4
2  9   3   3   6
```

3.4.2 分组与聚合

除了对整个数据集进行操作外，还可以选择不同的属性对数据进行分组，在每个组中对数据进行一系列操作。最后，可将结果进行聚合，将每组产生的结果进行合并。具体代码如下：

```
# 分组与聚合
import pandas as pd
data = pd.DataFrame([[1, 2, 1],
                     [2, 1, 2],
                     [2, 3, 1],
                     [1, 3, 2]], columns=['c1', 'c2', 'c3'])    # 数据初始化并指定列名
print(data)
```

输出结果如下：

```
   c1  c2  c3
0  1   2   1
1  2   1   2
2  2   3   1
3  1   3   2
```

将数据按照 c1 列进行组合，可以发现整个数据会按照 c1 列取值为 1 和 2 划分为两组：

```
data = data.groupby('c1') #groupby函数接收列名为参数，对整个数据根据指定列进行分组
for name, group in data:
    print(group)
```

输出结果如下：

```
   c1  c2  c3
0   1   2   1
3   1   3   2
   c1  c2  c3
1   2   1   2
2   2   3   1
```

使用 agg 函数对每组进行聚合，agg 函数接收函数或函数列表，对每组的数据进行处理。

```
print(data.agg(['mean', 'std', 'max', 'min']))
```

输出结果如下：

```
            c2                         c3
     mean  std       max  min     mean  std       max  min
c1
1    2.5   0.707107  3    2       1.5   0.707107  2    1
2    2.0   1.414214  3    1       1.5   0.707107  2    1
```

可以发现，通过 agg 函数，对于每列，分别对每组的数据计算了平均值、标准差、最大值以及最小值。

3.4.3 合并

有时需要将多个数据表按照一定属性进行合并，这里使用 pandas 中的 merge 方法进行操作，其原理类似于数据库中的连接操作。通过指定需要对齐的列名设置合并方式，即可将两个数据表合并成一个。

```
# 合并
import pandas as pd
data_1 = pd.DataFrame([[1, 2, 1], [2, 1, 2], [2, 2, 1]],
      columns=['c1', 'c2', 'c3']) # 初始化数据并指定列名
data_2 = pd.DataFrame([[2, 4],
                       [1, 5]], columns=['c3', 'c4']) # 初始化数据并指定列名
print(data_1)
print(data_2)
```

输出结果如下：

```
    c1  c2  c3
0   1   2   1
1   2   1   2
2   2   2   1

    c3  c4
0   2   4
1   1   5
```

将 data_1 和 data_2 按照 c3 合并。可以发现，data_2 的数据将会按照 c3 中与 data_1 共有的数据合并到新数组中。

```
data = pd.merge(data_1, data_2, on=['c3']) #merge函数接收两个数组作为输入，基于on参数
    #对两个数组进行合并，并返回合并后的数组
print(data)
```

输出结果如下：

```
   c1  c2  c3  c4
0  1   2   1   5
1  2   2   1   5
2  2   1   2   4
```

3.4.4 案例——房价预测竞赛

本节将以 Kaggle 竞赛平台中的房价预测竞赛为例，介绍结构化数据预处理的整个流程，并通过简单的分类器进行实验。该案例使用的数据集包含 1460 条数据，其中，每条数据包含 80 维与房屋各方面相关的属性，目的是预测房价。为了方便说明，本节只选用其中 13 维属性进行实验，分别如下。

- SSubClass: 数值类型，建筑类型。
- MSZoning: 字符类型，建筑分区分类。
- LotArea: 数值类型，房屋大小，单位为平方英尺。
- Utilities: 字符类型，房屋公用设施类型。
- BldgType: 字符类型，住宅类型。
- HouseStyle: 字符类型，居家风格。
- OverallCond: 数值类型，房屋整体状况。
- YearBuilt: 数值类型，房屋建造年份。
- Functional: 字符类型，家庭功能。
- GarageQual: 字符类型，车库质量。
- MoSold: 数值类型，售出月份。

- YrSold: 数值类型，售出年份。
- SaleCondition: 字符类型，销售条件。

首先读取数据，查看前 5 条数据的格式。

```
import pandas as pd

#read_csv函数接收文件路径参数读取文件
train = pd.read_csv('./train.csv')
test = pd.read_csv('./test.csv')

# 选择指定列
columns = ["MSSubClass","MSZoning","LotArea", "Utilities", "BldgType", "HouseStyle",
    "OverallCond","YearBuilt", "Functional", "GarageQual", "MoSold", "YrSold", "
    SaleCondition"]

train = train[columns + ['SalePrice']] # 训练集需要房价作为预测标签
print(train.head()) # 展示训练集前5条数据
```

输出结果如下：

```
   MSSubClass MSZoning LotArea ...   YrSold   SaleCondition   SalePrice
0      60        RL       8450  ...     2008     Normal          208500
1      20        RL       9600  ...     2007     Normal          181500
2      60        RL      11250  ...     2008     Normal          223500
3      70        RL       9550  ...     2006    Abnormal         140000
4      60        RL      14260  ...     2008     Normal          250000
```

首先对数据中出现的缺失值进行填充。经观察，存在缺失值的属性均为字符类型，因此使用 None 值进行填充。

```
# 使用fillna函数对每一列存在缺失值的数据使用None值进行填充，inplace表示直接在该列上进行
    #修改
for column in columns:
    train.fillna("None", inplace=True)
    test.fillna("None", inplace=True)
```

对于字符类型的数据，需要将其编码为数字形式才可被模型识别。首先需要安装 scikit-learn 第三方软件包，然后通过 sklearn.preprocessing 模块中的 LabelEncoder 进行处理。下面介绍使用 LabelEncoder 进行数字化的例子。

```
from sklearn import preprocessing
def label_encoder(columns):
    encoder = preprocessing.LabelEncoder()   #初始化LabelEncoder对象
    for column in columns:
```

```
        encoder.fit((list(train[column].values)+list(test[column]. values))) #对该列的
            #目标标签进行编码，维护一个目标标签映射为数字的字典
        train[column] = encoder.transform(train[column]) # 将该列的字符型数据编码为数字
        test[column] = encoder.transform(test[column]) # 将该列的字符型数据编码为数字

# 对所有字符类型数据编码
label_encoder(["MSZoning", "Utilities", "BldgType", "HouseStyle", "Functional",
    "GarageQual", "SaleCondition"])
```

编码后结果如下。可以发现，SaleCondition 列取值为 Normal 和 Abnormal 的数据分别替换成数字 4 和 0。

```
   MSSubClass MSZoning LotArea    ...   YrSold  SaleCondition  SalePrice
0       60         4       8450    ...   2008        4          208500
1       20         4       9600    ...   2007        4          181500
2       60         4      11250    ...   2008        4          223500
3       70         4       9550    ...   2006        0          140000
4       60         4      14260    ...   2008        4          250000
```

对于数值类型的数据，可以进行标准化处理。标准化是指将数据按比例缩放到一个特定的区间中，方便后续的分析。考虑到除了房屋大小是连续属性以外，其他属性均为离散属性，因此只对房屋大小进行标准化。通过下面的方法可以对属性进行最大/最小标准化。

```
def min_max(columns):
    for column in columns:
        max_value = max(train[column].max(), test[column].max()) # 获取该列的最大值
        min_value = min(train[column].min(), test[column].min()) # 获取该列的最小值
        train[column] = train[column].apply(lambda x: (x - min_value)/(max_value-min_
            value)) #使用apply函数对该列进行最大/最小标准化， apply函数接收lambda匿名函
             #数作为参数
        test[column] = test[column].apply(lambda x: (x - min_value) / (max_value -
            min_value))

# 对房屋大小进行标准化
min_max(["LotArea"])
```

输出结果如下：

```
   MSSubClass MSZoning LotArea   ... YrSold SaleCondition SalePrice
0       60        4        0.033420 ...    2008       4          208500
1       20        4        0.038795 ...    2007       4          181500
2       60        4        0.046507 ...    2008       4          223500
```

```
3      70      4      0.038561  ...    2006      0        140000
4      60      4      0.060576  ...    2008      4        250000
```

预处理结束之后，可将处理后的属性输入指定模型进行分类，本节使用朴素贝叶斯分类器作为分类模型，具体代码如下：

```
from sklearn.naive_bayes import MultinomialNB

clf = MultinomialNB(alpha=0.1) # 初始化MultinomialNB模型，alpha表示平滑值
clf.fit(train[columns], train["SalePrice"]) #fit函数接收train[columns]作为特征
    #train["SalePrice"]作为标签训练模型
pred = clf.predict(test[columns]) # predict函数接收test[columns]作为特征，使用训练好的
     #模型预测测试集的房价
```

输出结果如下：

```
   MSSubClass MSZoning LotArea   ...  SaleCondition Id  SalePrice
0       20       3     0.048246 ...        4       1461   167000
1       20       4     0.060609 ...        4       1462   167000
2       60       4     0.058566 ...        4       1463   155000
3       60       4     0.040562 ...        4       1464   178000
4      120       4     0.017318 ...        4       1465   319900
```

3.5 文本数据预处理技术

3.5.1 文本数据预处理技术概述

通常情况下，原始文本数据大多是不完美的，会或多或少地存在一些噪声。如果直接将文本数据输入模型，势必会影响模型的性能。所以在将文本数据输入模型之前，往往会先进行文本数据的预处理。文本数据预处理可以过滤噪声数据，有利于提高模型的性能。下面介绍常用的文本数据预处理技术。

3.5.2 文本数据获取

在进行文本数据预处理之前，需要先获取文本数据，文本数据的获取方法一般有两个途径。

（1）公开数据。互联网上有很多公开的数据集，例如 Kaggle 竞赛平台的亚马逊美食评论数据、新浪微博情感分析数据、第三方工具包 sklearn 中的新闻数据等。

（2）爬虫数据。考虑到任务、领域的特殊性，需要利用 Scrapy、BeautifulSoup 等 Python 爬虫框架从网上爬取需要的数据。

3.5.3 分词

由于词语能比单字表达更丰富的语义信息，所以在获取文本数据之后，首先会进行分词。对于英文文本数据，可以按空格进行分词，具体代码如下：

```
# 英文分词
sentence = "Any help would be appreciated"
sentence = sentence.split(' ')# split函数接收空格作为参数，对sentence进行分词
print(sentence)
```

输出结果如下：

```
['Any', 'help', 'would', 'be', 'appreciated']
```

中文文本数据不像英文文本数据那样每个单词以空格分隔，所以通常会利用第三方工具（如 jieba、pyhanlp）等进行分词，具体代码如下：

```
# 中文分词
import jieba
sentence = "回复同乐，开怀大笑。祝你快乐一天。我连续100天发微博，升级了微博控勋章。升
    级啦"
words = list(jieba.cut(sentence)) #cut函数接收文本作为参数，对其分词
print(words)
```

输出结果如下：

```
['回复', '同乐', '，', '开怀大笑', '。', '祝你快乐', '一天', '。', '我', '连续',
  '100', '天发', '微博', '，', '升级', '了', '微博控', '勋章', '。', '升级', '啦']
```

3.5.4 数据清洗

由于原始数据存在一些无意义的词汇，例如停止词、标点符号等，因此需要对其进行数据清洗以得到干净的数据。下面介绍一些常用的数据清洗方法。

1. 过滤标点符号

一般来说，标点符号对于文本分析是没有用处的，所以需要过滤标点符号。当然，在情感分析任务中，标点符号（如疑问号或感叹号）可能含有情感信息，这时就不应该过滤标点符号。具体地，一般使用正则表达式过滤标点符号。正则表达式是一个特殊的字符序列，它可以检查字符串是否与某种模式匹配，从而做出对应的处理。Re 模块包含正则表达式的全部功能，一般使用 sub 函数过滤标点符号。sub 函数接收正则表达式作为第一个参数，匹配成功后，被替换的字符串作为第二个参数，原始字符串作为第三个参数，最终返回处理结果。

```
# 过滤标点符号
import re
import jieba
sentence = "回复同乐，开怀大笑。祝你快乐一天。我连续100天发微博，升级了微博控勋章。升级
    啦"
sentence = re.sub('，|。', '', sentence)
words = list(jieba.cut(sentence))
print(words)
```

输出结果如下：

```
['回复', '同乐', '开怀大笑', '祝你快乐', '一天', '我', '连续', '100', '天发', '微博',
    '升级', '了', '微博控', '勋章', '升级', '啦']
```

2. 过滤停止词

在英文数据集中，停止词是那些出现频率很高的字或词，通常是冠词、介词、副词或连词等，例如 an、of、and 等。在中文数据集中也经常出现停止词，例如“也好”“于是”“可以”等。一般情况下，停止词对于文本分析是没有意义的，所以需要过滤停止词。当然也有特殊情况，例如在短文本数据集中，过滤停止词会使你的文本长度更短，并且可能影响文本的语义连贯性，这时就不应该过滤停止词。中文停止词可以在网上获得，英文停止词可以通过 nltk 工具包获得。nltk 是 Python 自然语言处理工具包，拥有很多强大的功能。nltk 的安装也很简单，只需要执行命令“pip install nltk”即可。还需要下载 nltk 的语料库，可以执行下面的代码进行下载，nltk 会弹出对话框让用户选择要下载的内容，然后选择下载语料库即可。具体代码如下：

```
import re
import jieba
from nltk.corpus import stopwords
en_stopwords = stopwords.words('english') # 获取英文停止词

# 读取中文停止词文件
def read_stopwords(path):
    with open(path, 'r', encoding='utf-8') as f: #open函数接收文件路径、读取模式、编码
            #方法作为参数读取文件
        ch_stopwords = []
        for line in f.readlines():
            line = line.strip()
            if line:
                ch_stopwords.append(line)
    return ch_stopwords

ch_stopwords = read_stopwords('ch_stopwords.txt')
```

```
# 过滤停止词
def filter_stopwords(sentence):
    sentence = re.sub(r'，|。', '', sentence)
    words = []
    for w in jieba.cut(sentence):
        if w not in ch_stopwords:
            words.append(w)
    return words

sentence = "回复同乐，开怀大笑。祝你快乐一天。我连续100天发微博，升级了微博控勋章。升级
    啦"
sentence = filter_stopwords(sentence)
print(sentence)
```

输出结果如下：

```
['回复', '同乐', '开怀大笑', '祝你快乐', '一天', '连续', '100', '天发', '微博', '升级'
    , '微博控', '勋章', '升级', '啦']
```

3. 英文字母转小写

考虑到英文单词存在大小写的情况，例如 They 和 they 是同一个词，统计词频时应先将单词转为小写形式，这样可以缩减词汇库大小，方便词频统计。具体代码如下：

```
# 英文字母转小写
sentence = "Any help would be appreciated"
sentence = sentence.lower() #lower函数将sentence全部转为小写形式
print(sentence)
```

输出结果如下：

```
any help would be appreciated
```

4. 过滤数字

一般来说，数字对于文本分析是没有意义的，所以在进行进一步分析前需要过滤它们。当然也存在特殊情况，例如在 2017 BDCI-AI 赛题中，数字对于罚金的预测是有帮助的。

```
# 过滤数字
import re
import jieba
sentence = "回复同乐，开怀大笑。祝你快乐一天。我连续100天发微博，升级了微博控勋章。升级
    啦"
sentence = re.sub('，|。', '', sentence) # 过滤标点符号
```

```
sentence = re.sub('[0-9]+', '', sentence) # 过滤数字
words = list(jieba.cut(sentence))
print(words)
```

输出结果如下：

```
['回复', '同乐', '开怀大笑', '祝你快乐', '一天', '我', '连续', '天发', '微博', '升级',
    '了', '微博控', '勋章', '升级', '啦']
```

5. 过滤特殊字符

从网上爬取到的数据通常含有 HTML 标签信息，需要对其进行过滤以得到纯文本数据。具体代码如下：

```
import re
text = "\&lt;p\&gt; 文本数据预处理技术。\&lt;\&gt;"
pattern = re.compile(r'&lt;(.*?)&gt;') # 表示匹配\&lt;开头, \&gt;结尾的字符串
text = re.sub(pattern, '', text)        # 对符合模式的字符串进行过滤
print(text)
```

输出结果如下：

```
文本数据预处理技术。
```

3.5.5 词干提取

词干提取指的是将单词的派生形式提取为该单词的词干的过程。词干提取主要应用在英文数据集中，例如 wolves、enjoying 等词提取的词干为 wolv、enjoy。可以看到，词干提取中的词干可能并不是一个完整的单词。词干提取在自然语言处理、信息检索等领域应用广泛。词干提取的方法有很多，下面利用 nltk 工具包进行词干提取。具体代码如下：

```
# 词干提取
import nltk.stem.porter as pt

sentence = "They played in the little garden"

# porter方法提取词干
stemmer = pt.PorterStemmer() # 初始化词干提取器
words = []
for word in sentence.split(): # 使用空格切分单词并进行遍历
    stem = stemmer.stem(word) # 使用词干提取器提取单词的词干
    words.append(stem)
print('原始句子:\t' + sentence)
```

```
print('经过词干提取后的句子:\t' + ' '.join(words))
```

输出结果如下：

```
原始句子:  They played in the little garden
经过词干提取后的句子: they play in the littl garden
```

3.5.6 词形还原

词形还原指的是将任何形式的单词还原为能表达完整语义的一般形式的单词。例如 wolves、enjoying 等词经过词形还原变为 wolf、enjoy。词形还原是非常有必要的，它可以将形式不同、含义相同的单词归并在一起，缩减词汇库的大小，方便词频统计；同时，词形还原也存在一些问题，例如无法分析不同形式的单词的含义。下面利用 nltk 工具包进行词形还原。具体代码如下：

```
# 词形还原
from nltk.stem import WordNetLemmatizer

sentence = "In the garden, the leaves of the horse chestnut had already fallen"

lemmatizer = WordNetLemmatizer() # 初始化词形还原器
words = []
for word in sentence.split(): # 使用空格切分单词并进行遍历
    lemma = lemmatizer.lemmatize(word) # 使用词形还原器还原单词
    words.append(lemma)
print('原始句子:\t' + sentence)
print('经过词形还原后的句子:\t' + ' '.join(words))
```

输出结果如下：

```
原始句子:  In the garden, the leaves of the horse chestnut had already fallen
经过词形还原后的句子: In the garden, the leaf of the horse chestnut had already
    fallen
```

3.5.7 案例——新闻数据预处理

本节将以 20newsgroups 数据集为例介绍文本预处理的整个流程，同时验证文本预处理对模型性能的影响。

20newsgroups 数据集分为训练集和测试集两部分，通常用来进行文本分类。sklearn 工具包提供了获取该数据集的接口 sklearn.datasets.fetch_20newsgroups。下面首先通过该接口获取数据。代码如下：

```
# 文本预处理案例
from sklearn.datasets import fetch_20newsgroups
from print import print
train_data = fetch_20newsgroups(subset='train')
          #获取20newsgroups数据集的训练集
print(list(train_data.target_names))
```

输出结果如下：

```
['alt.atheism',
'comp.graphics',
'comp.os.ms-windows.misc',
'comp.sys.ibm.pc.hardware',
'comp.sys.mac.hardware',
'comp.windows.x',
'misc.forsale',
'rec.autos',
'rec.motorcycles',
'rec.sport.baseball',
'rec.sport.hockey',
'sci.crypt',
'sci.electronics',
'sci.med',
'sci.space',
'soc.religion.christian',
'talk.politics.guns',
'talk.politics.mideast',
'talk.politics.misc',
'talk.religion.misc']
```

从上面的输出结果中可以看到，20newsgroups 数据集共有 20 个类别。本节选取其中 4 类进行实验，代码如下：

```
from sklearn.datasets import fetch_20newsgroups
from nltk.corpus import stopwords
from sklearn.feature_extraction.text import TfidfVectorizer
import re

# 选取其中4个类别的数据作为实验
categories = ['comp.os.ms-windows.misc', 'misc.forsale', 'rec.autos', 'sci.crypt']
train = fetch_20newsgroups(subset='train', categories=categories)
print(train.data[0])
```

输出结果如下：

```
"From: Harv@cup.portal.com (Harv R Laser)\nSubject: Re: Dumbest automotive concepts
    of all time\nOrganization: The Portal System (TM)\n <93Apr15.165432.44598@acs.
    ucalgary.ca> <C5JnK3.JKt@news.cso.uiuc.edu>\n <1993Apr15.223029.23340@cactus.org
    >\nLines: 25\n\n>\n>No. reverse lights are to warn others that you are backing
    up. They\n>aren't bright enough to (typically) see by without the brake and tail
    \n>lights. \n>\n>\n>Craig\n\nPerhaps instead of this silly argument about what
    backup lights\nare for, couldn't we agree that they serve the dual purpose of\
    nletting people behind your car know that you have it in reverse\nand that they
    can also light up the area behind your car while\nyou're backing up so you can
    see?\n\nBackup lamps on current models are much brighter than they used\nto be
    on older cars. Those on my Taurus Wagon are quite bright\nenough to illuminate a
     good area behind the car, and they're \nMUCH brighter than those on my earlier
    cars from the 60s and 70s. \n\nInsofar as Vettes having side backup lights, look
     at a '92 or '93\nmodel (or perhaps a year or two earlier too) and you'll see\
    nred side marker lamps and white side marker lamps both near the\ncar's
    hindquarters. Those aren't just white reflectors. \n\nHarv\n"
```

打印其中一条数据，可以发现数据存在很多标点符号和停止词，可以调用下面的函数对所有样本进行过滤。

```python
en_stopwords = stopwords.words('english')
def preprocess(data):
    clean_data = []
    for text in data:        #遍历每个样本
        text = re.sub(r'\\n|@|:|\.|\?', ' ', text) #过滤标点符号
        words = []
        for word in text.split(): # 使用空格切分单词并进行遍历
            if word not in en_stopwords:        #过滤停止词
                words.append(word)
        clean_data.append(' '.join(words))    #使用空格连接每个单词
    return clean_data
```

训练集第一个样本的过滤结果如下：

```
"From Harv cup portal com (Harv R Laser) Subject Re Dumbest automotive concepts time
     Organization The Portal System (TM) <93Apr15 165432 44598 acs ucalgary ca> <
    C5JnK3 JKt news cso uiuc edu> <1993Apr15 223029 23340 cactus org> Lines 25 > >No
     reverse lights warn others backing They >aren't bright enough (typically) see
    without brake tail >lights > > >Craig Perhaps instead silly argument backup
    lights for, agree serve dual purpose letting people behind car know reverse also
     light area behind car backing see Backup lamps current models much brighter
    used older cars Those Taurus Wagon quite bright enough illuminate good area
```

```
behind car, they're MUCH brighter earlier cars 60s 70s Insofar Vettes side
backup lights, look '92 '93 model (or perhaps year two earlier too) see red side
 marker lamps white side marker lamps near car's hindquarters Those white
reflectors Harv"
```

文本预处理完之后，接下来就是特征工程。这里提取了文本的 tf-idf 特征 [7]，tf-idf 特征反映了文本的类别区分能力。然后将 tf-idf 特征输入贝叶斯模型 [8] 进行分类，具体代码如下：

```
# 提取tf-idf特征
vectorizer = TfidfVectorizer() # 初始化tf-idf特征提取器
vectors = vectorizer.fit_transform(preprocess(train.data)) # 将预处理后的文本数据转换
    #为tf-idf特征向量

# MultinomialNB实现文本分类
from sklearn.naive_bayes import MultinomialNB
from sklearn.metrics import accuracy_score, f1_score

# 加载测试集
test = fetch_20newsgroups(subset='test', categories=categories)

# 提取测试集tf-idf特征
vectors_test = vectorizer.transform(preprocess(test.data))

# 训练
clf = MultinomialNB(alpha=0.1)
clf.fit(vectors, train.target)

# 预测
pred = clf.predict(vectors_test)
print(f1_score(test.target, pred, average='macro'))
print(accuracy_score(test.target, pred))
```

分类结果如表 3.1 所示。

表 3.1 分类结果

	Accuracy	F1-score
未预处理	0.9295685	0.9291704
预处理	0.9308376	0.9304392

可以看到，只是简单地过滤一些标点符号和停止词，模型的性能就有了一点提升，虽然提升的幅度不是很大，但由此可见文本预处理的重要性。在文本预处理之前，首先要观

察大量数据，发现数据存在的问题，然后做相应的预处理。针对不同任务、不同领域的数据，预处理技术会有所不同。

3.6 隐私保护与数据脱敏

3.6.1 隐私保护与数据脱敏概述

在大数据时代，数据是科学研究与众多人工智能应用的基石。基于数据的人工智能应用，如语音识别、图像识别、推荐算法、无人车驾驶等为人们的生活带来了巨大的便利，而其中数量最为庞大且最值得挖掘的就是用户数据。人们在日常生活中积累了大量的行为数据，如何从中挖掘出有用的知识，从而帮助人们提高生活水平，一直是业界研究的热点。然而，无论在科学界做研究还是在工业界进行业务开发，算法模型在收集和分析用户数据的过程中都可能出现用户数据泄露的问题。

2006 年，由美国影视公司 Netflix 举办的算法比赛 (Netflix Prize) 中，参赛者需要通过挖掘公开数据上的知识推测用户的电影评分。Netflix 为了防止用户隐私的泄露，把数据中唯一识别用户的信息抹去。但是有两位研究人员通过关联 Netflix 公开的数据和 IMDb (互联网电影数据库) 网站公开的记录，成功识别出匿名后用户的身份。3 年后，Netflix 因为用户数据隐私泄露而宣布停止这项比赛，并受到高额罚款。

从上述例子可以看出，数据发布者与数据使用者在发布数据与使用数据进行数据挖掘时，应该严肃考虑用户敏感信息是否泄露的问题。仅仅抹除用户标识以达到数据脱敏的做法已经不能满足隐私保护的需求，这是因为攻击者可以通过关联互联网上的海量数据确定数据来源者的身份，这就需要数据的发布者与使用者采用更加合理的数据脱敏方法对数据中的用户敏感信息进行去除，确保用户隐私不会泄露。本节将介绍隐私保护、数据脱敏算法等内容。

3.6.2 隐私保护与数据脱敏定义

用户与隐私保护是密不可分的，只要是涉及用户的场景，就需要考虑隐私的问题。但是目前对隐私并没有一个公式化的定义。对于“隐私”这个词，科学研究上的定义是“单个用户的某些属性”，只要符合该定义，都可以认为是隐私。可以发现，该定义的重点在于“单个用户”。所以，隐私可以认为是针对单个用户的概念，公开群体用户的信息不算是隐私，但是如果能从群体用户数据中准确推测出单个用户的一些属性，那么就算是隐私泄漏。

为了避免隐私泄露，通常采用数据脱敏算法对用户数据进行处理，这类算法需要两个步骤：敏感信息识别和敏感信息去除。其中，敏感信息识别将敏感信息从用户数据中识别出来，再通过敏感信息去除的算法对这些敏感信息进行抹除、变形或者替换，从而达到保护隐私的目的。下面分别介绍这两个步骤。

3.6.3 敏感信息识别

敏感信息识别算法的目标是将敏感信息从用户数据中识别出来。在不同场景下，需要脱敏的敏感信息是不一样的。一般地，诸如姓名、年龄、就读学校、性别、住址、籍贯这些能够通过组合推断出数据来源者身份的数据都需要进行脱敏。本节将以这些用户属性作为敏感数据进行介绍。

敏感信息识别算法依据数据类型也有所不同。

（1）结构化数据就是通常所说的数据库数据。结构化数据也称行数据，是由二维表结构逻辑表达和实现的数据，严格地遵循数据格式与长度规范，主要通过关系数据库进行存储和管理。在存储结构化数据的数据表中，每行即代表一条数据内容，每列表示数据的一个属性。结构化数据示例如表 3.2 所示。

表 3.2　结构化数据示例（泰坦尼克号数据集）

乘客编号	是否存活	船舱等级	姓名	性别	年龄
1	0	3	Braund, Mr. Owen Harris	male	22.0
2	1	1	Cumings, Mrs. John Bradley (Florence Briggs Th...	female	38.0
3	1	3	Heikkinen, Miss. Laina	female	26.0
4	1	1	Futrelle, Mrs. Jacques Heath (Lily May Peel)	female	35.0
5	0	3	Allen, Mr. William Henry	male	35.0

（2）非结构化数据就是不符合结构化数据定义的数据，如 HTML、视频、文本等。本节主要介绍文本类型数据的敏感数据识别方法。非结构化数据示例如表 3.3 所示。

表 3.3　非结构化数据示例（文本数据）

文本数据	敏感数据
大家好，我叫张三，我来自福建厦门，我住在鼓浪屿。	张三、福建厦门、鼓浪屿

1. 结构化数据敏感信息识别

针对结构化数据，只需要根据提前设定的隐私属性 (字段) 将这些数据从数据表中提取出来，然后对敏感数据进行去除即可。

2. 非结构化数据敏感信息识别

对于非结构化数据，由于其数据结构不规则或不完整，因此需要用特殊手段识别，例如序列标注法。下面以文本数据为例，介绍序列标注法如何识别文本敏感数据。在文本数据中，通常使用序列标注法将用户的敏感信息标注出来。序列标注是一种能够对输入序列中的每个元素进行标注的机器学习算法。

例 3.1　“大家好，我叫张三，我来自福建厦门。”对应的序列标注为 O O O，O O B-PER I-PER，O O O B-LOC I-LOC I-LOC I-LOC

序列标注有很多表示方法，例 3.1 使用的是 BIO 标注法，将需要标注的内容用 B 和 I 进行标注 (B 表示开始，I 表示中间)，其他内容则标注为 O。并且，B 和 I 的标注后面会跟上具体的标签，常见的标签有：PER 表示人名 (person)，LOC 表示地点 (location)，ORG 表示组织 (organization) 等。例 3.1 中的“B-PER I-PER”对应原句中的“张三”，“B-LOC I-LOC I-LOC I-LOC”对应的则是福建厦门。

在使用序列标注法进行敏感信息识别的过程中，需要人为地提前对大量文本数据进行敏感信息标注，并用数据标注算法对其进行学习训练，以最终得到敏感信息识别的模型。这是一个比较消耗人力的过程。

3.6.4 敏感信息去除

将敏感信息识别出来之后，需要对其进行脱敏操作，目的是使数据的使用者无法从脱敏后的数据了解或推测出数据的来源者。敏感信息去除的方法包括遮挡、替换以及 k 匿名等算法。

1. 遮挡

遮挡是敏感信息去除中常用的一种方法，目的是用特定的符号 (如 “*”) 对识别出的敏感信息的部分信息进行遮挡。下面就是使用遮挡进行敏感信息去除的例子。

例 3.2 原句：大家好，我叫张三，我来自福建厦门。

敏感信息：“张三”“福建厦门”。

遮挡后：大家好，我叫 **，我来自 ****。

遮挡在对用户隐私敏感的场景下很常见，但是完全遮挡的数据可能会丢失某部分的信息。例如，在例子 3.2 中，如果数据使用者想要统计所有数据中用户的籍贯，因为敏感信息完全被遮挡，则会导致无法进行统计分析。而如果只是将敏感信息 “福建厦门” 进行部分遮挡，例如 “福建 **”，则数据使用者就能够利用该数据统计所有用户的省份。所以，数据发布者针对数据用途以及用户隐私敏感性的不同，可以对数据进行不同程度上的遮挡, 如表 3.4 所示。

表 3.4 不同遮挡等级

原始数据实例（手机号码）	遮挡后数据
1380001234	1380*01234
1380001234	138***1234
1380001234	1********4

2. 替换

替换是数据脱敏中的另一种常用的敏感信息去除方法，具体做法与遮挡类似，区别在于替换方法会使用更加具有语义信息的内容替换敏感信息，而非使用 “*” 这样的无意义符号。通常的做法是利用敏感信息的属性进行替换。

例 3.3 原句：大家好，我叫张三，我来自福建厦门。

敏感信息：“张三”“福建厦门”。

替换后：大家好，我叫 <# 人名 >，我来自 <# 地点 >。

在例 3.3 中，因为 “张三” 对应的是人名，而 “福建厦门” 对应的是地点，所以分别使用 “<# 人名 >”“<# 地点 >” 这样的标签替代敏感信息。相比遮挡的方法，使用替换可以更大程度地保留语义信息。另一种替换方式是将敏感信息替换成具有相同属性的其他信息，如例 3.4 所示，将 “张三” 与 “福建厦门” 这样的敏感信息用数据中具有相同属性的随机值

“李四”“福建泉州”等信息进行替换，但是这种方法存在语义偏移的问题，可能会导致数据的内容发生较大的变化。

例 3.4 原句：大家好，我叫张三，我来自福建厦门。

敏感信息：“张三”“福建厦门”。

所有数据中与“张三”属性相同的信息：“李四”“王五”“赵六”。

所有数据中与“福建厦门”属性相同的信息:“福建泉州”“广东广州”“辽宁沈阳”。

替换后：大家好，我叫李四，我来自福建泉州。

3. k 匿名算法

k 匿名 (k-anonymity) 算法是在 1998 年由 Latanya Sweeney 和 Pierangela Samarati 提出的一种数据匿名化方法 [9]。k 匿名算法的目的是保证公开的数据中至少有 k 个人具有相同的敏感信息组合。如表 3.5 所示，在未经过 k 匿名化之前，即使数据使用者无法获取数据中用户的姓名，依然可以通过其他信息推测出具体的用户。例如，表中年龄为 23，邮编为 12345 的男性只有张三一人，如果攻击者拥有的另一份数据中也包含同样的信息，则就可以关联这两个表的数据，从而导致张三敏感信息的泄露。所以 k 匿名算法的思想即模糊数据中的敏感信息，使攻击者无法定位到具体的用户。如表 3.6 所示，即为 2-匿名化后的结果。可以看到，此时数据中年龄在 20 到 30 岁之间、邮编为 1234* 的男性有两名，所以攻击者无法确认具体的用户是谁。求解 k 匿名算法是一个 NP 难问题，自从 1998 年 k 匿名概念提出之后，许多研究者都在寻找求解 k 匿名的算法，如 Mondrian、Genetic 和 Greedy 等。

表 3.5　敏感信息实例

姓名	性别	年龄	邮编
张三	男	23	12345
李四	男	22	12346
王五	女	18	13345
赵六	女	19	13346

表 3.6　2-匿名化后的数据

姓名	性别	年龄	邮编
**	男	20-30	1234*
**	男	20-30	1234*
**	女	15-20	1334*
**	女	15-20	1334*

3.7 小　　结

本章主要介绍了数据挖掘任务中的数据预处理部分，包括数据清洗、数据降维等步骤。针对不同类型的数据，有不同的数据预处理方法，本章分别介绍了结构化数据与文本数据这两种数据类型的数据预处理方法。另外，在使用用户数据进行数据挖掘任务时，还需要考虑用户隐私保护的问题，本章介绍了不同数据类型的敏感数据识别方法，以及 3 种常用的敏感信息去除算法。

3.8 练 习 题

1. 简答题

（1）列举至少 3 个在数据清洗过程中处理缺失值的方法。

（2）描述处理异常点的常用方法。

（3）描述数据降维的常用方法及其之间的联系和优缺点。

（4）文本数据预处理的大体流程是什么？

（5）使用如下方法规范化数据组：[200,300,40,60,100]。

① 最小最大规范化。

② z 分数标准化。

（6）使用 Python 对以下数据进行去重操作：data=pd.DataFrame('a':['dog']*3+['fish']*3+['dog'],'b':[10,10,12,12,14,14,10])。

①求 data.duplicated() 的结果。

②求 data.drop_duplicates() 的结果。

2. 操作题

（1）尝试对天池竞赛平台——天池新人实战赛 O2O 优惠券使用预测赛题的结构化数据进行预处理。

（2）尝试对天池竞赛平台——用户情感可视化分析赛题的文本数据进行预处理。

3.9 参 考 文 献

[1] Wold S, Esbensen K, Geladi P. Principal component analysis[J]. Chemometrics and intelligent laboratory systems, 1987, 2(1-3): 37-52.

[2] Kruskal J B. Multidimensional scaling[M]. Sage, 1978.

[3] Tenenbaum J B, Silva V, Langford J C. A global geometric framework for nonlinear dimensionality reduction[J]. Science, 2000, 290(5500): 2319-2323.

[4] Roweis S T, Saul L K. Nonlinear dimensionality reduction by locally linear embedding[J]. Science, 2000, 290(5500): 2323-2326.

[5] Scheuren, F. Multiple Imputation: How It Began and Continues[J]. The American Statistician, 59, 315-319.

[6] Rubin D B. Multiple imputation for nonresponse in surveys[M]. John Wiley & Sons, 2004.

[7] Salton G, Buckley C. Term-weighting approaches in automatic text retrieval[J]. Information processing & management, 1988, 24(5): 513-523.

[8] Friedman N, Geiger D, Goldszmidt M. Bayesian network classifiers[J]. Machine learning, 1997, 29(2): 131-163.

[9] L.Sweeney, L.kaonyfnjty:a model for privacy[J].IntemationaI JoumaI on Uncertainty Fuzziness and Knowledge based Systems,2002,10(5):557-5.

第4章 分类基本算法

学习目标

- 了解分类概述
- 掌握分类基本算法
- 掌握特征权重函数
- 掌握结构化数据分类案例
- 掌握文本分类实例

分类是指将研究对象按照其某些特征将其归类到某个预定义的目标类中。分类任务会利用一些已知类型标号的样本训练一种分类器，使其能够对未知类型的样本进行分类。在分类任务中，会使用到分类算法。分类算法的分类过程就是建立一种分类模型以描述预定的数据集，通过分析由属性描述的数据集构造模型。在现实生活中，有很多不同应用的例子，例如，根据邮件内容进行垃圾邮件分类；根据西瓜的属性进行好瓜或者坏瓜的分类；根据点评软件的文字评论判断用户对该商品的情感等。本章将具体介绍分类的基本概念和解决分类问题的一些算法，如 k 近邻算法 [1]、决策树算法 [2]、支持向量机算法 [3]。另外，本章将给出一些实际案例，介绍如何使用分类算法对数据进行分类，让读者对利用机器学习算法解决分类问题有基本的了解。

4.1 分类概述

4.1.1 分类任务简介

设想如下场景：当我们在面对“这个人是男还是女？”这个问题时，通常会结合多个特征进行辨别，例如长相、头发长短、穿衣风格等，我们会结合观察到的多种特征判断这个人是男还是女，这就是一个分类问题。在这个问题中，长相、头发长短、穿衣风格等是输入的特征，人脑是分类器，人脑由于经过长期的训练，已经知道判断男女分类问题时所需的特征和分类的流程，从而判断出这个人是男还是女，这就是分类结果。

分类任务的输入数据是样本数据的集合，用二元组 (x,y) 表示，其中，x 是样本数据特征（属性）的集合，y 是类别种类的集合。分类任务通过学习样本特征得到一个分类模型，有了新的样本后，便可以根据样本的属性集 x 映射得到一个预先定义的类别 y，如图 4.1 所示。

图 4.1 分类概述

4.1.2 二分类及多分类

二分类任务表示分类任务中有两个类别，例如想识别一幅图片是不是花，也就是说，我们训练一个分类器，输入一幅图片，用特征向量 x 表示，输出是不是花，用 $y=0$ 或 1 表示。二分类任务假设每个样本都有且仅有一个标签 0 或者 1。

多分类任务表示分类任务中有多个类别，例如对很多水果图片进行分类，它们可能是橘子、苹果、梨等。多分类任务假设每个样本都有且仅有一个标签，即一个水果可以是苹果或者梨，但是不可能同时是两者。

二分类任务仅有两种判断标签，是或否；多分类任务的分类标签不再是简单的是或否，而是定义的标签集合，需要判断输入数据的标签属于预定义的标签集合中的哪一个。二分类任务常用的判别函数为 logistic 回归，多分类任务常用的判别函数为 softmax。当然，也可以将多分类任务拆分成多个二分类问题加以解决。

4.1.3 不均衡问题

类别数据不均衡是分类任务中普遍存在的一个问题。该问题是指，在数据集中，不同类别的样本数目相差很大。例如，在一个二分类问题中，共有 1000 个样本，其中 900 个样本属于正类样本，其余 100 个样本属于负类样本，那么正负类样本的比例为 $900:100=9:1$，这便属于类别数据不均衡问题。同样地，类别数据不均衡问题也会发生在多分类任务中。在现实场景中，类别数据的不均衡问题是很常见的。例如，银行的风控部门在对用户是否会失信做二分类任务时，不会失信的用户占了绝大部分，可能这个比例还远大于 9:1。因此在构建分类模型之前，需要对类别数据不均衡问题进行处理。

为了解决不均衡问题，需要从训练集入手，通过改变训练集样本的分布降低不均衡程度。对于平衡训练集的方法，主要介绍重采样（re-sampling）方法。

重采样方法通过增加稀有类训练样本数的上采样（up-sampling）和减少大类样本数的下采样（down-sampling），使不均衡的样本分布变得比较均衡，从而提高分类器对稀有类的分类准确率。最原始的上采样方法是复制某些较少类别的样本，但是这样做容易导致过拟合学习，并且对提高稀有类的分类准确率没有太大帮助。较高级的上采样方法则采用一些启发式技巧，有选择地复制稀有类样本或者生成新的稀有类样本。可以在原有的稀有样本类别数据中添加随机噪声，使其生成新的数据样本，从而增加样本数。下采样方法通过舍弃部分大类样本降低不均衡程度。虽然重采样在一些数据集上取得了不错的效果，但是这类方法也存在一些缺陷。上采样方法并不增加任何新的数据，只是重复一些样本或增加一些人工生成的原有稀有类样本类别的数据样本，增加了训练时间。上采样复制某些原有的稀有类样本数据，或者在它的基础上随机加入噪声以生成新的稀有样本数据，这会使得分类器过分注重这些样本，从而导致过拟合学习问题。上采样不能从本质上解决稀有类样本的稀缺性和数据表示的不充分性问题。下采样在去除大类样本时，容易同时去除一些重要的样本，因此这种方法对不均衡度的调整程度也比较有限。

4.2 k 近邻算法

k 近邻（KNN）算法是一种简单有效的监督分类算法，它需要给定有类别标签的训练数据集，对于输入的新样本点，利用距离度量计算新样本点和训练样本点之间的相似性，然后进行排序，找到相似性最高的 k 个训练样本，最后对 k 个样本点的类别进行统计，数量最多的那个类别则为新样本点的类别。k 近邻法包含 3 个基本要素：k 值的选择、距离度量和分类决策规则。k 近邻法是一种没有训练过程的算法，即没有显式的学习过程。

4.2.1 算法

回顾一下 k 近邻算法，可以总结为以下流程。

算法 4.1 k 近邻算法

训练数据集 $T=\{(x_1,y_1),(x_2,y_2),\cdots,(x_N,y_N)\}$，$x_i\in\mathbb{R}^n$, $x_i=(x_i^{(1)},x_i^{(2)},\cdots,x_i^{(n)})$,$y_i\in\{c_1,c_2,\cdots,c_K\}$, $i=1,2,\cdots,N$

对于给定的新样本 $x=(x^{(1)},x^{(2)},\cdots,x^{(n)})$，利用距离度量计算新样本和训练数据集中所有样本的距离：

$$d(x,x_i),i=1,2,\cdots,n \tag{4.1}$$

对 $d(x,x_i)$ 进行非降序排序，不妨假设存在排序 (这里的下标与样本的下标不是对应的) $d_{(1)}\leqslant d_{(2)}\leqslant\cdots\leqslant d_{(k)}\leqslant d_{(k+1)}\leqslant\cdots\leqslant d_{(n)}$，则选取距离小的前 k 个样本 $d_{(j)},j=1,2,\cdots,k$

分类决策规则利用多数表决规则确定新样本的类别：

$$c=\arg\max_{c_m} I(c_m|d_{(j)}),j=1,2,\cdots,k;m=1,2,\cdots,K \tag{4.2}$$

4.2.2 距离度量

k 近邻算法中，很重要的要素是衡量两个样本点之间的相似性。在衡量两个样本点之间的相似性时，使用不同的距离公式得到的结果是不一样的。一般地，两个样本点之间的相似性是用它们在特征空间中的 L_p 距离衡量的。假设两个样本点 $x_i,x_j\in\mathbb{R}^n$, $x_i=(x_i^1,x_i^2,\cdots,x_i^n)$, $x_j=(x_j^1,x_j^2,\cdots,x_j^n)$，则 x_i,x_j 的距离 L_p 定义为

$$L_p(x_i,x_j)=\left(\sum_{t=1}^{n}|x_i^t-x_j^t|^p\right)^{\frac{1}{p}},p\geqslant 1 \tag{4.3}$$

当 $p=\infty$ 时，L_∞ 距离的值是各个维度的差的最大值，即

$$L_\infty(x_i,x_j)=\max_t|x_i^t-x_j^t| \tag{4.4}$$

4.2.3 k 值的选择

k 近邻算法的另一个要素是 k 值的选择，k 值的选取决定了 k 近邻法的近似误差和估计误差，这对结果有很大的影响。

当选择较小的 k 值时，相当于在确定新样本点的类别时，只利用它周围较少的训练样本点进行决策，这样只有和新样本点相似性较高的训练样本点才会起决策作用，即近似误差会减小。然而，较少的训练样本点也会使得决策更加敏感，若这部分训练样本包含噪声，那么决策将会出错，因此此时的估计误差会增大。

当选择较大的 k 值时，相当于在确定新样本点的类别时，利用周围较多的训练样本点进行决策，这样决策时不容易受噪声影响，因此估计误差会减小，然而此时相似性相对较低的训练样本点也会影响决策，因此近似误差会增大。

如果 $k = N$，相当于使用全部训练样本点进行决策，此时无论输入哪个新的样本点，决策结果都是训练样本点中占比最多的类别，这样算法就失去了它的意义，因此是不可取的。

一般地，k 近邻法中 k 的具体取值是根据数据集而变化的，没有特定的最优值。经验上，一般选择较小的 k 值，然后利用交叉验证法选取最优的 k 值。

4.2.4 分类决策规则

k 近邻法最后一个重要的要素是分类决策规则，通常采用多数表决规则，多数表决规则等价于经验风险最小化。对于输入的新样本，在训练样本集中得到前 k 个最相似的样本点后，对 k 个样本点的类别进行计数，数量最多的类别就是新样本点的类别。

4.2.5 参数说明

了解 k 近邻法的原理后，可以调用 scikit-learn 中封装的 KNeighborsClassifier 解决实际的分类问题。下面简单介绍 KNeighborsClassifier 的参数，具体的案例将会在案例介绍中给出。

- n_neighbors：k 值大小，默认值为 5。
- weights：决策时，前 k 个值的权重值大小，默认值为'uniform'，可能的选择有以下两种。

  'uniform'：每个样本点的权重值是相同的。

  'distance'：每个样本点的权重值与距离呈反比（距离由样本点和测试样本点计算而得）。
- algorithm：计算最近邻样本点的算法，默认是 'auto'，可能的选择有以下 4 种。

  'ball_tree'：选择 BallTree 算法。

  'kd_tree'：选择 KDTree 算法。

  'brute'：选择蛮力搜索。

  'auto'：自动根据数据选择最佳的算法。

  注意：输入数据如果是稀疏形式，那么这个参数将自动被覆盖为"brute"。
- leaf_size：默认值为 30。

这个参数将传递给 'BallTree' 或者 'KDTree'，它将影响树的建立和搜索的速度，同时影响树的内存。这个参数的最优取值应该根据具体问题决定。

- p：距离度量中 p 值的大小，默认值为 2。

    取值 '1'，则距离度量选择曼哈顿距离。

    取值 '2'，则距离度量选择欧几里得距离。

- metric：距离度量公式，默认值为 'minkowski'。

    'minkowski'：闵可夫斯基距离作为距离度量。

    除此之外，还可以采用自定义函数。

- metric_params：距离度量公式可增加的额外参数，默认值为 None。
- n_jobs：默认值为 None。

    None 表示选取至少一个线程搜索最近邻。

    −1 表示选取所有线程搜索最近邻。

4.3 决　策　树

4.3.1 决策树简介

决策树（decision tree）[2] 是一种应用广泛的机器学习方法。顾名思义，决策树算法的表现形式可以直观地理解为一棵树（二叉树或非二叉树）。一棵决策树一般包含一个根结点、一系列内部结点和叶结点，一个叶结点对应一个决策结果，一个内部结点对应一个属性测试。算法的目标是根据训练集中的样本特征和标签自动生成一棵具有泛化能力的决策树，它反映了人对分类问题的判断过程，即类别的判断由对一系列特征的区分（属性测试）组成。

以二分类问题为例：判断一间餐馆是不是好餐馆，需要从它的特征是否符合一系列判断决定：餐馆的菜品是否好吃，价格是否合理，服务态度是否良好。根据这些问题可以构建一棵决策树，用来判断最终的问题——是不是一间好餐馆？但是，单一属性的问题并不能完全划分出正类与负类，例如服务员态度好的餐馆不一定就好，也存在部分不好的餐馆符合这一判断。因此需要与其他特征一同进行综合判断。图 4.2 展示了餐馆的决策树示例。

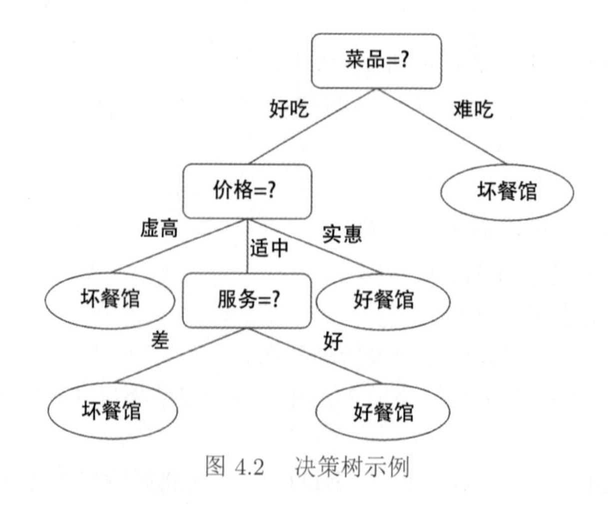

图 4.2　决策树示例

决策树的算法在自动构建之后，能还原出每项特征的具体划分标准，因此，决策树具有解释性较好的特点。

4.3.2 决策树算法

决策树算法的目标是根据由特征和标签组成的训练数据自动生成一棵能对未知数据进行分类的决策树。

决策树算法学习的关键在于如何选取最优划分属性，一个基本的准则是：决策树的分支结点包含的样本应尽可能属于同一类别。而要达到这一点，就需要一个衡量结点“纯度”的函数。当某一属性划分的纯度最高时，选择对这一属性进行划分以建立下一个分支。通过对更多的属性进行划分，结点的纯度会越来越高。现有的计算纯度的主流方法有信息增益 [3]、增益率、基尼指数。

4.3.3 信息增益

信息增益的诞生基于“信息熵”的思想。信息熵（information entropy）是一个通过变量的不确定性量化信息的指标。而在决策树算法中，信息熵则可以看作分类的不确定性，即进行一个属性测试之后叶结点中样本类别的不确定程度。当样本集合 D 中第 k 类样本所占比例为 p_k $(k=1,2,\cdots,|y|)$ 时，D 的信息熵定义为

$$\mathrm{Ent}(D)=-\sum_{k=1}^{|y|}p_k\log_2 p_k \tag{4.5}$$

信息熵 $\mathrm{Ent}(D)$ 的值越小，样本的纯度越高。

当准备选择新的属性建立分支时，就需要计算信息增益，即信息熵的变化。对于一个离散属性 a，它有 V 个可能的取值 $\{a_1,a_2,\cdots,a_V\}$，若使用 a 划分样本集 D，就会产生 V 个新的分支结点，将新的样本集合记为 D_V，则使用属性 a 对样本集 D 进行划分所得的信息增益为

$$\mathrm{Gain}(D,a)=\mathrm{Ent}(D)-\sum_{v=1}^{v}\frac{|D^v|}{D}\mathrm{Ent}(D^v) \tag{4.6}$$

信息增益越大，使用该属性 a 进行属性划分得到的分类样本的纯度就越高。

4.3.4 增益率

信息增益对取值范围较大的属性有偏好。但是，有时这样的属性对分类器的泛化性是有害的。例如，假如将样本的“编号”也作为一种属性，即假如有 v 个样本，这个属性就有 v 个可能值。使用该属性进行测试，则产生 v 个分支，此时根据信息增益公式得到的纯度提升非常大，但是分类模型的性能没有实质提升，泛化性能低，因此就有了“增益率”的概念：

$$\mathrm{GainRatio}(D,a)=\frac{\mathrm{Gain}(D,a)}{IV(a)} \tag{4.7}$$

其中

$$IV(a) = \text{Ent}(D) - \sum_{v=1}^{V} \frac{|D^v|}{D} \log_2 \frac{|D^v|}{D} \tag{4.8}$$

是属性 a 的固有值（intrinsic value）。属性 a 的可能值越多，则 $IV(a)$ 的值就越大。但是，增益率指标偏好于可能值较少的属性，因此有时无法取得最佳效果。较好的方法是将信息增益与增益率结合使用，例如先找出信息增益高于一定阈值的那些属性，再根据增益率的高低筛选剩下的属性。

1. 基尼指数

基尼指数是另一衡量经过划分的数据集的纯度的指标，由于其优异的性能及计算效率，这一指标被 sklearn 选作默认的决策树属性选择指标。

直观理解，基尼指数代表从数据集中随机抽取的两个样本类别标记不一致的概率。因此基尼指数越小，划分后的数据集纯度就越高。因此，与其他之前介绍的指标不同，选取基尼指数最小的属性作为最优划分属性。属性 a 的基尼指数定义为

$$\text{GiniIndex}(D, a) = \sum_{v=1}^{V} \frac{|D^v|}{|D|} \sum_{k=1}^{|y|} \sum_{k' \neq k} p_k p_{k'} \tag{4.9}$$

2. 剪枝处理

在决策树算法的训练中，可能会发生过拟合，即决策树为了提高划分数据集的纯度生成了过多的分支，但是每个分支下的叶结点仅有相当少的样本。符合该分支情况的样本可能并不会出现在实际测试数据中，而仅仅出现在训练集中。为了避免这种把训练集自身的一些特点当作所有数据都具有的普遍性质的有害做法，决策树需要进行“剪枝”操作。

决策树的剪枝操作可以分为两种：预剪枝和后剪枝。预剪枝是指在决策树生成的过程中，如果当前结点选择的属性不能获得足够的性能提升，则停止继续划分，并把当前结点作为叶结点。而后剪枝是在决策树训练算法成功返回了一颗完整的决策树后，自底向上地对每个非叶结点进行检查，如果将一个非叶结点替换成叶结点可以带来性能提升，则进行剪枝，使其成为叶结点。

这里的关键问题就变成了如何判断性能是否可以得到提升。这时就需要验证集的帮助：在进行是否进行剪枝操作的判断时，使用一组没有出现在训练集中的数据分别测试剪枝前后的决策树性能。

3. 参数说明

本节介绍 sklearn 包中决策树算法的各项参数的含义。sklearn 包中包含 DecisionTree-Classifier 决策树分类算法和 DecisionTreeRegressor 决策树回归算法，两者间的参数大致相同。下面介绍较为常用的决策树分类算法的参数及使用建议。

- creterion：划分属性的评价函数，默认为 'gini'（基尼系数），可选择 'entropy'（信息增益）。

- splitter：划分策略，默认为 'best'，即选取最优的属性进行划分，也可选 'random'，即在随机抽取的属性集中选取最优划分点，类似于 4.5.1 节将要介绍的随机森林算法，适合在数据量大时使用。
- max_depth：最大深度，默认为不限制最大深度，在特征特别多时，建议根据数据分布设置该值。
- max_features：划分时考虑的特征数，默认为不限制数量，即考虑现有的所有特征，当特征特别多时，可以设置限制以减少训练时间。
- min_samples_split：划分属性所需的最小样本，当一个结点的样本数量小于该值时，则不会再次计算属性选择指标，从而放弃继续划分。
- min_samples_leaf：叶子结点的最小样本数，如果叶子结点中的样本数量小于该值，则会与兄弟结点一起被剪枝。
- min_weight_fraction_leaf：叶子结点下所有样本的权重和最小值，如果小于该值，则会与兄弟结点一起被剪枝，类似于上一个参数，当样本中有较多缺失值或分布偏差较大时，就需要考虑设置该值。
- min_impurity_split：结点划分的最小“不纯度”，也是一个与剪枝有关的参数，当结点划分的不纯度小于这个值时，执行预剪枝。
- max_leaf_nodes：最大叶子结点数目，也是一个用于防止过拟合的参数，算法会根据叶子结点的数目限制生成符合要求的最优决策树。
- class_weight：类别权重，防止算法偏向于某些类别，当训练集中的样本类别不均衡时，需要考虑设置。

4.4 支持向量机

支持向量机（support vector machines, SVM）[4] 是一种有监督的二分类模型，其基本模型是一个线性分类器，但是引入核技巧后，它可成为非线性分类器，因此支持向量机可以分为线性可分支持向量机、线性支持向量机和非线性支持向量机，分别用于解决线性可分数据、近似线性可分数据和线性不可分数据（图 4.3 至图 4.5）。

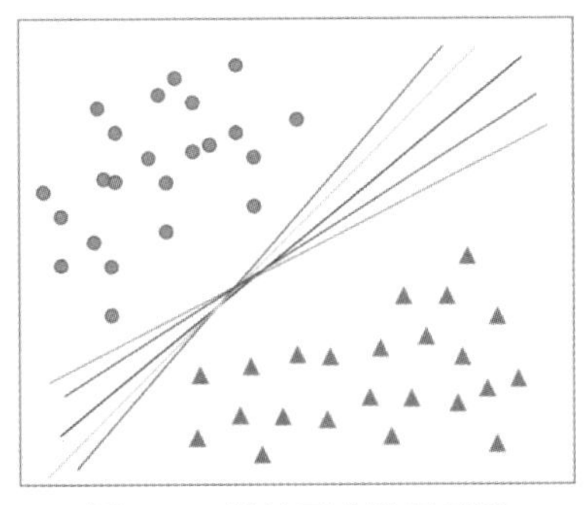

图 4.3　线性可分数据示例

本节将省略大部分数学推导，尽可能通俗地讲解支持向量机的基本原理。首先统一假

设训练数据集为

$$T = \{(x_1, y_1), (x_2, y_2), \cdots, (x_N, y_N)\}$$

其中，$x_i \in \mathbb{R}^n, y_i \in \{+1, -1\}, i = 1, 2, \cdots, N$。$x_i$ 为第 i 个样本的特征表示，y_i 是第 i 个样本的标签，(x_i, y_i) 称为第 i 个样本。当 $y_i = 1$ 时，称 (x_i, y_i) 为正样本；当 $y_i = -1$ 时，称 (x_i, y_i) 为负样本。

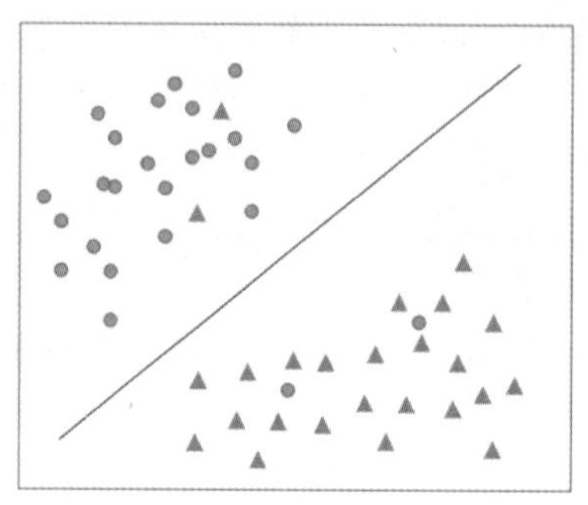

图 4.4　近似线性可分数据示例

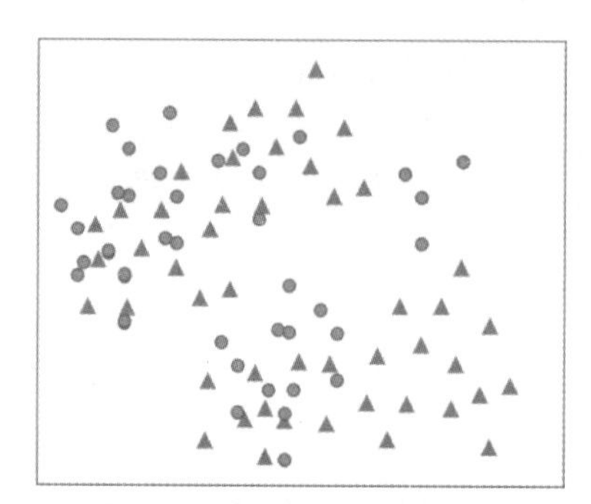

图 4.5　线性不可分数据示例

4.4.1　线性可分支持向量机

对于图 4.3 所示的这类线性可分的数据，可以用线性可分支持向量机进行求解。观察图 4.3，可以发现存在无数条直线将两类数据分隔开，可以用如下线性函数表示直线：

$$wx + b = 0 \tag{4.10}$$

其中，$w \in \mathbb{R}, x \in \mathbb{R}, b \in \mathbb{R}$，当 w 和 b 取值不同时，就对应多条直线。

在二维平面上，分类器是直线；在三维平面上，分类器是平面；在 n 维平面上，分类器是 $n-1$ 维超平面。更一般地，可以用线性函数 $w^{\mathrm{T}}x+b=0$ 表示超平面，其中，$w \in \mathbb{R}^n, x \in \mathbb{R}^n$。利用训练数据集求解分类器时，就是确定 w 的具体取值，得到一个具体的线性函数（超平面）。后面的阐述将不再进行说明，读者可以自行将线性函数看作一般表示。

那么这无数条直线里，是不是所有直线都是我们想要的分类器呢？理论上，这无数条直线都是一个分类器。可是观察图 4.6，当有了新样本 (x_{N+1}, y_{N+1}) 和 (x_{N+2}, y_{N+2})，黑色、红色和黄色的直线依旧可以分类正确，而蓝色和紫色的直线却无法分类正确，说明这无数条直线之间存在优劣之分。那么，如何衡量这些直线的优劣，并从中挑选出衡量指标下的最优直线呢？答案是利用“间隔”这个衡量指标。介绍“间隔”之前，需要先了解“几何间隔”，在几何上，它衡量了样本点到线性函数的距离，可以用如下定义表示：

$$\gamma_i = y_i\left(\frac{w}{||w||}\cdot x_i + \frac{b}{||w||}\right) \tag{4.11}$$

其中，γ_i 表示第 i 个样本点 x_i 到直线 $wx+b=0$ 的距离。

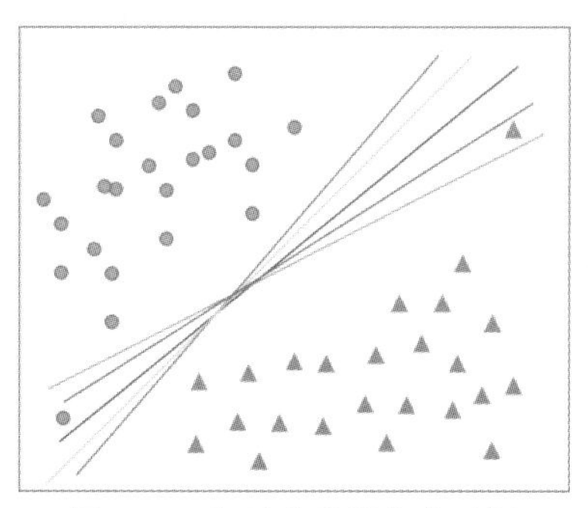

图 4.6 衡量分类器优劣示例

了解“几何间隔”这个概念后，再来观察图 4.6，要使得直线能将两类数据分类正确，就需要令所有正例样本点的“几何间隔”大于或等于正例样本中距离直线最近的点的“几何间隔”；同理，所有负例样本点的“几何间隔”也要大于或等于负例样本中距离直线最近的点的“几何间隔”。利用正负例样本中距离直线最近的点的“几何间隔”画出平行于直线的两条边界，并称这两条边界为“间隔边界”，而两条“间隔边界”之间的距离就是“间隔”了。可以发现，当距离直线最近的样本点的“几何间隔”太小，即“间隔”太小时，如图 4.6 中蓝色和紫色直线一样，它们将无法很好地处理新样本的分类；而当距离直线最近的样本点的“几何间隔”较大，即“间隔”较大时，如图 4.6 中黑色、红色和黄色直线一样，它们可以更好地处理新样本的分类。因此可以用“间隔”衡量直线的优劣，且“间隔”大的直线明显比“间隔”小的直线更优。

线性可分支持向量机就是将训练数据集正确分类，并且最大化“间隔”的线性分类器。事实上，它相当于求解一个带约束的最优化问题：

$$\min_{w} \quad \frac{1}{2}||w||^2 \tag{4.12}$$

$$\text{s.t} \quad y_i(wx_i+b)-1\geqslant 0 \quad i=1,2,\cdots,N \tag{4.13}$$

利用“间隔”这个衡量指标可以从无数条直线中找到唯一一个最优的直线，从而对线性可分数据进行正确分类。同时，决定这条最优的直线的样本点只和“间隔边界”上的样本点相关，而和其他样本点无关。如果移动“间隔边界”上的样本点，那么最优的直线将会发生改变，但是如果移动其他样本点，将对最优的直线不产生影响。一般地，将“间隔边界”上的样本点称为支持向量，它们决定了最后的分离超平面。

4.4.2 线性支持向量机

对于图 4.4 所示的这类近似线性可分数据，虽然无法用线性可分支持向量机求解，但是可以用线性支持向量机求解。同样地，观察图 4.4 所示的数据，会发现大部分样本点都可以用一条直线区分开，只有少部分样本点是无法正确区分的。

那么，有没有办法仍然使用之前的思想区分这类数据点？答案是有的。首先思考这样一个问题：若仍然使用一条直线以及它的两条“间隔边界”区分这类数据，少部分样本点无法满足的原因是什么呢？通过观察，显然可以发现少部分样本点没有落在“间隔边界”的正确侧，即这些样本点的“几何间隔”没有大于或等于对应的“间隔边界”上的点的“几何间隔”。

现在知道了少部分样本点无法满足的原因，那么为了能使用之前的思想区分这类数据点，可以引入非负的松弛变量 ξ_i，使得所有样本点的“几何间隔”都能大于或等于对应的“间隔边界”上的点的“几何间隔”，即满足不等式：

$$y_i(wx_i+b)+\xi_i-1\geqslant 0 \qquad i=1,2,\cdots,N \tag{4.14}$$

当引入非负的松弛变量后，并不是就可以将少部分样本点分类正确，而是在容许少部分样本点错误的情况下，可以沿用之前的思想区分“近似线性可分数据”，而松弛变量 ξ_i 就是容许的错误。

线性支持向量机就是在容许少部分样本点分类错误、大部分样本点分类正确的情况下，引入松弛变量且最大化“间隔”的线性分类器。事实上，它相当于求解一个带约束的最优化问题：

$$\min_{w} \qquad \frac{1}{2}||w||^2+\mathrm{C}\sum_{i=1}^{N}\xi_i \tag{4.15}$$

$$\text{s.t} \qquad y_i(wx_i+b)-1\geqslant 0 \qquad i=1,2,\cdots,N \tag{4.16}$$

其中，C 是惩罚因子，决定可以容许少部分样本点错误的程度。C 越大，表示容许样本点错误的程度越低，极端的情况便是 C 为无穷大，表示不容许样本点错误；反之，C 越小，表示容许样本点错误的程度越高。

惩罚因子 C 不是一个变量，而是事先定义的超参数。实际应用中，可以通过调节这个超参数得到效果不同的线性分类器，并从中挑选出最佳的线性分类器。

4.4.3 非线性支持向量机

对于图 4.5 所示的这类线性不可分数据，可以用引入了核函数的支持向量机，即非线性支持向量机进行求解。观察图 4.5 所示的数据，会发现怎么都找不到一条可以将两类数据区分开的直线。

那么，还有没有办法沿用之前的思想区分这类数据呢？答案是有的。如图 4.5 和图 4.7 所示，采取一种非线性变换，将图 4.5 中原空间的数据映射到图 4.7 中的新空间上，使得新空间的数据是线性可分或者线性近似可分的。

这里采取的非线性变换就是“核技巧”。下面介绍常用的“核技巧”。

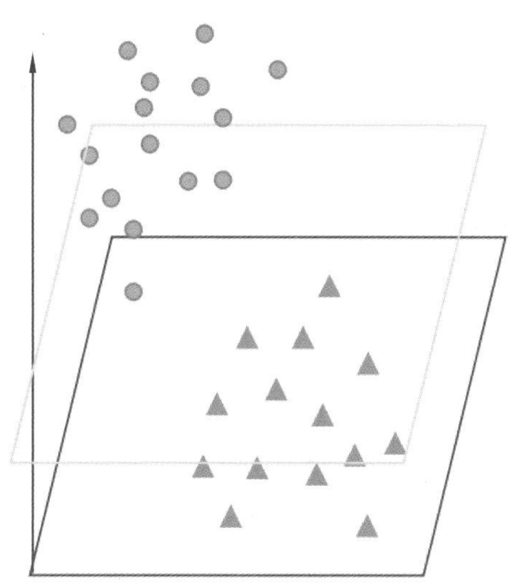

图 4.7 非线性变换示例

（1）多项式核函数。

$$K(x,z) = (\gamma < x,z > +r)^p \tag{4.17}$$

其中，$< x,z >$ 表示两个向量的点积。

（2）径向基核函数。

$$K(x,z) = \exp\left(-\gamma(||x-z||^2)\right) \tag{4.18}$$

（3）sigmoid 核函数。

$$K(x,z) = \tanh(\gamma < x,z > +r) \tag{4.19}$$

非线性支持向量机就是引入核技巧，将原始空间的线性不可分数据映射成新空间上的线性可分数据或者近似线性可分数据，并且最大化“间隔”的非线性分类器。

4.4.4 参数说明

了解支持向量机的原理后，可以调用 scikit-learn 中封装的 svc 解决实际中的分类问题。下面简单介绍 svc 的参数，具体案例将会在案例介绍中给出。

- C：惩罚因子，默认值为 1.0。
- kernel：核函数，默认值为 'rbf'。
  算法中的核函数可选 'linear'、'poly'、'rbf'、'sigmoid'；除此之外，还可以采用自定义函数。自定义函数需要根据数据的度量方式计算核矩阵，核矩阵的维度必须是（n_samples, n_samples）。
- degree：默认值为 3。
  仅在核函数为'poly' 的情况下有用，使用其他核函数时，该参数将被自动省略。
- gamma：默认值为 'scale'。
  核函数 'rbf'、'poly' 和 'sigmoid'的核系数。
  当取值为 'scale' 时，将由 1/(n_features * X.var()) 作为 gamma 的值。

- coef0：默认值为 0.0。
  只对核函数 'poly' 和 'sigmoid' 有用。
- probability：默认值为 False。
  是否启用概率估计。
- cache_size：默认值为 200 MB。
  指定训练所需的内存。

给每个类别 i 分别设置惩罚参数 class_weight[i]*c，如果没有给出该参数，则 C = 1。如果给定参数 'balance'，则使用 n_samples/(n_classes * np.bincount(y)) 自动调整权重。

- verbose：默认值为 False。
  是否启用详细输出，一般情况下设为 False。
- max_iter：默认值为 −1。
  最大迭代次数，−1 表示不限制。
- decision_function_shape：可选 'ovo' 和 'ovr'，默认值为 'ovr'。
  在多分类任务中采用 one-vs-rest ('ovr') 或者 one-vs-one ('ovo') 以得到结果。
- random_state：默认值为 None。
  随机种子，控制模型每次运行时的随机初始化。

4.5 随机森林

4.5.1 随机森林简介

随机森林（random forest）[5] 是一种运用了集成学习（ensemble learning）的决策树分类器，而集成学习是一种通过构建并结合多个分类器以解决分类问题的算法。集成学习首先训练得到一组“基分类器”，再通过某种策略将这些分类器结合起来（图 4.8）。基分类器通常是一个基础的分类算法模型，例如决策树、SVM 等。集成学习通过对多个分类器进行结合，从而具备比使用单一分类器更加强大的泛化性能。这一点在基分类器是“弱分类器”（泛化性能略好于随机选择的分类器）时尤为明显，许多集成学习的方法都是围绕弱分类器展开的，因此有时也直接将基分类器等同于弱分类器。但是，有时在应用中，会希望利用尽量少的基分类器进行集成，此时可以直接使用一些性能较强的分类器。

根据基分类器的生成方式，集成学习方法大致可以分为两种：第一种是基分类器之间存在强依赖的关系，需要串行生成的方法；第二种是基分类器之间不存在强依赖关系，可以同时并行生成的方法。下面将要介绍的随机森林方法就是第一种方法的典型代表。

在介绍随机森林之前，首先介绍与其思想非常相似的 Bagging 方法 [6]。在集成学习的理论中，通常认为基分类器应尽可能相互独立或具有较大的差异性，也就是说，基分类器应分别擅长于辨别具有不同特征的样本，这样才能“互补优势”。而 Bagging 方法便是通过对样本进行随机采样实现这一点的。对于包含 n 个样本的数据集，首先分 n 次随机有放回地采样出 n 个样本，组成采样集。由于是有放回地采样，所以在该采样集中，有的样本可能出现了多次，有的样本可能从未出现。按照这样的采样模式重复 m 次，采样出 m 个采样集，接着使用每个采样集分别训练得到一个基分类器，再将这些基分类器进行结合，这就是 Bagging 方法的基本流程。Bagging 方法在分类预测时通常采用简单的投票法，即选取最多分类器预测的那个类别，当两个类票数相同时，随机选取其中一个。

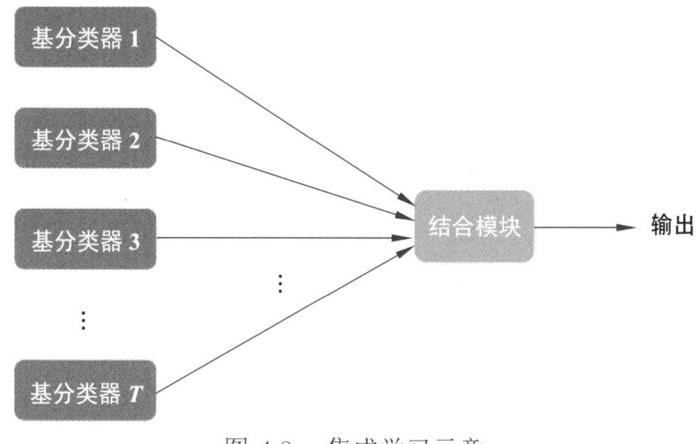

图 4.8　集成学习示意

4.5.2　随机森林算法

随机森林可以理解为 Bagging 方法的扩展。随机森林以决策树为基分类器，在运用 Bagging 思想的基础上，进一步为决策树的训练加入了随机属性选择。在一般的决策树算法划分属性的过程中，是在当前结点的属性集合中选择一个最优属性。而在随机森林算法中，当前结点的属性选择需要先从属性集合中随机选取一个子集，然后从这个子集中按照信息增益、增益率等指标挑选出一个最优划分属性。随机选取的子集大小 t 作为一个超参数决定了随机性的大小。

随机森林的思想与 Bagging 方法类似，它的基分类器训练过程与一般的决策树算法的区别仅有一处，即选择划分属性前先采样出属性子集。尽管随机森林思路简单、易于实现且计算开销小，但却在许多实际任务中有着比一般决策树算法更强大的性能，这主要来自于集成学习的泛化性能。相对于 Bagging 方法中对样本进行采样带来的“样本扰动”，随机森林通过对属性进行采样的方式为基分类器带来了“属性扰动”。通过属性扰动，随机森林算法中的各个基分类器之间保证了差异性，从而满足了集成学习理论中“好而不同”的特点，这将带来更好的性能效果。此外，由于随机性的引入，模型之间的方差得以降低，因此随机森林通常不需要像一般的决策树一样进行剪枝操作。

4.5.3　参数说明

本节将介绍 sklearn 包中随机森林算法的各项参数的含义。sklearn.ensemble 包中的 RandomForestClassifier 函数库封装了随机森林算法。由于随机森林的基分类器是决策树，因此它的参数大多与决策树算法（4.3.3 节）中的相同。对于相同的参数，此处仅列出名称而略去描述。具体参数介绍如下。

- n_estmators：随机森林算法中作为基分类器的决策树数量，默认值为 10。
- bootstrap：是否使用自助采样法选取样本以训练各个基分类器，默认为 'True'，否则使用整个数据集训练每个决策树。
- oob_score：是否使用包外样本验证模型的好坏，默认为 'False'。

- random_state：随机种子，需要复现结果时使用。
- creterion：参照 4.3.3 节。
- max_depth：参照 4.3.3 节。
- max_features：参照 4.3.3 节。
- min_samples_split：参照 4.3.3 节。
- min_impurity_split：参照 4.3.3 节。
- max_leaf_nodes：参照 4.3.3 节。
- class_weight：参照 4.3.3 节。

4.6 AdaBoost

4.6.1 AdaBoost 简介

AdaBoost 算法 [7] 是运用 Boosting 集成学习思想的代表性算法，全称是 Adaptive Boosting（自适应的 Boosting）。Boosting 的思想是先从初始训练集中训练出一个基分类器，再根据训练出来的基分类器的表现对训练样本分布进行调整，使得被先前训练出的基分类器分错的样本得到更大的权重，再基于改动过后的数据集进行下一次训练。

按照该方式迭代多次，直到训练得到的基分类器的数量达到预先设定的值，最后将所有基分类器集成以得到最终的分类器，各个模型的权重由误差函数决定。

4.6.2 AdaBoost 算法

下面介绍 AdaBoost 算法中的加性模型，该加性模型通过基分类器的线性组合得到最终的集成模型。

$$H(x) = \sum_{k=1}^{K} \alpha_k h_k(x) \tag{4.20}$$

AdaBoost 的损失函数为指数损失函数：

$$\text{Loss}(H|D) = \exp[-f(x)H(x)] \tag{4.21}$$

AdaBoost 可以将弱分类器（只比随机判断稍强的分类器）一步步结合成更强的分类器，而不是通过单一强分类器直接拟合训练数据，这种方式可以有效避免过拟合的问题。Boosting 算法使用误差函数对每个新的基分类器进行评估，然后将其融合，以避免融入过拟合的模型，从而使得分类性能降低。

图 4.9 至图 4.11 展示了 AdaBoost 算法一步步拟合训练数据的过程。

AdaBoost 算法最成功的应用是机器视觉中的目标检测问题，如人脸、行人或车辆的检测。在深度卷积神经网络应用这些目标检测问题之前，AdaBoost 算法在目标检测领域的应用上一直处于主导地位。

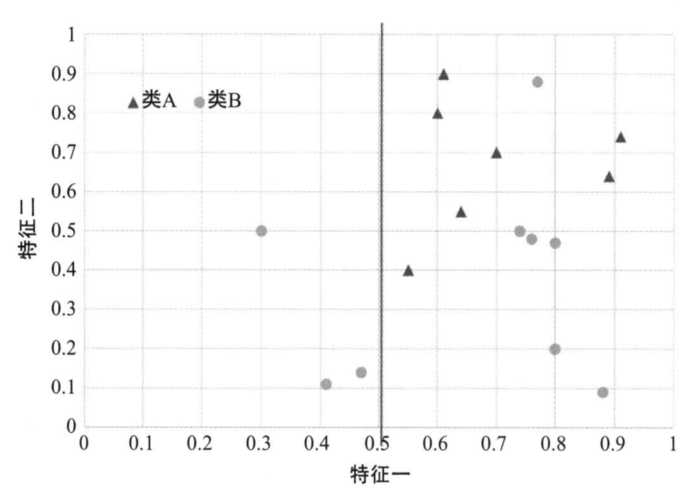

图 4.9　单个分类器的示意

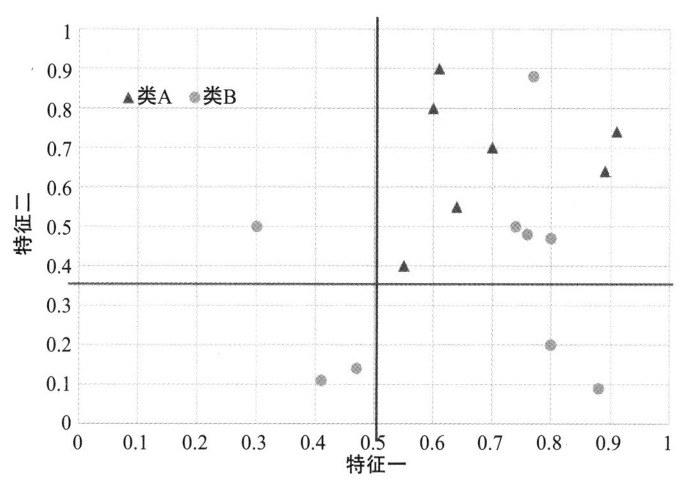

图 4.10　两个分类器结合的示意

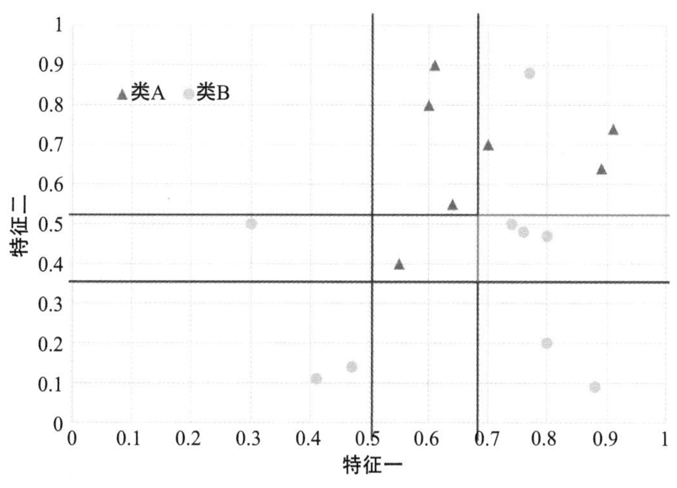

图 4.11　四个分类器结合的示意

4.6.3 参数说明

sklearn.ensemble 包下的 AdaBoostClassifier 函数封装了 AdaBoost 分类算法，AdaBoostRegressor 函数封装了回归算法。参数介绍如下。

- base_estimator：基分类器，需要传递一个 sklearn 的 estimator 类，默认为 DecisionTreeClassifier(max_depth=1)。
- n_estmators：需要学习的基分类器个数，默认为 50。
- learning_rate：学习率，默认为 10。
- algorithm：使用 boosting 算法时，默认为'SAMME.R'，可以选择'SAMME'，一般来说，前者的训练速度更快，但当选择前者时，基分类器必须支持概率预测。
- loss：这个参数只有 AdaBoostRegressor 函数具备, 有线性 'linear'、平方 'square' 和指数 'exponential' 三种选择, 默认是 'linear'，一般使用线性便足够了。
- random_state：随机种子，需要复现时设置。

4.7 朴素贝叶斯

朴素贝叶斯是一种基于贝叶斯定理的有监督分类算法 [8]，该算法具备一个重要的假设——特征条件独立。特征条件独立假设也是朴素贝叶斯中“朴素”两字的由来，正是这个假设使得朴素贝叶斯的学习和预测变得更简单。在特征条件独立的假设下，朴素贝叶斯先利用训练数据集的先验统计信息计算特征向量与标签的联合概率分布，然后对于新输入的样本点，利用联合概率分布计算后验概率，并将后验概率最大的输出标签确定为新样本点的类别。

4.7.1 朴素贝叶斯基本方法

假设训练数据集为

$$T=\{(x_1,y_1),(x_2,y_2),\cdots,(x_N,y_N)\}$$

其中，$x_i\in\mathbb{R}^n$,$x_i=(x_i^{(1)},x_i^{(2)},\cdots,x_i^{(n)})$,$y_i\in\{c_1,c_2,\cdots,c_K\}$,$i=1,2,\cdots,N$。假设 $x_i^{(j)}$ 的可能取值为 $\{a_j^{(1)},a_j^{(2)},\cdots,a_j^{(S_j)}\}$, 共 S_j 个，$j=1,2,\cdots,n$。

朴素贝叶斯利用训练数据集计算出先验概率和条件概率：

$$P(Y=c_k),k\in[1,K] \tag{4.22}$$

$$P(X=x|Y=c_k)=P(X^{(1)}=x^{(1)},X^{(2)}=x^{(2)},\cdots,X^{(n)}=x^{(n)}|Y=c_k),k\in[1,K] \tag{4.23}$$

之前介绍过朴素贝叶斯假设了特征条件独立，因此条件概率公式可转换为

$$\begin{aligned}P(X=x|Y=c_k)&=P(X^{(1)}=x^{(1)},X^{(2)}=x^{(2)},\cdots,X^{(n)}=x^{(n)}|Y=c_k)\\&=\prod_{j=1}^{n}P(X^{(j)}=x^{(j)}|Y=c_k),k\in[1,K]\end{aligned} \tag{4.24}$$

确定先验概率和条件概率后，对于输入的新样本，就可以计算它和类别之间的后验概率，并将后验概率最大的类别确定为新样本的类别。根据贝叶斯定理，后验概率为

$$P(Y=c_k|X=x)=\frac{P(X=x|Y=c_k)P(Y=c_k)}{\sum\limits_k P(X=x|Y=c_k)P(Y=c_k)} \tag{4.25}$$

将公式 (4.24) 代入公式 (4.25)，有

$$P(Y=c_k|X=x)=\frac{P(Y=c_k)\prod\limits_{j=1}^{n}P(X^{(j)}=x^{(j)}|Y=c_k)}{\sum\limits_k P(Y=c_k)\prod\limits_{j=1}^{n}P(X^{(j)}=x^{(j)}|Y=c_k)} \tag{4.26}$$

如此，朴素贝叶斯分类器可表示为

$$y=f(x)=\underset{c_k}{\text{argmax}}\frac{P(Y=c_k)\prod\limits_{j=1}^{n}P(X^{(j)}=x^{(j)}|Y=c_k)}{\sum\limits_k P(Y=c_k)\prod\limits_{j=1}^{n}P(X^{(j)}=x^{(j)}|Y=c_k)} \tag{4.27}$$

因为公式 (4.27) 中分母对于所有 c_k 都是相同的，所以公式可以简化为

$$y=f(x)=\underset{c_k}{\text{argmax}}\,P(Y=c_k)\prod_{j=1}^{n}P(X^{(j)}=x^{(j)}|Y=c_k) \tag{4.28}$$

4.7.2 朴素贝叶斯算法

回顾朴素贝叶斯算法的学习和分类过程，可以总结为以下算法流程。

算法 4.2 朴素贝叶斯算法

训练数据集 $T=\{(x_1,y_1),(x_2,y_2),\cdots,(x_N,y_N)\}$，$x_i\in R^n$,$x_i=(x_i^{(1)},x_i^{(2)},\cdots,x_i^{(n)})$,$y_i\in\{c_1,c_2,\cdots,c_K\}$,$i=1,2,\cdots,N$。假设 $x_i^{(j)}$ 的可能取值为 $\{a_j^{(1)},a_j^{(2)},\cdots,a_j^{(S_j)}\}$, 共 S_j 个，$j=1,2,\cdots,n$。

计算先验概率以及条件概率（参数估计的方法将在后面介绍）

$$P(Y=c_k)=\frac{\sum\limits_{i=1}^{N}I(y_i=c_k)}{N},k=1,2,\cdots,K \tag{4.29}$$

$$P(X^{(j)}=a_{jl}|Y=c_k)=\frac{\sum\limits_{i=1}^{N}I(x_i^{(j)}=a_{jl},y_i=c_k)}{\sum\limits_{i=1}^{N}I(y_i=c_k)}$$

$$j=1,2,\cdots,n;l=1,2,..,S_j,k=1,2,\cdots K \tag{4.30}$$

对于给定的新样本 $x=(x^{(1)},x^{(2)},\cdots,x^{(n)})$，计算

$$P(Y=c_k)\prod_{j=1}^{n}P(X^{(j)}=x^{(j)}|Y=c_k),k=1,2,..K \tag{4.31}$$

确定新样本 x 的类别

$$y=f(x)=\underset{c_k}{\text{argmax}}\,P(Y=c_k)\prod_{j=1}^{n}P(X^{(j)}=x^{(j)}|Y=c_k) \tag{4.32}$$

了解朴素贝叶斯的基本方法后，接下来介绍朴素贝叶斯法如何利用训练数据集计算先验概率和条件概率，实际上是采用极大似然估计或者贝叶斯估计两种方法，具体的介绍如下。

（1）极大似然估计。

$$P(Y=c_k)=\frac{\sum\limits_{i=1}^{N}I(y_i=c_k)}{N},k=1,2,\cdots,K \tag{4.33}$$

其中，$I(y_i=c_k)$ 是指示函数，当 $y_i=c_k$ 时，函数取值为 1，否则为 0。

$$P(X^{(j)}=a_{jl}|Y=c_k)=\frac{\sum\limits_{i=1}^{N}I(x_i^{(j)}=a_{jl},y_i=c_k)}{\sum\limits_{i=1}^{N}I(y_i=c_k)} \tag{4.34}$$

$$j=1,2,\cdots,n;l=1,2,..,S_j,k=1,2,\cdots,K$$

其中，$x_i^{(j)}$ 是第 i 个样本的第 j 个特征；a_{jl} 是第 j 个特征可能取的第 l 个值。

（2）贝叶斯估计。

极大似然估计存在一个问题：条件概率的计算有可能出现概率值为 0 的情况，这会影响后验概率的计算，进而影响分类结果。为了解决这个问题，可以采用贝叶斯估计计算条件概率：

$$P_\lambda(X^{(j)}=a_{jl}|Y=c_k)=\frac{\sum\limits_{i=1}^{N}I(x_i^{(j)}=a_{jl},y_i=c_k)+\lambda}{\sum\limits_{i=1}^{N}I(y_i=c_k)+S_j\lambda} \tag{4.35}$$

$$j=1,2,\cdots,n;l=1,2,..,S_j,k=1,2,\cdots,K$$

其中，$\lambda\geqslant 0$，当 $\lambda=0$ 时，相当于极大似然估计；当 $\lambda>0$ 时，显然有

$$P_\lambda(X^{(j)}=a_{jl}|Y=c_k)>0 \tag{4.36}$$

$$\sum_{l=1}^{S_j}P_\lambda(X^{(j)}=a_{jl}|Y=c_k)=1 \tag{4.37}$$

同样地，采用贝叶斯估计计算先验概率：

$$P_\lambda(Y=c_k)=\frac{\sum\limits_{i=1}^{N}I(y_i=c_k)+\lambda}{N+K\lambda},k=1,2,\cdots,K \tag{4.38}$$

4.7.3 参数说明

了解了朴素贝叶斯的原理后，可以调用 scikit-learn 中封装的 GaussianNB、MultinomialNB 和 BernoulliNB 解决实际中的分类问题。下面简单介绍 GaussianNB 和 BernoulliNB（类似于 MultinomialNB 的参数）的参数，具体的案例将会在案例介绍中给出。

GaussianNB 的参数说明如下。

- priors：如果提供，类别的先验概率将不会根据数据进行计算，默认值为 None。
- var_smoothing：所有特征中方差最大的部分，即为计算稳定性而加入方差，默认值为 1e−9。

BernoulliNB 的参数说明如下。

- alpha：可添加的平滑参数，默认值为 1.0。
- binarize：对样本特征进行二值化（映射到布尔值）的阈值。如果没有，则假定输入已经由二进制向量组成，默认值为 0.0。
- fit_prior：是否计算类别的先验概率；如果为 False，则均匀分布的先验概率将会被使用，默认值为 True。
- class_prior：如果提供该值，则类别的先验概率将不会根据数据进行计算，默认值为 None。

4.8 特征权重函数

现实生活中，数据并不全是由数值表示的，如图像数据、音频数据和文本数据。为了使这些非数值型的数据能够被计算机读取并运算，需要先将它们转换为数值化的表示。本节以文本数据为例，介绍对文本数据进行数值化的方法。

特征权重函数是一类可以将文本特征数值化的方法。在文本分类中，根据是否利用了数据中的标签信息，可以将特征权重函数分为有监督的特征权重函数和无监督的特征权重函数。其中，利用了标签信息的方法归为有监督的特征权重函数；反之，没有利用标签信息的方法则归为无监督的特征权重函数。

4.8.1 无监督特征权重函数

无监督特征权重函数中最为广泛应用的是词频（term frequency，TF）和逆文档频率（inverse document frequency，IDF）[9]。TF 的计算思想是将文本特征在文本中出现的频数作为该文本特征的权重，可用如下公式表示：

$$\mathrm{TF}(w) = \mathrm{count}(w|d) \tag{4.39}$$

其中，d 表示某篇文档，w 表示数据集中的某个文本特征，$\mathrm{count}(w|d)$ 表示文本特征 w 在文档 d 中出现的频数。同时，它还有一些变体，如 $\log(\mathrm{TF})$、$\log(\mathrm{TF})+1$ 和 $\log(\mathrm{TF}+1)$。

IDF 的计算思想是文本特征在文本语料中出现的文档数越少，则该文本特征的权重值越高。这是一种在全局文本语料级别上对文本特征的权重进行衡量的方法，可用如下公式表示：

$$\mathrm{IDF}(w) = \log\frac{\mathrm{count}(D)}{\mathrm{count}(w|D)} \tag{4.40}$$

其中，$\mathrm{count}(D)$ 表示数据集中文档的数目，$\mathrm{count}(w|D)$ 表示文本特征 w 在数据集中出现的文档数。

4.8.2 有监督特征权重函数

文本分类中，训练集的标签信息是已知的，因此很多学者利用这个先验知识计算文本特征的权重值，体现文本特征的类别区分能力。有一类特征权重函数的计算思想是基于二分类任务计算文本特征的局部类别区分能力，并将多分类任务看作多个二分类任务；还有一类特征权重函数的计算思想是将二分类和多分类任务统一起来，直接判断文本特征的全局类别区分能力。

假设有数据集 $D=\{d_1,d_2,\cdots,d_n\}$，其中，$d_i\in[c_1,c_2,\cdots,c_k]$。

1）基于局部类别区分能力的特征权重函数

当文本分类是多分类任务时（$k>2$），可以将其看作 k 个二分类任务，即每次将 $c_j, j\in[1,k]$ 看作正类，剩下的 $k-1$ 个类别则合并为负类，这时可以为每个文本特征 w 构建一个矩阵：

	w	$\overline{w}$
正类	a	b
负类	c	d

其中，a 表示在正类中包含文本特征 w 的文档数，b 表示在正类中不包含文本特征 w 的文档数，c 表示在负类中包含文本特征 w 的文档数，d 表示在负类中不包含文本特征 w 的文档数。

Relevance Frequency（RF）[10] 是该类特征权重方法中经典有效的方法，该方法认为文本特征在正类中出现的文档数与文本特征在负类别中出现的文档数的比例与文本特征的权重值呈正比，可用如下公式表示：

$$\mathrm{RF}(w)=\log\left(2+\frac{a}{c}\right) \tag{4.41}$$

公式里加上 2 是为了防止 $a=0$ 而导致 log 函数计算出错。

为了防止 $c=0$ 带来的计算错误，常常用以下公式代替上述公式：

$$\mathrm{RF}(w)=\log\left(2+\frac{a}{\max(c,1)}\right) \tag{4.42}$$

当逐一将 k 个类别看作正类，那么通过这类特征权重函数就可以计算出 k 个特征权重值，每个值都表示文本特征的局部类别区分能力。一般地，可以取 k 个值的最大值或者平均值作为文本特征最后的权重值。

2）基于全局类别区分能力的特征权重函数

也可以将二分类任务和多分类任务统一起来，利用信息熵理论直接计算每个文本特征的全局类别区分能力。这类方法中比较经典的有：Distributional Concentration（DC）和 Balanced Distributional Concentration（BDC）[11]，这两种方法的区别在于后者考虑文本数据的不平衡性，它们的计算思想是：当文本特征集中分布在越少的类别中时，文本特征类别区分能力越高，其权重值越接近 1；当文本特征只出现在一个类别中时，文本特征的权重值便为 1；当文本特征分散分布在越多的类别时，文本特征的类别区分能力越低，其权重值越接近 0；当文本特征出现在所有类别中时，文本特征的权重值便为 0。可用如下公式表示：

$$\mathrm{bdc}(w) = 1 - \frac{\mathrm{BH}(w)}{\log(k)} = 1 + \frac{\sum_{i=1}^{k} f(w|c_i)\log f(w|c_i)}{\log(k)} \tag{4.43}$$

其中，

$$f(w|c_i) = \frac{p(w|c_i)}{\sum_{i=1}^{k} p(w|c_i)} \tag{4.44}$$

$$p(w|c_i) = \frac{\mathrm{num}(w|c_i)}{\mathrm{num}(c_i)}, i \in [1, k] \tag{4.45}$$

$\mathrm{num}(w|c_i)$ 表示类别 c_i 下文本特征 w 出现的频数，$\mathrm{num}(c_i)$ 表示类别 c_i 下所有文本特征出现的总频数。

特征权重函数可以有效地将文本数据转换为计算机可处理的数值表示，但是同一种特征函数在不同的任务中也可能有不同的性能表现。因此，读者可以在具体的应用场景中尝试不同的特征权重函数，从而选择最合适的特征权重函数。

4.9 结构化数据分类案例

4.9.1 鸢尾花数据集

本节以常用的鸢尾花数据集为例演示本章提及的算法。该数据集一共包含 4 个特征变量，1 个类别变量，共 150 个样本，存储了其萼片和花瓣的长宽，共 4 个属性，算法需要将鸢尾花样本分为 3 类。数据来自于鸢尾花（Iris）的 3 个亚属，分别是山鸢尾（Iris-setosa）、变色鸢尾（Iris-versicolor）和维吉尼亚鸢尾（Iris-virginica）。数据集收集了 150 种分属于这 3 个亚属的花的信息，其中，每个亚属分别有 50 种花。每种花的特征用 4 个属性描述：萼片长度（Sepal.Length）、萼片宽度（Sepal.Width）、花瓣长度（Petal.Length）、花瓣宽度（Petal.Width）。特别地，其中一个亚属的样本与另外两个亚属之间是线性可分的，而另外两个亚属的样本之间是线性不可分的。

sklearn 库中提供了鸢尾花数据集，可以直接从包内导出。可以通过以下代码打印出数据集。

```
from sklearn.datasets import load_iris        # 导入鸢尾花数据集
iris = load_iris()                            # 载入数据集
print(iris.data)                              # 打印数据集
print(iris.data.shape)
```

输出如下所示。

```
[[5.1 3.5 1.4 0.2]
[4.9 3.  1.4 0.2]
[4.7 3.2 1.3 0.2]
[4.6 3.1 1.5 0.2]
[5.  3.6 1.4 0.2]
[5.4 3.9 1.7 0.4]
[4.6 3.4 1.4 0.3]
\cdots
[5.9 3.  5.1 1.8]]
(150, 4)
```

4.9.2 评估方式

由于数据集较小且类别平均，因此本节采用准确率（accuracy）作为评价指标。准确率的计算公式如下。

$$\text{准确率} = \frac{\text{被正确分类的样本数}}{\text{被测试的样本总数}}$$

4.9.3 KNN 实例

下面的代码展示了如何使用 KNN 对鸢尾花数据进行分类。

```
from sklearn.datasets import load_iris        # 导入鸢尾花数据集
from sklearn.neighbors import KNeighborsClassifier # 导入KNN包
from sklearn.metrics import accuracy_score    # 导入准确率评价指标

iris = load_iris()                            # 载入数据集

clf = KNeighborsClassifier(n_neighbors=3)     # 设置k=3
clf.fit(iris.data[:120], iris.target[:120])  # 模型训练，取前五分之四作训练集

predictions = clf.predict(iris.data[120:])    # 模型测试，取后五分之一作测试集
print('Accuracy:%s' % accuracy_score(iris.target[120:], predictions))
```

4.9.4 SVM 实例

下面的代码展示了如何使用 SVM 对鸢尾花数据进行分类。

```
from sklearn.datasets import load_iris        # 导入鸢尾花数据集
from sklearn import svm                       # 导入SVM包
from sklearn.metrics import accuracy_score    # 导入准确率评价指标
```

```
iris = load_iris()                               # 载入数据集

clf = svm.SVC()
clf.fit(iris.data[:120], iris.target[:120])  # 模型训练，取前五分之四作训练集

predictions = clf.predict(iris.data[120:])   # 模型测试，取后五分之一作测试集
print('Accuracy:%s' % accuracy_score(iris.target[120:], predictions))
```

在该数据集上，使用默认的 kernel = 'rbf' 可以得到 83.33%的精确率，使用 kernel = 'linear' 可以得到 86.67%的准确率，使用 kernel = 'poly' 则有 76.67%的准确率。通常来说，线性核适用于线性可分的数据，且参数调整较简单，训练速度快。

4.9.5 决策树实例

下面的代码展示了如何使用决策树对鸢尾花数据进行分类。

```
from sklearn.datasets import load_iris       # 导入鸢尾花数据集
from sklearn import tree                     # 导入决策树包
from sklearn.metrics import accuracy_score   # 导入准确率评价指标

iris = load_iris()                           # 载入数据集

clf = tree.DecisionTreeClassifier()
clf.fit(iris.data[:120], iris.target[:120])  # 模型训练，取前五分之四作训练集

predictions = clf.predict(iris.data[120:])   # 模型测试，取后五分之一作测试集
print('Accuracy:%s' % accuracy_score(iris.target[120:], predictions))
```

4.9.6 随机森林实例

下面的代码展示了如何使用随机森林对鸢尾花数据进行分类。

```
from sklearn.datasets import load_iris       # 导入鸢尾花数据集
from sklearn.ensemble import RandomForestClassifier # 导入随机森林包
from sklearn.metrics import accuracy_score   # 导入准确率评价指标

iris = load_iris()                           # 载入数据集

clf = RandomForestClassifier()
clf.fit(iris.data[:120], iris.target[:120])  # 模型训练，取前五分之四作训练集

predictions = clf.predict(iris.data[120:])   # 模型测试，取后五分之一作测试集
print('Accuracy:%s' % accuracy_score(iris.target[120:], predictions))
```

4.9.7 AdaBoost 实例

下面的代码展示了如何使用 AdaBoost 对鸢尾花数据进行分类。

```
from sklearn.datasets import load_iris        # 导入鸢尾花数据集
from sklearn.ensemble import AdaBoostClassifier # 导入AdaBoost包
from sklearn.metrics import accuracy_score    # 导入准确率评价指标

iris = load_iris()                            # 载入数据集

clf = AdaBoostClassifier()
clf.fit(iris.data[:120], iris.target[:120]) # 模型训练，取前五分之四作训练集

predictions = clf.predict(iris.data[120:])   # 模型测试，取后五分之一作测试集
print('Accuracy:%s' % accuracy_score(iris.target[120:], predictions))
```

4.9.8 朴素贝叶斯分类器实例

下面的代码展示了如何使用朴素贝叶斯分类器对鸢尾花数据进行分类。

```
from sklearn.datasets import load_iris        # 导入鸢尾花数据集
from sklearn.naive_bayes import GaussianNB    # 导入朴素贝叶斯包
from sklearn.metrics import accuracy_score    # 导入准确率评价指标

iris = load_iris()                            # 载入数据集

clf = GaussianNB()
clf.fit(iris.data[:120], iris.target[:120]) # 模型训练，取前五分之四作训练集

predictions = clf.predict(iris.data[120:])   # 模型测试，取后五分之一作测试集
print('Accuracy:%s' % accuracy_score(iris.target[120:], predictions))
```

4.10 文本分类实例

本节将以文本分类任务为例演示本章提及的算法。英文数据集采用 20newsgroups，该数据集在第 3 章已经介绍过，这里不再赘述。

文本分类任务是将文本分类到预先定义的类别中，其流程可以概述为文本预处理、文本表示、分类模型的训练、新文本的预测。其中，文本预处理在第 3 章已经介绍过，本节将主要介绍文本表示、分类模型的训练和新文本的预测。

4.10.1 文本表示

文本作为一种非结构化和非数字化的数据，想要作为模型的输入，需要转换为结构化和数字化的数据，这种转换过程称为文本表示。

向量空间模型是最广泛、最流行的文本表示方法，它把文本表示成一个向量，向量的每个维度表示文本特征。通常，文本特征是文本中出现的字、词语和不定长连续的字等。

向量空间模型结合特征权重函数可以将非结构化和数字化的文本转换为维度相同的实数值向量，便于输入模型进行训练。例如，假设有 3 个文本如下：

a. 小明是华南理工大学软件学院学生

b. 小华是华南理工大学计算机学院学生

c. 小蓝是华南理工大学艺术学院学生

（1）以词语为文本特征的向量空间模型。

对 3 个文本进行分词后，可以得到词典 {小明，小华，小蓝，是，华南理工大学，软件学院，计算机学院，艺术学院，学生}。为了简化，这里采取的特征权重函数是 one-hot。若将词典中的 9 个词都作为文本特征，则可以用 9 维的向量表示每个文本，并且向量每个维度依次表示 {小明，小华，小蓝，是，华南理工大学，软件学院，计算机学院，艺术学院，学生}。此时，3 个文本的向量表示如下：

a. $[1,0,0,1,1,1,0,0,1]$

b. $[0,1,0,1,1,0,1,0,1]$

c. $[0,0,1,1,1,0,0,1,1]$

（2）以字为文本特征的向量空间模型。

3 个文本的字词典为 {小，明，华，蓝，是，南，理，工，大，学，软，件, 院，生，计，算，机，艺，术}。若将字词典中的 19 个字都作为文本特征，则可以用 19 维的向量表示每个文本，并且向量的每个维度依次表示为 {小，明，华，蓝，是，南，理，工，大，学，软，件，院，生，计，算，机，艺，术}。此时，3 个文本的向量表示如下：

a. $[1,1,1,0,1,1,1,1,1,1,1,1,1,1,0,0,0,0,0]$

b. $[1,0,1,0,1,1,1,1,1,1,0,0,1,1,1,1,1,0,0]$

c. $[1,0,1,1,1,1,1,1,1,1,0,0,1,1,0,0,0,1,1]$

（3）以不定长连续的字为文本特征的向量空间模型。

除了字和词语之外，不定长连续的字也是常用的文本特征。这里以 3 个连续的字作为文本特征，则 3 个文本得到的词典是 {小明是，明是华，是华南，华南理，南理工，理工大，工大学，大学软，学软件，软件学，件学院，学院学，院学生，小华是，华是华，大学计，学计算，计算机，算机学，机学院，小蓝是，蓝是华，大学艺，学艺术，艺术学，术学院}。若将词典中的 26 个连续字都作为文本特征，则可以 26 维的向量表示每个文本，并且向量的每个维度依次表示为 {小明是，明是华，是华南，华南理，南理工，理工大，工大学，大学软，学软件，软件学，件学院，学院学，院学生，小华是，华是华，大学计，学计算，计算机，算机学，机学院，小蓝是，蓝是华，大学艺，学艺术，艺术学，术学院}。此时，3 个文本的向量表示如下：

a. $[1,1,1,1,1,1,1,1,1,1,1,1,1,0,0,0,0,0,0,0,0,0,0,0,0,0]$

b. $[0,0,1,1,1,1,1,0,0,0,0,1,1,1,1,1,1,1,1,1,0,0,0,0,0,0]$

c. [0, 0, 1, 1, 1, 1, 1, 0, 0, 0, 0, 1, 1, 0, 0, 0, 0, 0, 0, 0, 1, 1, 1, 1, 1, 1]

上述 3 种文本特征除了单独使用外，还可以将它们结合使用，读者可以自行尝试。接下来，在真实的文本数据集 20newsgroups 上演示文本表示的过程。

1）数据准备

```
from sklearn.datasets import fetch_20newsgroups # 导入20newsgroups数据集

categories = ['comp.os.ms-windows.misc', 'misc.forsale', 'rec.autos', 'sci.crypt']
    # 选取四个类别的数据进行实验

train = fetch_20newsgroups(subset='train', categories=categories) # 加载训练集
train_data = train.data # 获取训练集的训练数据
train_label = train.target # 获取训练集训练标签

test = fetch_20newsgroups(subset='test', categories=categories) # 加载测试集
test_data = test.data # 获取测试集的测试数据
test_label = test.target # 获取测试集的测试标签

train_data, dev_data, train_label, test_label = train_test_split(train_data,
    train_label, test_size=0.1) # 将训练集按照9:1的比例重新划分为训练集和验证集

print("训练集数量：", len(train_data)) #打印训练集的数量
print("验证集数量：", len(dev_data)) #打印验证集的数量
print("测试集数量：", len(test_data)) #打印测试集的数量
```

输出结果如下：

```
训练集数量：2128
验证集数量：237
测试集数量：1576
```

2）向量空间模型

```
from sklearn.feature_extraction.text import TfidfVectorizer # 导入特征权重函数

# 第一种文本特征设置：使用默认的特征权重函数，默认只使用1-gram的文本特征
tfidf_vectorizer = TfidfVectorizer() # 初始化tf-idf特征提取器
tfidf_vectorizer = tfidf_vectorizer.fit(train_data) # 使用训练集计算idf

# 使用tf-idf特征权重函数将数据集中的文本转换为tf-idf向量表示
train_vector_1 = tfidf_vectorizer.transform(train_data)
dev_vector_1 = tfidf_vectorizer.transform(dev_data)
test_vector_1 = tfidf_vectorizer.transform(test_data)
```

```
print(len(tfidf_vectorizer.vocabulary_)) # 打印向量维度

# 第二种文本特征设置：设置n-grams为[3,3]，只使用3-grams的文本特征
tfidf_vectorizer = TfidfVectorizer(ngram_range=[3,3]) # 设置n-grams为[3,3]
tfidf_vectorizer = tfidf_vectorizer.fit(train_data) # 使用训练集计算idf

# 使用tf-idf特征权重函数将数据集中的文本转换为tf-idf向量表示
train_vector_2 = tfidf_vectorizer.transform(train_data)
dev_vector_2 = tfidf_vectorizer.transform(dev_data)
test_vector_2 = tfidf_vectorizer.transform(test_data)

print(len(tfidf_vectorizer.vocabulary_)) # 打印向量维度

# 第三种文本特征设置：设置 n-grams 为 [1,3]，使用 1-gram，2-grams，3-grams 的文本特征
tfidf_vectorizer = TfidfVectorizer(ngram_range=[1,3]) # 设置n-grams为[1,3]
tfidf_vectorizer = tfidf_vectorizer.fit(train_data) # 使用训练集计算idf

# 使用tf-idf特征权重函数将数据集中的文本转换为tf-idf向量表示
train_vector_3 = tfidf_vectorizer.transform(train_data)
dev_vector_3 = tfidf_vectorizer.transform(dev_data)
test_vector_3 = tfidf_vectorizer.transform(test_data)

print(len(tfidf_vectorizer.vocabulary_)) # 打印向量维度
```

输出结果如下：

```
63904
450193
816533
```

观察结果可以发现，哪怕是将文本词语作为文本特征，都有 63904 个特征，而如果选择 3 个连续的文本词语为文本特征，则数量将增长为 450193，组合起来更多了，因此向量空间模型明显的缺点就是向量的维度特别大，这会使得某些分类算法无法适用，如 k 近邻算法。

4.10.2 分类模型的训练

得到文本表示后，就可以将它们输入模型进行训练，接下来逐一使用本章讲述过的分类算法进行训练。

1）k 近邻分类算法

第一种文本特征情况下的分类性能如下：

```
# 使用第一种文本特征（1-gram）模型训练及标签预测
```

```
from sklearn.neighbors import KNeighborsClassifier # 导入k近邻分类模型库
knn = KNeighborsClassifier() # 初始化k近邻分类模型，k的大小默认为5
knn.fit(train_vector_1, train_label) # 使用训练集对模型进行训练
dev_predict_1 = knn.predict(dev_vector_1) # 使用模型预测验证集的标签
test_predict_1 = knn.predict(test_vector_1) # 使用模型预测测试集的标签

from sklearn import metrics # 导入评估函数
# 对验证集进行评估，计算macro-F1, micro-F1, acc分数
macro_f1 = metrics.f1_score(dev_label, dev_predict_1, average="macro")
micro_f1 = metrics.f1_score(dev_label, dev_predict_1, average="micro")
acc_ = metrics.accuracy_score(dev_label, dev_predict_1)

# 打印验证集的macro-F1, micro-F1, acc分数
print("dev macro_f1:", macro_f1)
print("dev micro_f1:", micro_f1)
print("dev accuracy:", acc_)

# 对测试集进行评估，计算macro-F1, micro-F1, acc分数
macro_f1 = metrics.f1_score(test_label, test_predict_1, average="macro")
micro_f1 = metrics.f1_score(test_label, test_predict_1, average="micro")
acc_ = metrics.accuracy_score(test_label, test_predict_1)

# 打印测试集的macro-F1, micro-F1, acc分数
print("test macro_f1:", macro_f1)
print("test micro_f1:", micro_f1)
print("test accuracy:", acc_)
```

输出结果如下：

```
dev macro_f1: 0.8428744274479302
dev micro_f1: 0.8438818565400844
dev accuracy: 0.8438818565400844
test macro_f1: 0.7884024957102607
test micro_f1: 0.7899746192893401
test accuracy: 0.7899746192893401
```

第二种文本特征情况下的分类性能如下：

```
# 使用第二种文本特征（3-grams）模型训练及标签预测
from sklearn.neighbors import KNeighborsClassifier # 模型训练及标签预测
knn = KNeighborsClassifier() # 初始化k近邻分类模型，k的大小默认为5
knn.fit(train_vector_2, train_label) # 使用训练集对模型进行训练
dev_predict_2 = knn.predict(dev_vector_2) # 使用模型预测验证集的标签
test_predict_2 = knn.predict(test_vector_2) # 使用模型预测测试集的标签
```

```
from sklearn import metrics # 导入评估函数

# 对验证集进行评估，计算macro-F1, micro-F1, acc分数
macro_f1 = metrics.f1_score(dev_label, dev_predict_2, average="macro")
micro_f1 = metrics.f1_score(dev_label, dev_predict_2, average="micro")
acc_ = metrics.accuracy_score(dev_label, dev_predict_2)

# 打印验证集的macro-F1, micro-F1, acc分数
print("dev macro_f1:", macro_f1)
print("dev micro_f1:", micro_f1)
print("dev accuracy:", acc_)

# 对测试集进行评估，计算macro-F1, micro-F1, acc分数
macro_f1 = metrics.f1_score(test_label, test_predict_2, average="macro")
micro_f1 = metrics.f1_score(test_label, test_predict_2, average="micro")
acc_ = metrics.accuracy_score(test_label, test_predict_2)

# 打印测试集的macro-F1, micro-F1, acc分数
print("test macro_f1:", macro_f1)
print("test micro_f1:", micro_f1)
print("test accuracy:", acc_)
```

输出结果如下：

```
dev macro_f1: 0.8571600221084759
dev micro_f1: 0.8523206751054853
dev accuracy: 0.8523206751054853
test macro_f1: 0.7226543090746923
test micro_f1: 0.7220812182741116
test accuracy: 0.7220812182741116
```

第三种文本特征情况下的分类性能如下：

```
# 使用第三种文本特征（1-gram, 2-grams, 3-grams）模型训练及标签预测
from sklearn.neighbors import KNeighborsClassifier # 模型训练及标签预测
knn = KNeighborsClassifier() # 初始化k近邻分类模型，k的大小默认为5
knn.fit(train_vector_3, train_label) # 使用训练集对模型进行训练
dev_predict_3 = knn.predict(dev_vector_3) # 使用模型预测验证集的标签
test_predict_3 = knn.predict(test_vector_3) # 使用模型预测测试集的标签

from sklearn import metrics # 导入评估函数

# 对验证集进行评估，计算macro-F1, micro-F1, acc分数
```

```
macro_f1 = metrics.f1_score(dev_label, dev_predict_3, average="macro")
micro_f1 = metrics.f1_score(dev_label, dev_predict_3, average="micro")
acc_ = metrics.accuracy_score(dev_label, dev_predict_3)

# 打印验证集的macro-F1, micro-F1, acc分数
print("dev macro_f1:", macro_f1)
print("dev micro_f1:", micro_f1)
print("dev accuracy:", acc_)

# 对测试集进行评估，计算macro-F1, micro-F1, acc分数
macro_f1 = metrics.f1_score(test_label, test_predict_3, average="macro")
micro_f1 = metrics.f1_score(test_label, test_predict_3, average="micro")
acc_ = metrics.accuracy_score(test_label, test_predict_3)

# 打印测试集的macro-F1, micro-F1, acc分数
print("test macro_f1:", macro_f1)
print("test micro_f1:", micro_f1)
print("test accuracy:", acc_)
```

输出结果如下：

```
dev macro_f1: 0.8316557741882986
dev micro_f1: 0.8354430379746836
dev accuracy: 0.8354430379746836
test macro_f1: 0.7049435219116549
test micro_f1: 0.7087563451776648
test accuracy: 0.708756345177665
```

观察上述结果可以发现，第一种文本特征情况下测试集的性能是最佳的，而验证集的性能却不如第二种文本特征情况，第二种文本特征情况称为过拟合；第三种文本特征情况下，验证集和测试集的性能都是最差的，这种情况称为欠拟合。

选择第一种文本特征，观察 k 的不同对分类性能的影响。

```
# n_neighbors依次设置为10, 20, 30
knn = KNeighborsClassifier(n_neighbors=10)
```

输出结果如下：

```
# n_neighbors=10时，验证集和测试集的macro-F1, micro-F1, acc分数
dev macro_f1: 0.7819564736826426
dev micro_f1: 0.7848101265822784
dev accuracy: 0.7848101265822784
test macro_f1: 0.8049724709246926
```

```
test micro_f1: 0.8045685279187818
test accuracy: 0.8045685279187818
```

```
# n_neighbors=20时，验证集和测试集的macro-F1，micro-F1，acc分数
dev macro_f1: 0.7583040113537456
dev micro_f1: 0.7552742616033755
dev accuracy: 0.7552742616033755
test macro_f1: 0.7482429117925302
test micro_f1: 0.7436548223350252
test accuracy: 0.7436548223350253
```

```
# n_neighbors=30时，验证集和测试集的macro-F1，micro-F1，acc分数
dev macro_f1: 0.7192876700229641
dev micro_f1: 0.7130801687763714
dev accuracy: 0.7130801687763713
test macro_f1: 0.7113191429322304
test micro_f1: 0.7049492385786802
test accuracy: 0.7049492385786802
```

2）支持向量机

```
from sklearn.svm import LinearSVC # 导入线性支持向量机

# 使用线性支持向量机模型进行训练及标签预测
linear_svc = LinearSVC() # 初始化支持向量机模型
linear_svc.fit(train_vector_1, train_label) # 使用训练集对模型进行训练
dev_predict_1 = linear_svc.predict(dev_vector_1) # 使用模型预测验证集的标签
test_predict_1 = linear_svc.predict(test_vector_1) # 使用模型预测测试集的标签
```

输出结果如下：

```
# 第一种文本特征 | 支持向量机模型
dev macro_f1: 0.9712263217815387
dev micro_f1: 0.9704641350210971
dev accuracy: 0.9704641350210971
test macro_f1: 0.9562323935001482
test micro_f1: 0.956218274111675
test accuracy: 0.9562182741116751
```

对比 k 近邻法，支持向量机展现出绝对的优势，其分类效非常不错。由于文本表示的向量维度很大，仅利用线性支持向量机作为分类模型就可以取得很不错的分类效果。接下来，再对比非线性支持向量机的效果。

```
from sklearn import svm # 导入非线性支持向量机模型

# 非线性支持向量机设置不同的核函数
clf = svm.SVC(kernel="rbf", gamma=0.9) # “核技巧”为径向基函数
clf = svm.SVC(kernel='poly', degree=2, gamma=0.9)# “核技巧”为多项式核函数
clf = svm.SVC(kernel='sigmoid', gamma=0.9)# “核技巧”为sigmoid核函数
```

输出结果如下：

```
# 第一种文本特征 | “核技巧”为径向基函数
dev macro_f1: 0.9668228185773206
dev micro_f1: 0.9662447257383966
dev accuracy: 0.9662447257383966
test macro_f1: 0.9334556656737306
test micro_f1: 0.9333756345177665
test accuracy: 0.9333756345177665
```

```
# 第一种文本特征 | “核技巧”为多项式核函数
dev macro_f1: 0.9343914019366419
dev micro_f1: 0.9324894514767933
dev accuracy: 0.9324894514767933
test macro_f1: 0.8588647477376955
test micro_f1: 0.8540609137055838
test accuracy: 0.8540609137055838
```

```
# 第一种文本特征 | “核技巧”为sigmoid核函数
dev macro_f1: 0.9712263217815387
dev micro_f1: 0.9704641350210971
dev accuracy: 0.9704641350210971
test macro_f1: 0.9460757436475233
test micro_f1: 0.9460659898477157
test accuracy: 0.9460659898477157
```

观察结果可以发现，核函数对非线性支持向量机的影响还是很大的，径向基核函数和 sigmoid 核函数还能取得不错的结果，而多项式核函数则取得相对较差的结果，然而它们都不如线性支持向量机的分类效果。事实上，文本分类任务中，选择线性支持向量机往往是最好的选择，不仅训练时间少，而且分类性能往往也是最佳的，同时不需要过多地调整其他参数。

3）决策树

```
from sklearn import tree # 导入决策树模型
```

```
# 节点划分依据设置为使用基尼系数
clf = tree.DecisionTreeClassifier(criterion="gini")
# 节点划分依据设置信息增益
clf = tree.DecisionTreeClassifier(criterion="entropy")
```

输出结果如下：

```
# 第一种文本特征 | 基尼系数
dev macro_f1: 0.8127167867729654
dev micro_f1: 0.810126582278481
dev accuracy: 0.810126582278481
test macro_f1: 0.8005258722745925
test micro_f1: 0.8007614213197969
test accuracy: 0.800761421319797
```

```
# 第一种文本特征 | 信息增益
dev macro_f1: 0.7755848262189331
dev micro_f1: 0.7721518987341772
dev accuracy: 0.7721518987341772
test macro_f1: 0.7656471856415166
test micro_f1: 0.7652284263959391
test accuracy: 0.7652284263959391
```

只简单比较结点划分依据中的基尼指数和信息增益，发现基尼指数会比信息增益略好，读者可以调整其他参数，对比不同参数下的分类性能。

4）随机森林

```
from sklearn.ensemble import RandomForestClassifier # 导入随机森林模型
# 模型初始化，参数树的数量默认值是100，实验中依次选择100，500，1000
clf = RandomForestClassifier(n_estimators=100)
```

输出结果如下：

```
# 第一种文本特征 | n_estimators=100
dev macro_f1: 0.9140132717026562
dev micro_f1: 0.9113924050632911
dev accuracy: 0.9113924050632911
test macro_f1: 0.9020483290712542
test micro_f1: 0.9016497461928934
test accuracy: 0.9016497461928934
```

```
# 第一种文本特征 | n_estimators=500
dev macro_f1: 0.9386480926786126
dev micro_f1: 0.9367088607594937
dev accuracy: 0.9367088607594937
test macro_f1: 0.9133370678431029
test micro_f1: 0.9130710659898477
test accuracy: 0.9130710659898477
```

```
# 第一种文本特征 | n_estimators=1000
dev macro_f1: 0.9304642941576288
dev micro_f1: 0.9282700421940928
dev accuracy: 0.9282700421940928
test macro_f1: 0.9153878074038603
test micro_f1: 0.91497461928934
test accuracy: 0.9149746192893401
```

简单对比随机森林中树的数量对分类性能的影响，可以发现当树的数量从 100 增加到 500 时，验证集的分类性能是增加的；而当数量从 500 增加到 1000 时，验证集的分类性能反而略微降低了，这说明随机森林中树的数量不是越多越好，而是应该根据具体的任务调整出合适的数量。

5）AdaBoost

```
from sklearn.ensemble import AdaBoostClassifier # 导入AdaBoost模型
# 模型初始化，默认的基础分类器是决策树
clf = AdaBoostClassifier(n_estimators=100)
```

输出结果如下：

```
# 第一种文本特征
dev macro_f1: 0.8147667604572846
dev micro_f1: 0.80168776371308
dev accuracy: 0.8016877637130801
test macro_f1: 0.831085814547319
test micro_f1: 0.8280456852791879
test accuracy: 0.8280456852791879
```

6）朴素贝叶斯

```
# 使用朴素贝叶斯进行训练及标签预测
from sklearn.naive_bayes import GaussianNB # 导入高斯模型
clf = GaussianNB() # 初始化高斯模型
clf.fit(train_vector_1.toarray(), train_label) # 使用训练集对模型进行训练
```

```
dev_predict_1 = clf.predict(dev_vector_1.toarray()) # 使用模型预测验证集的标签
test_predict_1 = clf.predict(test_vector_1.toarray()) # 使用模型预测测试集的标签
```

输出结果如下：

```
# 第一种文本特征
dev macro_f1: 0.8811863974103062
dev micro_f1: 0.8818565400843882
dev accuracy: 0.8818565400843882
test macro_f1: 0.7858741394640797
test micro_f1: 0.7899746192893401
test accuracy: 0.7899746192893401
```

```
# 多项式朴素贝叶斯
from sklearn.naive_bayes import MultinomialNB
clf = MultinomialNB(alpha=0.1)
```

输出结果如下：

```
# 第一种文本特征
dev macro_f1: 0.9610889971017589
dev micro_f1: 0.9620253164556962
dev accuracy: 0.9620253164556962
test macro_f1: 0.9285473316581261
test micro_f1: 0.9289340101522843
test accuracy: 0.9289340101522843
```

```
# 伯努利朴素贝叶斯
from sklearn.naive_bayes import BernoulliNB # 导入伯努利朴素贝叶斯模型
clf = BernoulliNB(alpha=0.1) # 初始化伯努利朴素贝叶斯模型
```

输出结果如下：

```
# 第一种文本特征
dev macro_f1: 0.8438910825150634
dev micro_f1: 0.8396624472573839
dev accuracy: 0.8396624472573839
test macro_f1: 0.718911442522337
test micro_f1: 0.7442893401015228
test accuracy: 0.7442893401015228
```

在 sklearn 中调用朴素贝叶斯算法时，文本表示必须是稠密矩阵，而不能是稀疏矩阵。观察结果可以发现，在 3 种朴素贝叶斯算法中，多项式朴素贝叶斯的分类效果是最佳的。

4.11 小　结

本章介绍了分类的基本概念、基本算法和案例分析。为了让读者对算法有更好的理解，在介绍分类基本算法的理论基础时，还结合了代码的实现。由于 sklearn 包的封装性好，因此在各小节中介绍了各个算法参数的使用，然后在案例分析中调用这些算法完成了结构化数据和文本的分类。

4.12 练 习 题

1. 简答题

思考 k 近邻、决策树算法各自的优缺点。

2. 操作题

尝试使用 sklearn 对鸢尾花数据进行分类算法的实验。

（1）使用的分类算法包括：k 近邻、SVM、决策树。

（2）尝试选取不同的参数取值分析其对决策树算法分类结果的影响。

（3）尝试选取不同的参数取值分析其对 SVM 算法分类结果的影响。

（4）尝试在已使用的特征基础上逐步加入更多的特征，并对实验结果做比较。

4.13 参考文献

[1] Hastie T, Tibshirani R. Discriminant adaptive nearest neighbor classification and regression[J]. Advances in neural information processing systems, 1995, 8.

[2] Hunt E B, Marin J, Stone P J. Experiments in induction[J]. Machine learning, 2002, 3(3): 11-13.

[3] Shannon C E. A mathematical theory of communication[J]. ACM SIGMOBILE mobile computing and communications review, 2001, 5(1): 3-55.

[4] Vapnik V. A note one class of perceptrons[J]. Automation and remote control, 1964, 43(2): 5-7.

[5] Breiman L. Random forests[J]. Machine learning, 2001, 45(1): 5-32.

[6] Breiman L. Bagging predictors[J]. Machine learning, 1996, 24(2): 123-140.

[7] Freund Y, Schapire R E. A decision-theoretic generalization of on-line learning and an application to boosting[J]. Journal of computer and system sciences, 1997, 55(1): 119-139.

[8] Domingos P, Pazzani M. On the optimality of the simple Bayesian classifier under zero-one loss[J]. Machine learning, 1997, 29(2): 103-130.

[9] Jones K S. A statistical interpretation of term specificity and its application in retrieval[J]. Journal of documentation, 1972.

[10] Lan M, Tan C L, Low H B, et al. A comprehensive comparative study on term weighting schemes for text categorization with support vector machines[C]. Special interest tracks and posters of the 14th international conference on World Wide Web. 2005: 1032-1033.

[11] Wang T, Cai Y, Leung H, et al. Entropy-based term weighting schemes for text categorization in VSM[C]. 2015 IEEE 27th International Conference on Tools with Artificial Intelligence (ICTAI). IEEE, 2015: 325-332.

基于深度学习的分类算法

学习目标

- ❑ 了解深度学习的基本概念
- ❑ 熟悉基于深度学习的分类模型
- ❑ 掌握常用的深度学习网络

深度学习是机器学习的一个分支。相比于浅层学习方法，深层的结构使得深度学习拥有更强大的表达能力和泛化能力。近年来，随着深度学习的不断发展，基于深度学习的分类算法已成为目前主流的分类算法。本章首先深入浅出地介绍深度学习的发展历程、概念、应用以及未来发展，接着介绍 3 种常用的深度学习网络，包括卷积神经网络、循环神经网络以及长短期记忆网络，最后给出 3 个基于深度学习的案例，分别介绍如何针对图像、结构化数据和文本数据构建基于深度学习的分类模型。

5.1 深度学习概述

5.1.1 深度学习的发展历程

深度学习是机器学习的子领域，是机器学习中基于表征学习思想的技术。深度学习是人工神经网络在层数以及计算上更深层的版本，它强调从连续的层（layer）中进行学习，逐步得到原始数据的高层特征表示，并进一步用于分类等各项任务。

深度学习是从神经网络技术中逐步发展而来的，从感知机的提出到神经网络的发展，再到深度学习的兴起，深度学习的发展历史可以分为 3 个重要阶段。20 世纪 40 年代到 60 年代，感知机模型的提出带来了对人工神经网络的第一次研究热潮。当时的神经网络模型可以看作一个包含一个或多个隐含层的多层感知机，其具有更大的参数空间和更好的拟合能力。然而，这期间学术界提出的大部分神经网络模型基本上都是从神经科学角度出发的简单线性模型。同样，感知机作为一种线性分类模型，它无法学习异或函数或者解决其他非线性问题，只能在线性可分的数据上收敛。但在现实环境中，亟待处理的大部分数据并不都是线性可分的，这样的现实状况导致感知机在实际应用中存在一些局限性。

直到 20 世纪 80 年代，反向传播算法在训练神经网络中的成功应用，使得包含多个隐含层的多层神经网络的训练变得更为高效。同时，此算法的提出，也使得感知机具有解决非线性问题的能力。然而，在训练深层神经网络时，模型容易出现梯度消失和梯度爆炸等一系列问题。此外，训练深层次的神经网络需要耗费较大的算力，而当时整个研究领域的硬件算力还略显不足，这就导致神经网络的层数一直难以增多，在许多任务中难以取得令人满意的效果。与此同时，一些新兴的机器学习算法（如支持向量机等）展现出不俗的性能表现与潜力，使得神经网络的相关研究再次陷入沉寂。

进入 21 世纪，随着各种硬件制造工艺在技术上的不断提升，硬件在算力等各方面都得到了很大的提高。同时，研究人员发现，对于多层神经网络难以训练的问题，可以采用逐层预训练的方式进行求解。算力的提升和训练策略上的突破，使得多层神经网络模型的有效训练成为可能。与此同时，多层神经网络拥有的较大参数空间和较强拟合能力也得以发挥，为机器学习和人工智能领域注入了新的活力。2012 年以后，在数据、算法和算力大力发展的基础上，深度学习时代来临了。此时，算法得以改进，大量训练样本的支持，再加上计算能力的进步，这些都使得训练深层、复杂的神经网络成为可能。同时，学术界对深度学习的研究也逐渐重视起来，新的研究成果也如雨后春笋般不断涌现。

5.1.2　深度学习的概念

深度学习中的“深度”是指从输入层到输出层经历的层的数目，即隐含层的层数。数据模型中包含的层数称为模型的深度（depth）。层数越多，表示网络训练的深度越深。深度学习的应用方式一般是端到端的形式，不需要手工设计和提取目标特征，而是通过神经网络直接处理原始数据，自动学习训练样本并输出高层特征，这让深度学习在很多特征设计较为困难的领域取得了较好的效果，并得到了广泛的应用。传统的机器学习技术，如支持向量机、逻辑回归、决策树等，它们本质上都是浅层结构算法。传统的机器学习算法对于复杂的非线性函数关系往往无能为力，如算法在样本有限的情况下表示复杂函数的能力较弱；并且针对解决复杂问题时的泛化能力也会受到制约。相较于这些浅层算法，深层神经网络具有更加强大的复杂函数的拟合能力。近年来，随着深度学习技术的快速发展，深度神经网络包含的网络结构比传统的神经网络更加多样，网络层数也更多，已经达到了数百层甚至上千层。

某种意义上，深度学习中的“学习”是相对于机器学习的“人工”而言的。在机器学习中，训练特征数据往往需要领域专家根据经验设计选取，特征设计的好坏往往直接影响机器学习的效果。在一些领域，寻找合适的特征往往是一个困难的任务。而在深度学习中，特征不再是人工设计，而是通过训练深层神经网络直接从原始数据中学习得到，即表征学习或特征学习。在训练数据足够多的情况下，深度神经网络学习到的高层特征甚至能够取得比人工设计特征更好的效果。另外，深度学习技术的另一个重要特点是分层学习。特征学习的步骤是分层执行的，即浅层的神经元负责提取简单的特征，深层的神经元将浅层特征组合起来，形成更加复杂和抽象的高层特征。这种逐层学习特征的形式也是深度学习取得良好效果的一个重要原因。

5.1.3　深度学习的应用

深度神经网络是一种统称，在实际研究过程中，随着研究任务的不同，深度神经网络模型会以不同的具体结构呈现。当前，常见的深度神经网络包括卷积神经网络（convolutional neural network，CNN）[1]、循环神经网络（recurrent neural network，RNN）[2]、长短期记忆网络（long short-term memory，LSTM）[3] 等。其中，深度卷积神经网络具有良好的图像数据特征提取能力，在目标检测、图像分类和识别等任务上表现优异。循环神经网络以及长短期记忆网络则更适合对语音识别、文本分类等序列问题进行建模，目前在中文分词、词性标注、命名实体识别、语言翻译、文本表示等领域有着广泛的应用。

深度学习在经过不断的发展与改进之后，目前已成为人工智能领域重要的技术之一，在许多应用领域都有着出色和优异的表现，如深度学习在目标检测、图像识别、图像分类等计算机视觉领域的应用已经迅速普及；在传统机器学习领域，识别分类一个图像的标准流程是特征提取、特征筛选，最后将特征向量输入合适的分类器进行特征分类。直到 2012 年，AlexNet[4] 横空出世，它借助深度学习的算法将图像特征的提取、筛选和分类集成于一体，逐层对图像信息进行不同方向的挖掘和提取。AlexNet 在 ImageNet 图像分类大赛中以分类性能远超其他方法的成绩获得冠军，是深度学习领域中里程碑式的历史事件，一举吹响了深度学习在计算机领域爆炸发展的号角，进一步推动了基于深度学习的图像分类的研究热潮。

随着深度学习技术在计算机视觉领域获得突破性的进展，深度学习也逐渐被应用到自然语言处理领域的各项任务中。以文本为载体的信息是目前互联网时代最直接的媒体运用形式，数以亿计的用户无时无刻不在各处网络中输出大量的信息数据。文本分类技术作为信息处理的关键技术，是自然语言处理的基础任务，同时也是文本挖掘的重要基础，目前已经被广泛应用于知识挖掘和信息检索等应用领域。而将词语用向量的形式表示并输入神经网络，是深度学习应用于自然语言处理文本分类任务的基础。2013 年，谷歌提出词向量训练算法，通过大量文本数据训练得到的词向量可以应用到自然语言处理领域的各项任务中，并可以在一定程度上解决某些任务中由于缺少训练数据而导致的数据稀疏问题。随着深度学习的发展和运用，文本表示逐渐成为应用深度学习处理大规模文本分类问题的关键。由于深度学习良好的特征表达能力，越来越多的研究人员希望将该技术应用到文本表示方面，进而服务于文本处理任务，这同时成为一种新的研究趋势。

5.1.4 深度学习的未来

大数据、模型、算力是深度学习获得成功的三大支柱因素，同时也为深度学习的进一步发展和普及带来了一定的影响。一是从目前的研究现状来看，大部分领域的研究成果是以监督或者半监督的方式为基础对数据进行训练的，目前的难点就在于如何在大量无标注的数据中进行学习；二是目前的深度学习模型通常都是以大模型、大计算为支撑的，通常来说，较小规模的模型对于深度学习来说是远远不够的，无法达到深度学习中的“深”，如何得到一些比较小的模型以使深度学习技术能够在移动设备和其他各种场所中得到更广泛的应用将是一个研究问题；三是如何设计更快、更高效的深度学习算法；四是如何把数据和知识结合起来，目前，知识图谱逐渐引领了自然语言处理领域的风潮，基于深度学习的自然语言任务如何与这些知识进行融合也是一个亟待解决的问题；五是如何把深度学习的成功从一些静态任务扩展到复杂的动态决策任务中。即便深度学习还存在许多挑战，但是其正在蓬勃发展的路上，相信今后还会有更深入的突破。

5.2 卷积神经网络

本节将介绍卷积神经网络，它是计算机视觉领域普遍使用的一种深度学习模型。卷积神经网络和普通的神经网络类似，都是由可学习权重的神经元组成的。接下来会详细介绍与卷积神经网络最相关的卷积操作和池化操作。

5.2.1 卷积神经网络简介

本节以一个简单的卷积神经网络为例，介绍卷积神经网络的各个组成部分，以及它们背后的动机。

下面是一个卷积神经网络的例子。该卷积神经网络由卷积层和池化层堆叠而成，随着层次的加深，模型提取到的特征也越来越抽象、复杂。底层网络提取到的是颜色、纹理、轮廓等低层次信息，而高层网络则能够提取到高层次的图像语义信息。多层的卷积神经网络使得神经网络模型能够处理复杂的图像问题。

```
from keras import layers
from keras import models
# 构建线性堆叠的模型
model = models.Sequential()
# 为模型添加一个2D卷积层，filters表示输出空间的维度，kernel_size表示2D卷积窗口的
   # 宽度和高度，activation表示激活函数，input_shape表示输入向量大小
model.add(layers.Conv2D(filters=32, kernel_size=(3, 3), activation='relu',
    input_shape=(28, 28, 1)))
# 为模型添加一个空间最大池化层，pool_size表示缩小比因素
model.add(layers.MaxPooling2D(pool_size=(2, 2)))
# 为模型添加一个2D卷积层
model.add(layers.Conv2D(filters=64, kernel_size=(3, 3), activation='relu'))
# 为模型添加一个空间最大池化层
model.add(layers.MaxPooling2D(pool_size=(2, 2)))
# 为模型添加一个2D卷积层
model.add(layers.Conv2D(filters=664, kernel_size=(3, 3), activation='relu'))
```

卷积神经网络相比于普通的全连接网络，能够以更小的参数量提取更多的特征。在CIFAR-10图像数据集中，一张图片是由$32\times32\times3 = 3072$个像素组成的。如果采用全连接层进行特征提取，每个神经元需要3072个可变参数，当输出神经元个数是1024时，需要$3072\times1024 = 3145728$个可变参数。随着图像规模的增大，全连接层的参数量呈爆炸式增长，这种计算无疑是对资源的浪费，过大的参数量也可能导致模型过拟合。

为了让图像能够输入全连接网络，需要将图像展平为一维向量，这使得图像丢失了原本高维空间下的分布特点。因此，需要能够处理更高维度的神经元。在卷积神经网络中，将一组提取相同区域特征的神经元称为卷积核。通过卷积核在图像不同区域的滑动提取图像的局部特征。卷积核的大小和数量将决定经过卷积运算之后输出的特征图的形状。

卷积层之后，通过ReLU非线性函数提升模型对于不同分布的泛化能力。接着通过池

化层提升模型对重要区域的捕捉能力，这里采用最大池化操作。接下来的章节会对卷积运算、非线性激活函数以及池化运算逐一进行介绍。

5.2.2 卷积运算

在计算机视觉中，图像可以看作由许多局部模型组成的一个整体。如图 5.1 所示，能将一张图像按照低层次特征分解为许多局部模式，如边缘、纹理等。这些局部模式的堆叠能够反映整体图像的特点，可以通过局部特征描述整张图像。这个重要特性使卷积神经网络具有以下两个有趣的性质。

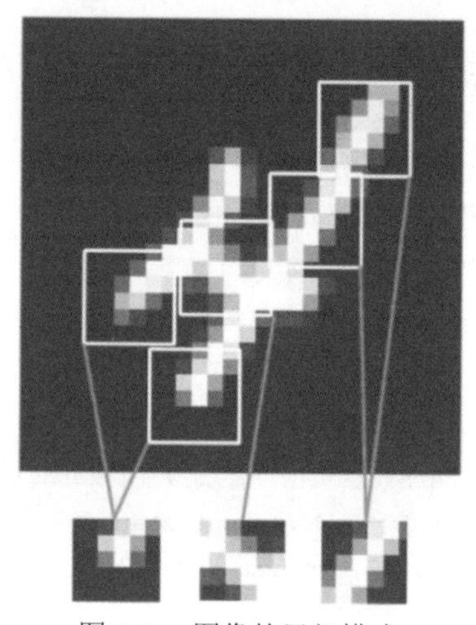

图 5.1　图像的局部模式

（1）平移不变性。卷积神经网络学习到的模式具有平移不变性。对于全连接层来说，模式具有位置敏感性，当前的局部区域移动到另一个位置时，需要重新进行训练才能够识别。而卷积神经网络则可以轻松处理局部区域平移之后发生的变化。

（2）感受野与空间层次结构。在前面的卷积神经网络示例代码中，单个卷积核的大小为 3×3，这意味着进行单次特征提取可以获得 3×3 的局部信息，将 3×3 的区域称为当前层的感受野。当进行到下一层时，同样会在特征图中 3×3 的区域进行特征提取，此时提取区域映射到原图中，就是一个 5×5 的区域。随着空间层次的加深，单个卷积核能够提取到更大模式的特征，从而使得神经网络能够学习到更加复杂、更加抽象的信息。

将输入图像经过卷积后的结果称为特征图。卷积是一个窗口滑动的过程。在特征图上固定大小的区域里，将卷积核中的对应元素与窗口区域内的元素相乘并求和，求和的值按照顺序排放。具体过程如图 5.2 所示，左边是一个 5×5 的输入矩阵，黄色部分表示卷积核作用的地方，卷积核的大小为 3×3，右侧为卷积后得到的特征图，大小为 3×3，红色区域表示黄色区域对应的卷积结果。

卷积由以下两个关键参数定义。

（1）卷积核的大小。指卷积在图中作用的图块大小，通常是 3×3 或 5×5。本例中为 3×3，这是很常见的选择。

（2）输出特征图的深度。指卷积计算的过滤器的数量。本例第一层的深度为 32，最后一层的深度是 64。

1 ×1	1 ×0	1 ×1	0	0
0 ×0	1 ×1	1 ×0	1	0
0 ×1	0 ×0	1 ×1	1	1
0	0	1	1	0
0	1	1	0	0

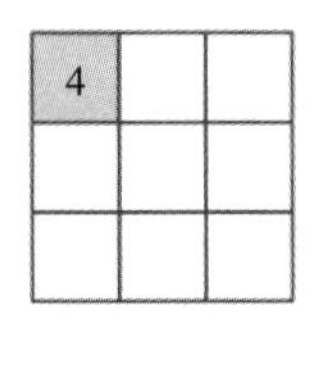

图 5.2 卷积的工作原理

在图像处理中，常用的卷积操作是二维卷积。对于图像中的每个点，二维卷积将它的值更新为周围区域的加权求和值。不同的卷积核能够起到不同的特征提取效果。在实际应用中，通常会采用多个不同大小的卷积核，旨在希望网络能够从不同方面学习到模式特征，这能极大地丰富提取模式的语义特点，从而使得模型更具有泛化性。

5.2.3 非线性激活函数

普通的卷积操作只是线性的加权求和，为了能够拟合更加复杂的场景和对象，需要在卷积层之后加上非线性的激活函数，使模型具有更强的拟合能力。在 5.2.1 节的代码示例中，采用的是 ReLU 激活函数。

图 5.3 展示了 6 种常见的激活函数，目前最常用的是 sigmoid、tanh 以及 ReLU。这些激活函数的存在使得神经网络能够应对复杂的非线性分布，同时在一定程度上起到了防止参数过多的过拟合现象。

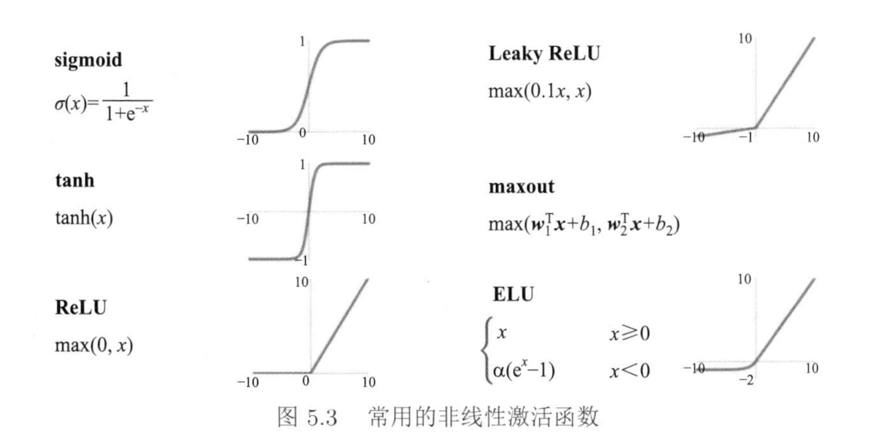

图 5.3 常用的非线性激活函数

5.2.4 最大池化运算

在许多经典卷积神经网络的示例中（包括 5.2.1 节中的示例），在每个卷积层之后都需要加上一个大小为 2×2、步长为 2 的最大池化层。如图 5.4 所示，最大池化层只会保留区域内最大的元素，通过这种操作，特征图的大小将缩减为原来的一半。

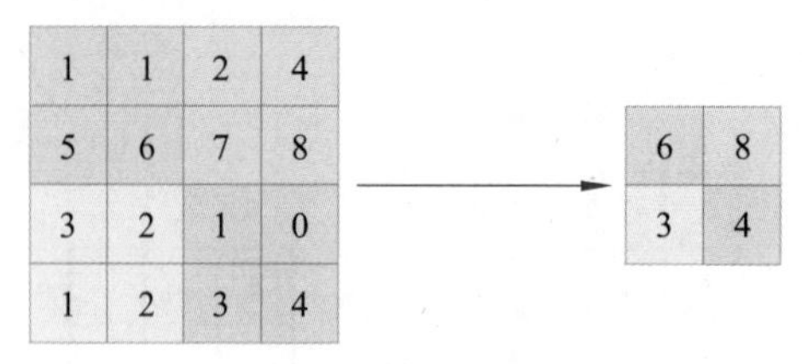

图 5.4　最大池化操作

最大池化是卷积神经网络中最常见的下采样操作。那么，为什么需要进行下采样呢？原因有以下两点。

（1）下采样操作便于模型捕捉重要信息。只保留最重要的信息，并保证最后一层特征图的每个区域能够包含整张图片的信息（或者具有全图的感受野）。

（2）防止过拟合。缺少池化层的卷积特征图过大，展平之后到全连接层的参数过多，导致严重的过拟合。

当然，除了最大池化层以外，还可以利用平均池化、步长大于 1 的卷积操作等完成下采样。在有的小型网络中，甚至可以不需要下采样操作，如文本分类任务。但是对于图像任务，需要进行大量的计算和拟合，下采样操作是不可缺少的组件。

在介绍卷积操作、非线性激活层和最大池化层之后，接下来介绍更多的深度学习模型。

5.3　循环神经网络

5.3.1　循环神经网络简介

大多数全连接神经网络仍有改进的空间：首先，在处理序列结构任务时，输出依赖于所有时刻的输入，而全连接神经网络没有考虑不同时刻的输入对输出的影响；其次，全连接神经网络要求每个样本的输入和输出的维度都是固定的，没有考虑到序列结构的数据长度是不固定的。与全连接神经网络相比，循环神经网络是一类专门用于处理时序数据的神经网络，它的每层在当前时刻会有两个输出，其中一个输出作为下一层当前时刻的输入，另一个输出作为当前层下一时刻的输入，因此循环神经网络能够考虑其他时刻对当前时刻的影响。循环神经网络是以某个时刻为单位处理数据的，它可以处理序列长度不同的数据，并且循环神经网络在每层的不同时刻的参数是共享的。循环神经网络可以看作带自循环反馈的全连接神经网络，其网络结构如图 5.5 所示，其中，x 是输入序列（长度为 T），h 是隐藏层序列，o 是输出序列，L 是总体损失，y 是目标标签序列，W_1 是输入层到隐藏层的参数矩阵，W_2 是隐藏层之间的参数矩阵，W_3 是隐藏层到输出层的参数矩阵，x_t 表示 t 时刻的输入，h_t 表示 t 时刻隐藏层状态的输出，o_t 表示 t 时刻的输出，y_t 表示 t 时刻 x_t 对应的实际标签，L_t 表示 t 时刻 x_t 对应的损失值。

图 5.5 所示的循环神经网络是一种只有一个隐藏层的 N 对 N 的神经网络。具体来说，循环神经网络输入层的输出是一个长度为 T 的序列 $x=\{x^{(1)},x^{(2)},\cdots,x^{(T)}\}$，这个序列对应的实际标签是一个长度为 T 的序列 $y=\{y^{(1)},y^{(2)},\cdots,y^{(T)}\}$，其中，$t$ 时刻输入层对应的输出和实际标签分别为 $x^{(t)}$ 和 $y^{(t)}$。循环神经网络的隐藏层在 t 时刻的输入分别是输入

层当前时刻的输出 $x^{(t)}$ 以及前一时刻 $t-1$ 的隐藏层的输出 $h^{(t-1)}$，如下所示。

$$h^{(t)} = \tanh\left(W_1 x^{(t)} + W_2 h^{(t-1)} + b_h\right) \tag{5.1}$$

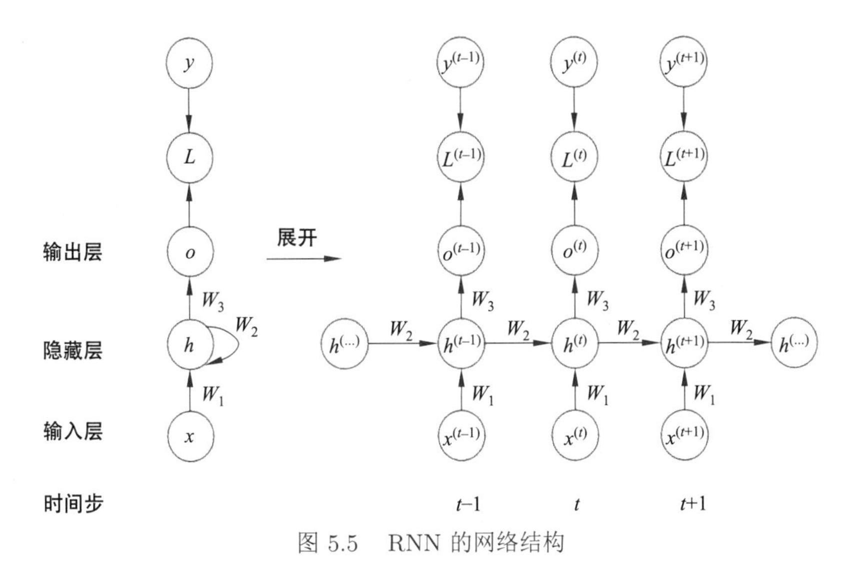

图 5.5 RNN 的网络结构

循环神经网络的隐藏层到输出层则是利用 softmax 函数将输出映射为 (0, 1) 的概率分布，具体来说：

$$o^{(t)} = \text{softmax}(W_3 h^{(t)} + b_o) \tag{5.2}$$

循环神经网络一般使用交叉熵计算某个时刻 t 在 m 个样本上的损失，整体的损失值则为所有时刻的损失之和，即

$$L^{(t)} = -\frac{1}{m}\sum_{i=1}^{m} y_i^{(t)} \log\left(o_i^{(t)}\right) \tag{5.3}$$

$$L = \sum_{t=1}^{T} L^{(t)} \tag{5.4}$$

通过上述介绍，已经了解了一个循环神经网络从输入到输出的全部过程，下面介绍如何通过代码实现一个循环神经网络。在下面这段代码中，通过堆叠一个嵌入层和多个隐藏层构建了一个循环神经网络。

```
from keras.models import Sequential
from keras.layers import Embedding, SimpleRNN
from keras.layers import Dense
# 构建线性堆叠的模型
model = Sequential()
# 添加嵌入层，100表示词典大小，64表示嵌入的维度
model.add(Embedding(100, 64))
```

```
# 添加隐藏层，64表示输出的特征大小，return_sequences表示是返回输出序列中的最后一个输
    # 出，还是返回完整序列。True表示返回完整序列
model.add(SimpleRNN(64, return_sequences=True))
model.add(SimpleRNN(64, return_sequences=True))
model.add(SimpleRNN(64, return_sequences=True))
model.add(SimpleRNN(64))
# 添加带有softmax激活函数的全连接层，46表示输出的特征大小
model.add(Dense(46, activation='softmax'))
# 编译网络，指定优化器、损失函数和评估指标
model.compile(optimizer='rmsprop', loss='categorical_crossentropy', metrics=['acc'])
model.summary()
```

用 Keras 实现的循环神经网络的输入通过 Embedding 函数设置，Embedding 函数的输入为 (T, dim_1)，T 表示输入序列的长度，其中，每个元素一般由一个长度为 dim_1 的向量表示。隐藏层 SimpleRNN 接收的输入为（dim_2, *return_sequences*），其中，dim_2 表示每个时刻的隐藏层状态向量的维度，*return_sequences* 是布尔值，True 表示返回整个隐藏层对应的输出，False 表示只返回最后一个时刻对应的隐藏层对应的输出。最后，循环神经网络的输出层用函数 Dense 实现，Dense 接收的输入为（dim_3, *activation*），其中，dim_3 表示 t 时刻的输入 x_t 对应的实际标签所属的候选标签个数，*activation* 表示激活函数，可以用 softmax、tanh 等函数实现。用 Keras 实现一个由 1 个输入层、4 个隐藏层、1 个输出层组成的循环神经网络之后，观察这个网络的参数大小。

```
_________________________________________________________________
Layer (type)                 Output Shape              Param
=================================================================
embedding_1 (Embedding)      (None, None, 64)          6400
_________________________________________________________________
simple_rnn_1 (SimpleRNN)     (None, None, 64)          8256
_________________________________________________________________
simple_rnn_2 (SimpleRNN)     (None, None, 64)          8256
_________________________________________________________________
simple_rnn_3 (SimpleRNN)     (None, None, 64)          8256
_________________________________________________________________
simple_rnn_4 (SimpleRNN)     (None, 64)                8256
_________________________________________________________________
dense_1 (Dense)              (None, 46)                2990
=================================================================
Total param: 42,414
Trainable params: 42,414
Non-trainable params: 0
_________________________________________________________________
```

可以看到，前 3 个 SimpleRNN 层的输出都是一个 3 维张量，每个维度分别对应同时处

理的样本数量、序列的长度以及表示序列中每个元素的向量的维度，最后一个 SimpleRNN 层的输出则是一个 2 维张量，每个维度分别对应同时处理的样本数量以及表示序列中最后一个时刻元素的向量的维度。模型的参数个数为 42414 个浮点数。

5.3.2 循环神经网络的结构类型

循环神经网络可以用来处理不同的任务，处理不同任务时，模型的输入和输出有所不同，循环神经网络的结构也有所不同，主要包含以下几种情况：多对一、一对多、同步的多对多、异步的多对多。

1. 多对一

循环神经网络在处理序列分类任务，如情感分析（输出一段文字，判断这段文字表达的情感倾向）、视频分类 (输入一段视频，判断视频所属的类别）时，模型的输入是一个序列，输出是一个单独的值而不是序列。模型的输出通常可以通过两种方式得到，一种是取最后一个时刻的输出作为模型的输出，另一种是对所有时刻的隐藏层的输出取平均，如图 5.6 所示，x_t 表示 t 时刻的输入，h_t 表示 t 时刻的隐藏层状态的输出，o_t 表示 t 时刻的输出。图 5.6(a) 以最后一个时刻 t 的输出 o_t 作为模型的输出，图 5.6(b) 以所有时刻的隐藏层的输出取平均之后得到的 h 作为模型的输出。

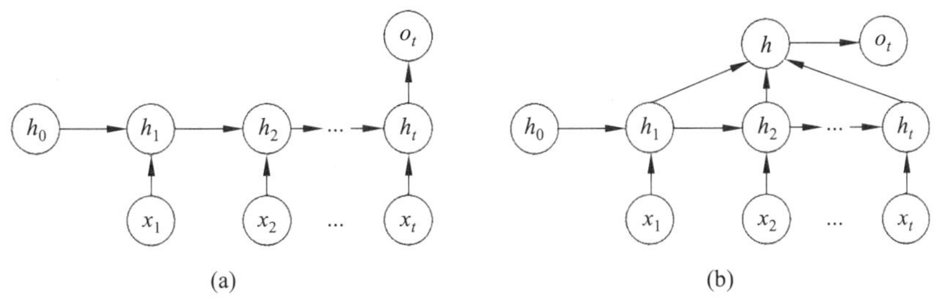

图 5.6 循环神经网络用于多对一任务

2. 一对多

循环神经网络在进行生成任务，如图例生成（输入一幅图片，生成描述这幅图片内容的文字）、特定主题下的音频或者文字生成（输入一个主题，生成属于该主题的音乐或者文字）时，模型的输入是一个值，输出是一个序列。模型的输入通常可以通过两种方式得到，一种是仅利用第一个时刻的输入作为模型的输入，另一种是所有时刻都以第一时刻的输入作为输入，如图 5.7 所示，x_t 表示 t 时刻的输入，h_t 表示 t 时刻的隐藏层状态的输出，y_t 表示 t 时刻的输出。图 5.7(a) 只以第一个时刻的输入 x_1 作为模型的输入，其他时刻的输入均为 0，而图 5.7(b) 则是所有时刻的输入都和第一个时刻的输入 x_1 相同。

3. 同步的多对多

循环神经网络在处理序列标注任务，如命名实体识别（输入一段文本，输出每个词对应的标签）时，模型的输入是序列，输出是一个等长的序列。每个时刻的输入都会对应着一个输出，如图 5.8 所示，x_t 表示 t 时刻的输入，h_t 表示 t 时刻的隐藏层状态的输出，y_t

表示 t 时刻的输出。

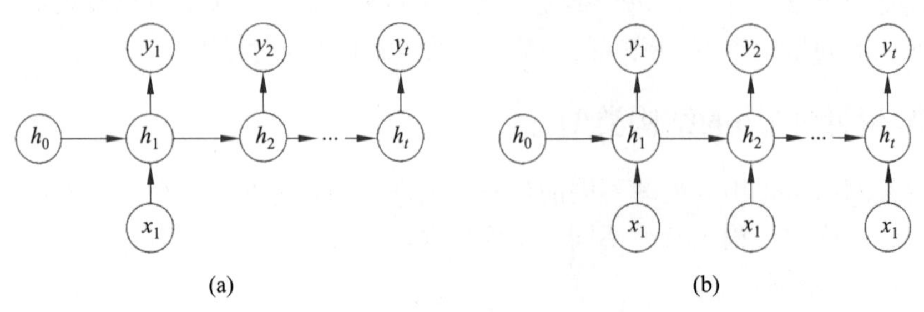

图 5.7 循环神经网络用于一对多任务

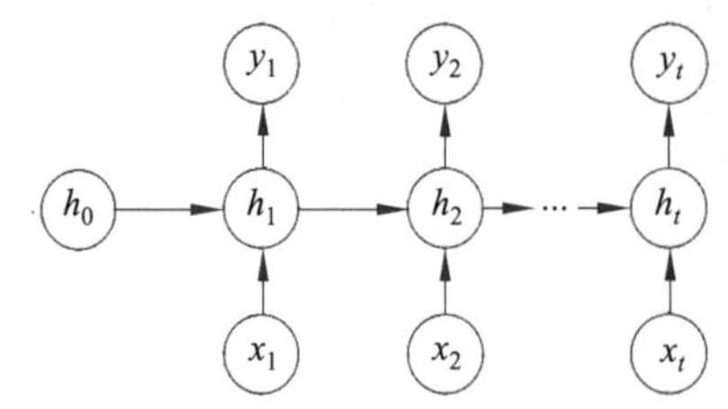

图 5.8 循环神经网络用于同步的多对多任务

4. 异步的多对多

经典循环神经网络要求输入序列和输出序列等长，但是大部分问题的输入序列和输出序列都是不等长的，例如在机器翻译中，源语言和目标语言的句子往往并没有相同的长度。于是，有研究者提出了一种能处理输入和输出长度不一致的模型，这种利用循环神经网络的特殊模型称为编码器-解码器模型，也称 Seq2Seq 模型。Seq2Seq 模型先利用上文中提到的多对一结构实现一个编码器，将输入的序列编码为一个向量 o_n。之后，再利用上文中提到的一对多结构实现一个解码器，将输入的 o_n 解码为一个序列 $y = \{y^{(1)}, y^{(2)}, \cdots, y^{(T)}\}$。整个过程如图 5.9 所示，$x_t$ 表示 t 时刻的输入，h_t 表示 t 时刻的隐藏层状态的输出，o_t 表示 t 时刻的输出。在解码时，有两种不同的方案，图 5.9(a) 展示了第一种方案，在此方案

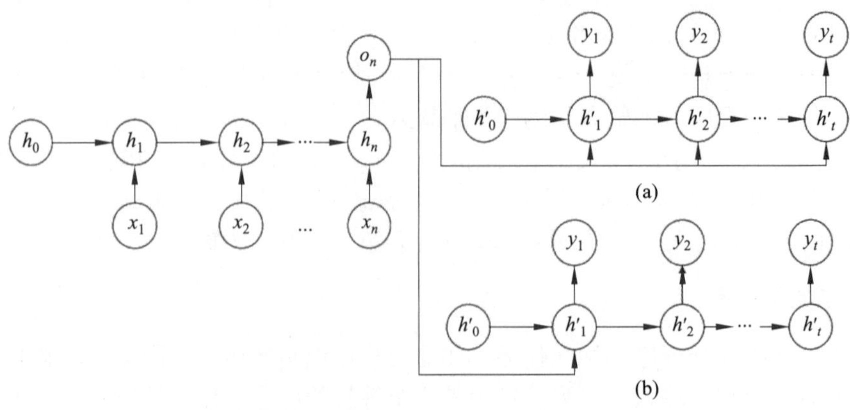

图 5.9 循环神经网络用于异步的多对多任务

中，所有时刻的输入除了上一时刻的输出以外，还会包含来自编码器的 o_n；图 5.9(b) 展示了第二种方案，在该方案中，o_n 只会作为第一个时刻的输入。

5.4 长短期记忆网络

相比全连接神经网络，循环神经网络具有循环反馈的功能，它在处理当前时刻的数据时，可以考虑过去时刻的数据对当前时刻的数据的影响。虽然理论上来说循环神经网络可以建模很长的序列之间相互依赖的关系，但是在实际应用中，循环神经网络可能会遭遇长期依赖问题（long-term dependencies problem）。具体地，如果循环神经网络使用的非线性激活函数的导数值大于 1，并且时间间隔过大，则会出现梯度爆炸的问题，而当循环神经网络使用的非线性激活函数的导数值小于 1，时间间隔过大则会出现梯度消失的问题。梯度消失和梯度爆炸会使循环神经网络只能学习到短距离的依赖关系，很难建模长距离的依赖关系。

长短期记忆网络是循环神经网络的一个变体，它通过引入一个新的内部状态和门机制解决循环神经网络的梯度爆炸或者梯度消失的问题，使其能够建模长距离之间的依赖关系。长短期记忆网络的网络结构如图 5.10 所示，其中，x 是输入序列（长度为 T），h 是隐藏层序列，o 是输出序列，L 是总体损失，y 是目标标签序列。$x^{(t)}$ 表示 t 时刻的输入，$h^{(t)}$ 表示 t 时刻的隐藏层状态的输出，$o^{(t)}$ 表示 t 时刻的输出，$c^{(t)}$ 表示 t 时刻引入的新状态的输出，$y^{(t)}$ 表示 t 时刻 $x^{(t)}$ 对应的实际标签，$L^{(t)}$ 表示 t 时刻 $x^{(t)}$ 对应的损失值。

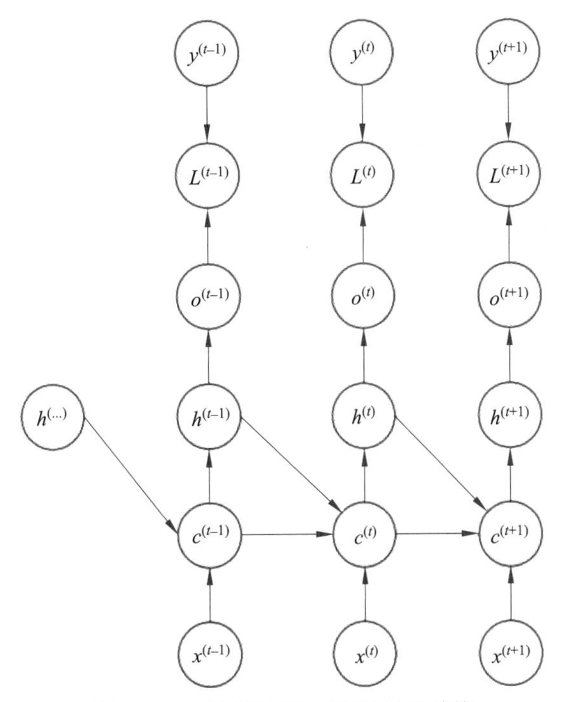

图 5.10 长短期记忆网络的网络结构

这里提到的长短期记忆神经网络是一种只有一个隐藏层的 N 对 N 的神经网络。具体来说，循环神经网络输入层的输出是一个长度为 T 的序列 $x=\{x^{(1)},x^{(2)},\cdots,x^{(T)}\}$，这个序列对应的实际标签是一个长度为 T 的序列 $y=\{y^{(1)},y^{(2)},\cdots,y^{(T)}\}$，其中，$t$ 时刻输入层对应的输出和实际标签分别为 $x^{(t)}$ 和 $y^{(t)}$。具体来说：

$$f^{(t)}=\text{sigmoid}(W_f\cdot[h^{(t-1)},x^{(t)}]+b_f) \tag{5.5}$$

$$i^{(t)}=\text{sigmoid}(W_i\cdot[h^{(t-1)},x^{(t)}]+b_i) \tag{5.6}$$

$$\hat{c}^{(t)}=\tanh(W_c\cdot[h^{(t-1)},x^{(t)}]+b_c) \tag{5.7}$$

$$c^{(t)}=f^{(t)}\times c^{(t-1)}+i^{(t)}\times \hat{c}^{(t)} \tag{5.8}$$

$$o^{(t)}=\text{sigmoid}(W_o\cdot[h^{(t-1)},x^{(t)}]+b_o) \tag{5.9}$$

$$h^{(t)}=o^{(t)}\times\tanh(c^{(t)}) \tag{5.10}$$

循环神经网络一般可使用交叉熵计算某个时刻 t 在 m 个样本上的损失，整体的损失值则为所有时刻的损失之和，即

$$L^{(t)}=-\frac{1}{m}\sum_{i=1}^{m}y_i^{(t)}\log\left(o_i^{(t)}\right) \tag{5.11}$$

$$L=\sum_{t=1}^{T}L^{(t)} \tag{5.12}$$

通过上述介绍，我们了解了一个长短期记忆神经网络从输入到输出的过程，下面给出了一个长短期记忆神经网络的实现代码，该长短期记忆网络由一个嵌入层和多个 LSTM 层堆叠而成。

```
from keras.models import Sequential
from keras.layers import Embedding, LSTM
from keras.layers import Dense
# 构建线性堆叠模型
model = Sequential()
# 为模型添加嵌入层
model.add(Embedding(100, 64))
# 为模型添加LSTM隐藏层，64表示输出特征大小，return_sequences为False时，模型返
    # 回序列的最后一个输出，为True时返回完整序列
model.add(LSTM(64, return_sequences=True))
model.add(LSTM(64, return_sequences=True))
model.add(LSTM(64, return_sequences=True))
model.add(LSTM(64))
# 为模型添加带有softmax激活函数的全连接层
model.add(Dense(46, activation='softmax'))
```

```
# 编译模型
model.compile(optimizer='rmsprop', loss='categorical_crossentropy', metrics=['acc'])
model.summary()
```

5.5 图像分类案例

本节介绍如何在一个小型数据集上完成图像分类的训练过程。小型数据集意味着较为简单的数据处理方式、基础的分类模型以及不高的硬件要求。在实践中，较小的、有标注的数据集是最常见的。本节使用的数据集为猫狗图像分类数据集，共包含 4000 张图像，其中，2000 张为猫的图像，2000 张为狗的图像。

下面首先介绍数据集的下载与预处理方法，接着介绍模型架构，然后介绍两种避免过拟合的方法，分别是数据增强和随机失活（dropout）[5]，最后介绍如何利用大规模数据集上预训练的模型进行特征提取和微调，这两种方式可以显著提高模型的预测精度。

5.5.1 数据集下载与预处理

本节用到的数据集来自于 Kaggle 在 2013 年的一项关于计算机视觉图像分类的竞赛，这个数据是图像分类领域的基础数据集。

这个数据集包含 25000 张猫狗的训练数据（每个类别中都有 12500 张图像），测试集中有 12500 张图像。整个数据集文件大小为 812MB。我们利用训练数据的前 4000 张图片进行小数据集的训练、验证与测试。在这个小数据集中，两个类别各有 1000 张训练图片、500 张验证和 500 张测试图片。

下面给出创建数据集的代码实现，这段代码从原始数据集中对每个类别各抽取 2000 张图片，并放到对应类别的训练、验证和测试的文件夹中。这样的文件结构方便使用 Keras 自带的数据集生成函数进行文件读取和处理。

```
import os,shutil
original_data = 'dogs-vs-cats/train'

# 划分复制猫的图像
# 从原始数据复制猫的图像到训练集目录下
fnames = ['cat.{}.jpg'.format(i) for i in range(1000)]
for fname in fnames:
    src = os.path.join(original_data,fname)
    dst = os.path.join('train/cat',fname)
    shutil.copy(src,dst)

# 从原始数据复制猫的图像到验证集目录下
fnames = ['cat.{}.jpg'.format(i) for i in range(1000,1500)]
for fname in fnames:
    src = os.path.join(original_data,fname)
    dst = os.path.join('val/cat',fname)
```

```
    shutil.copy(src,dst)

# 从原始数据复制猫的图像到测试集目录下
fnames = ['cat.{}.jpg'.format(i) for i in range(1500,2000)]
for fname in fnames:
    src = os.path.join(original_data,fname)
    dst = os.path.join('test/cat',fname)
    shutil.copy(src,dst)

# 划分复制狗的图像
# 从原始数据复制狗的图像到训练集目录下
fnames = ['dog.{}.jpg'.format(i) for i in range(1000)]
for fname in fnames:
    src = os.path.join(original_data,fname)
    dst = os.path.join('train/dog',fname)
    shutil.copy(src,dst)

# 从原始数据复制狗的图像到验证集目录下
fnames = ['dog.{}.jpg'.format(i) for i in range(1000,1500)]
for fname in fnames:
    src = os.path.join(original_data,fname)
    dst = os.path.join('val/dog',fname)
    shutil.copy(src,dst)

从原始数据复制狗的图像到测试集目录下
fnames = ['dog.{}.jpg'.format(i) for i in range(1500,2000)]
for fname in fnames:
    src = os.path.join(original_data,fname)
    dst = os.path.join('test/dog',fname)
    shutil.copy(src,dst)
```

图 5.11 是本节采用的猫狗分类数据集中的部分样本。从图 5.11 中可以看出，样本在尺寸和外观方面都是不一致的，需要设计合理的模型对两种类别的样本进行区分。同时，需要通过一些预处理操作统一模型的输入尺寸。

为了将图像输入模型，需要将数据处理成浮点数张量。从一张原始图像到模型输入需要经过以下几个步骤。

（1）图像文件的读取。

（2）将图像文件格式转换为矩阵格式。

（3）将像素矩阵转换为浮点数张量。

（4）归一化, 将 0~255 的像素值缩放到 [0, 1] 区间。

但是，在 Keras 中，可以避免上面这些烦琐的数据处理过程，直接使用图像预处理类 ImageDataGenerator 完成一系列的工作。下面这段代码展示了如何使用该类完成图像的处理和生成。

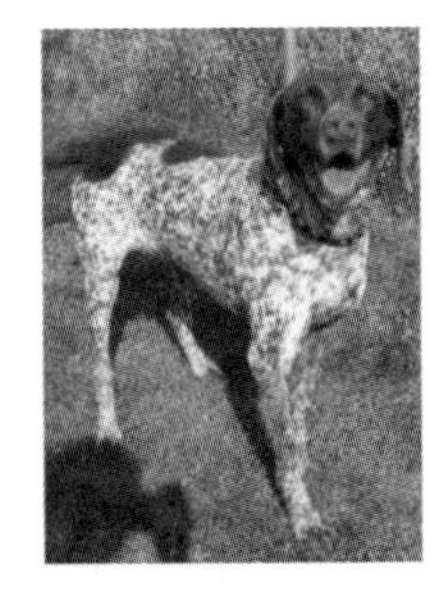

图 5.11　猫狗分类数据集中的样本

```
from keras.preprocessing.image import ImageDataGenerator

# 创建生成器
train_gen = ImageDataGenerator(rescale=1.0/255)
val_gen = ImageDataGenerator(rescale=1.0/255)

train_dir = 'train'
val_dir = 'val'

#指定数据集的路径、图像尺寸、数据模式等信息
train_generator = train_gen.flow_from_directory(
    train_dir,
    target_size=(150,150),
    batch_size=20,
    class_mode='binary')

#指定数据集的路径、图像尺寸、数据模式等信息
val_generator = val_gen.flow_from_directory(
    val_dir,
    target_size=(150,150),
    batch_size=20,
    class_mode='binary')

# 打印训练集中每个批次的数据和标签向量的大小
for data_batch,label_batch in train_generator:
    print('每个批次数据向量的大小 :',data_batch.shape)
    print('每个批次标签向量的大小 :',label_batch.shape)
    break
```

在生成器函数 flow_from_directory 中，定义了训练和验证数据集的目录和固定尺寸。这里将训练图像的尺寸固定为 150×150。生成器的另一个好处是不需要人为地进行批数据的划分，只需要在函数内部指定 batch_size 函数，它就会自动对数据进行划分。由于对猫狗数据进行的是二分类任务，因此这里采用二分的数据模式。

在利用数据生成器构建数据后，可以通过迭代器 train_generator 查看每个批次中数据和标签向量的大小。在这个例子中，每个数据对应的输入向量大小是 (150, 150, 4)，标签向量表示样本对应的类别标签，0 表示猫，1 表示狗。

5.5.2 模型架构搭建

卷积神经网络是由卷积层（Conv2D）和池化层（MaxPooling2D）堆叠而成的。卷积层用来获得局部加和特征，而池化层用来提取较为重要的特征信息。模型的输入是 150×150×3 的像素网格，经过 4 层卷积架构（其中卷积的核大小为 3，池化层的核大小为 2），最终生成 7×7 的特征图。此特征图能够表示整张图像，随后将其展平，并经过两个全连接层而得到最后的分类结果。具体代码如下所示。

```
from keras import layers
from keras import models
# 构建线性堆叠模型
model = models.Sequential()
# 添加4个卷积层和池化层
# 添加卷积层，卷积核数量为32，大小为3×3
model.add(layers.Conv2D(32, (3, 3), activation='relu',
          input_shape=(150, 150, 3)))
# 添加2×2最大池化层
model.add(layers.MaxPooling2D((2, 2)))
# 添加卷积层，卷积核数量为64，大小为3×3
model.add(layers.Conv2D(64, (3, 3), activation='relu'))
# 添加2×2最大池化层
model.add(layers.MaxPooling2D((2, 2)))
# 添加卷积层，卷积核数量为128，大小为3×3
model.add(layers.Conv2D(128, (3, 3), activation='relu'))
# 添加2×2最大池化层
model.add(layers.MaxPooling2D((2, 2)))
# 添加卷积层，卷积核数量为128，大小为3×3
model.add(layers.Conv2D(128, (3, 3), activation='relu'))
# 添加2×2最大池化层
model.add(layers.MaxPooling2D((2, 2)))
# 添加展平层，将特征图展平
model.add(layers.Flatten())
# 添加全连接层
model.add(layers.Dense(512, activation='relu'))
model.add(layers.Dense(1, activation='sigmoid'))
```

可以通过 Keras 的 summary() 函数得到模型每层的输出形状和参数量，以及整个神经网络的可训练和非训练的参数量，便于估计网络复杂程度和相应硬件的配置要求。

```
>>> model.summary()
-----------------------------------------------------------------
Layer (type) Output Shape Param #
    =================================================================
conv2d_1 (Conv2D) (None, 148, 148, 32) 896
    _________________________________________________________________
max_pooling2d_1 (MaxPooling2D) (None, 74, 74, 32) 0
    _________________________________________________________________
conv2d_2 (Conv2D) (None, 72, 72, 64) 18496
    _________________________________________________________________
max_pooling2d_2 (MaxPooling2D) (None, 36, 36, 64) 0
    _________________________________________________________________
conv2d_3 (Conv2D) (None, 34, 34, 128) 73856
    _________________________________________________________________
max_pooling2d_3 (MaxPooling2D) (None, 17, 17, 128) 0
    _________________________________________________________________
conv2d_4 (Conv2D) (None, 15, 15, 128) 147584
    _________________________________________________________________
max_pooling2d_4 (MaxPooling2D) (None, 7, 7, 128) 0
    _________________________________________________________________
flatten_1 (Flatten) (None, 6272) 0
    _________________________________________________________________
dense_1 (Dense) (None, 512) 3211776
    _________________________________________________________________
dense_2 (Dense) (None, 1) 513
    =================================================================
Total params: 3,453,121
Trainable params: 3,453,121
Non-trainable params: 0
```

接下来对模型进行编译，这一步需要指定损失函数、优化器以及评价指标。由于要解决的是二分类问题，因此指定损失函数为 binary_crossentropy，并选择准确率（accuracy）作为评价指标。此外，选择 Adam 作为优化器。

```
from keras import optimizers
# 编译模型，指定二分类损失函数、Adam优化器，acc评价指标
model.compile(loss='binary_crossentropy',
            optimizer=optimizers.Adam(lr=1e-4),
            metrics=['acc'])
```

5.5.3 模型的训练与验证

接下来则是让模型对数据进行拟合，fit_generator 函数能够根据给定的迭代次数和步长，利用传入的训练数据和验证数据对模型进行训练。具体调用代码如下所示。

```
# 训练模型，指定迭代次数和步长
history = model.fit_generator(train_generator,
                              steps_per_epoch=100,
                              epochs=30,
                              validation_data=validation_generator,
                              validation_steps=50)
# 当每次训练代码执行完毕之后，要养成保存模型的良好习惯
model.save('cats_and_dogs_small_1.h5')
```

fit_generator 函数会返回模型训练的历史数据，获取这些历史数据并将其可视化出来，这样方便查看训练过程中的变化和训练结果，下面的代码展示了如何利用这些历史数据画出训练过程的 loss 曲线和准确率曲线。

```
import matplotlib.pyplot as plt
# 获取验证集和训练集的准确率
acc = history.history['acc']
val_acc = history.history['val_acc']

# 画出曲线，横轴表示迭代次数，纵轴表示准确率
epochs = range(1, len(acc) + 1)
plt.plot(epochs, acc, 'bo', label='训练集准确率')
plt.plot(epochs, val_acc, 'b', label='验证集准确率')
# 指定图像标题
plt.title('训练和验证精度')
plt.legend()
plt.figure()

plt.show()
```

从图 5.12 中可以看到明显的过拟合现象。第 5 轮训练之后，训练精度不断提高，但是验证集的精度已经不再变化（停留在 72%左右），这说明模型在过度拟合训练集的特征，而没有学习到泛化性的特征。由于训练数据只有 2000 条，这个数据量对于我们设计的模型来说是不足以提取泛化性的特征的，因此现在需要重点考虑如何缓解过拟合现象。

接下来介绍两种方法以缓解过拟合现象，从而有效提升模型的泛化性，进一步提高模型的性能。

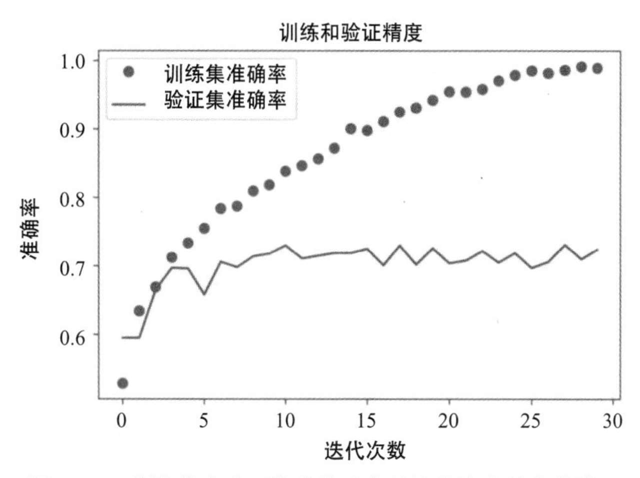

图 5.12 训练集和验证集的准确率随迭代次数的变化情况

5.5.4 使用数据增强策略

深度学习模型的性能往往会随着数据量的增加而提高。在大部分真实场景下，可利用的数据量总是不够的，而标注新的数据需要大量的标注成本。数据增强技术是指利用已有的训练数据创建新的数据，从而扩充可利用的数据量。

图像变换是图像数据增强中常见的技术。图像变换包括对原图片的平移、翻转、放缩等操作。通过随机生成图像变换的内容生成与原图不同的样本，从而在一定程度上扩充了数据集。在 Keras 中，只需要更改 ImageDataGenerator 的参数就能完成这一系列的数据增强操作，实现过程如下所示。

```
# 数据集生成器，指定了随机旋转角度范围、图像平移范围等参数
datagen = ImageDataGenerator(
        rotation_range=40,
        width_shift_range=0.2,
        height_shift_range=0.2,
        shear_range=0.2,
        zoom_range=0.2,
        horizontal_flip=True,
        fill_mode='nearest')
```

其中，rotation_range 是随机旋转角度的范围，width_shift_range 和 height_shift_range 是在宽和高两个维度上进行图像平移的随机范围，shear_range 是错切的角度比，zoom_range 是放缩比，horizontal_flip 代表开启水平的随机翻转，fill_mode 是近似模式，当进行变换操作使得原始图片的点落在非整数位置时，采用预设的模式进行近似。

图 5.13 是经过随机平移、旋转、放缩后的图像增强的样例。从生成结果可以看出，尽管数据增强会改变图像像素点的分布特征，但是图像的语义信息仍然得到了保留。例如，猫的图像在经过图像增强后不会变成狗。

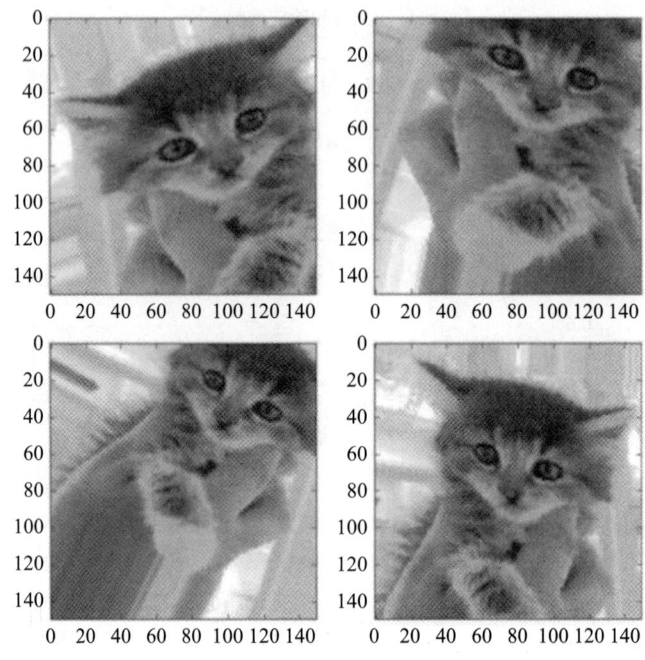

图 5.13 数据增强后的输入样本

5.5.5 随机失活策略

随机失活在学习过程中通过将隐含层的部分权重随机归零，并降低结点之间的相互依赖性，从而实现神经网络的正则化。在卷积神经网络中，为了降低结点之间的依赖性以及过拟合的风险，可以在最后的全连接层之前进行 Dropout。加入 Dropout 之后的代码如下所示。

```
# 构建序列堆叠模型
model = models.Sequential()
# 添加4层卷积层和池化层
# 添加卷积层，卷积核数量为32，大小为3×3
model.add(layers.Conv2D(32, (3, 3), activation='relu',
          input_shape=(150, 150, 3)))
# 添加2×2最大池化层
model.add(layers.MaxPooling2D((2, 2)))
# 添加卷积层，卷积核数量为64，大小为3×3
model.add(layers.Conv2D(64, (3, 3), activation='relu'))
# 添加2×2最大池化层
model.add(layers.MaxPooling2D((2, 2)))
# 添加卷积层，卷积核数量为128，大小为3×3
model.add(layers.Conv2D(128, (3, 3), activation='relu'))
# 添加2×2最大池化层
model.add(layers.MaxPooling2D((2, 2)))
# 添加卷积层，卷积核数量为128，大小为3×3
model.add(layers.Conv2D(128, (3, 3), activation='relu'))
```

```
# 添加2×2最大池化层
model.add(layers.MaxPooling2D((2, 2)))
# 添加展平层
model.add(layers.Flatten())
# 添加Dropout层
model.add(layers.Dropout(0.5))
# 添加全连接层
model.add(layers.Dense(512, activation='relu'))
model.add(layers.Dense(1, activation='sigmoid'))
```

Dropout 通常降低了神经网络的计算开销，因为归零操作可以得到稀疏矩阵。但在迭代次数较多的学习任务（例如循环神经网络的学习）中，反复生成随机数会带来额外的计算开销。本节将图像数据增强策略和 Dropout 策略共同加入卷积神经网络的训练，并观察最终训练的结果。

再次绘制实验结果之后，训练过程中的过拟合现象被减缓甚至消失了。从图 5.14 中可以看到，训练集和验证集的精度维持在相同水准，在训练结束时都达到了接近 86%的准确率，相比于未采用这两种正则化策略提升了 14%。这个训练表明可以通过增加数据增强策略和 Dropout 策略防止过拟合。

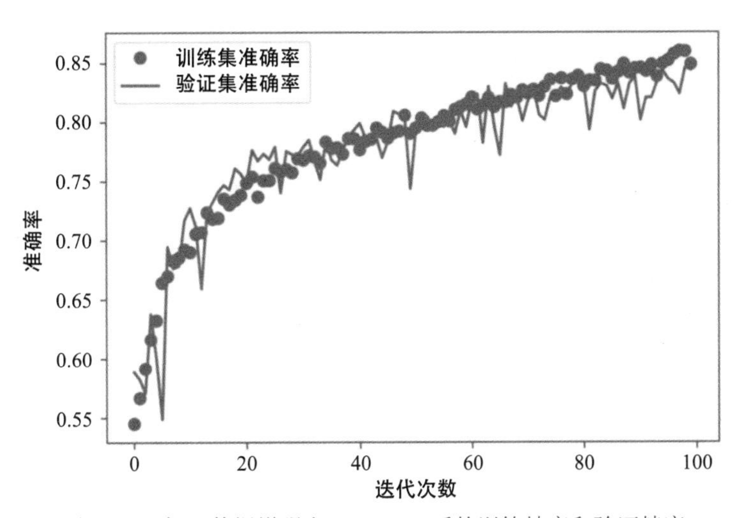

图 5.14 加入数据增强和 Dropout 后的训练精度和验证精度

通过使用更多的正则化方法和调节网络参数，可以达到更高的分类准确率（86%左右）。但是想要进一步提高准确率，单单依靠从头开始训练模型是无法做到的。下面介绍如何利用预训练模型进一步提升分类准确率。

5.5.6 使用预训练模型提升结果

将深度学习模型应用在小数据集上的一种可行的解决策略是利用预训练的模型。预训练网络是一个在大规模数据集上进行训练并得到较好结果的模型。一般认为，预训练的网络参数能够更好地表示图像语义。

Keras 框架在卷积网络上提供了多种预训练网络，这些网络在 imagenet 数据集上进行训练，并且达到了非常不错的结果。下面是 keras.application 中部分图像分类的预训练模型。

- Xception
- Inception
- V3ResNet50
- VGG16VGG1
- MobileNet

VGG16 是目前在图像分类领域应用广泛的卷积神经网络模型之一，其架构如图 5.15 所示。下面将使用 VGG16 预训练模型，并在此基础上构建适用于猫狗小数据集的网络。本节使用的 VGG16 在 imagenet 数据集上进行了预训练，imagenet 数据集中包含 1000 个类别的 140 万张训练图像，其中就有猫和狗的图像。

下面给出了基于 VGG16 的新模型的代码实现。首先将 VGG16 网络实例化，并在实例化过程中传入了 3 个参数。weights 代表使用哪种数据集进行预训练，include_top 参数表示是否采用网络的顶层。在这里，VGG16 的顶层是基于 softmax 的分类器。考虑到 imagenet 是 1000 分类，而我们只需要做二分类，所以将顶部的分类器移除，只利用卷积层的参数进行特征提取和特征表示。接下来，利用 VGG16 网络进行特征提取，并在顶层接入未经训练的二分类分类器，使得新模型适用于猫狗小数据集。最后，编译新模型，为其指定二分类损失函数、优化器等信息。

```
from keras.applications import VGG16
from keras import models
from keras import layers

# 构建VGG16模型，指定使用imagenet数据集进行预训练
conv_base = VGG16(weights='imagenet', include_top=False,
input_shape=(150, 150, 3))

# 构建序列堆叠模型
model = models.Sequential()
# 添加预训练好的VGG16模型
model.add(conv_base)
# 添加展平层
model.add(layers.Flatten())
# 添加全连接层，输出特征维度分别是256和1
model.add(layers.Dense(256, activation='relu'))
model.add(layers.Dense(1, activation='sigmoid'))

# 编译模型
model.compile(loss='binary_crossentropy',
optimizer=optimizers.RMSprop(lr=1e-5),metrics=['acc'])
history = model.fit_generator( train_generator,
```

```
steps_per_epoch=100,
epochs=100, validation_data=validation_generator, validation_steps=50)
```

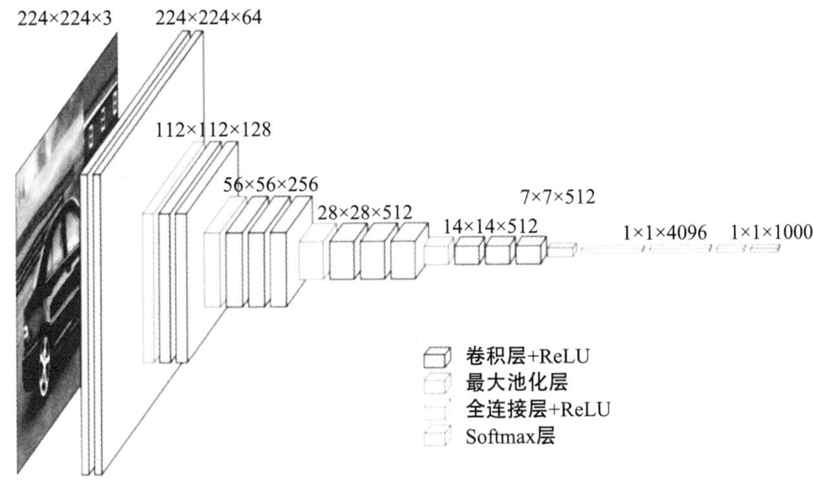

图 5.15 VGG16 架构

采用和前面相同的方法训练模型，即添加数据增强策略和 Dropout 层，并采用和前面相同的绘图代码绘制训练和验证时的可视化结果，如图 5.16 所示。

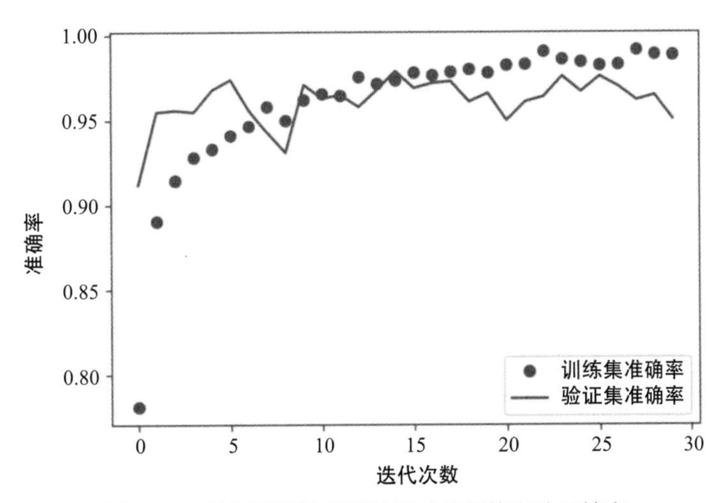

图 5.16 使用预训练模型微调时的训练和验证精度

相比于从头开始训练模型，对预训练模型进行微调极大地提升了模型的性能表现，仅仅利用 2000 个训练数据就能在猫狗分类的测试数据上达到 97%的分类结果。

在 2013 年的 Kaggle 猫狗大战竞赛中，这个结果是最佳的结果之一。在利用了诸多技术之后，仅仅利用一小部分的训练数据（约 10%）就能达到当年使用全部数据进行训练的结果。

5.6 结构化数据分类案例

本节重点介绍结构化数据的特点，以及如何利用深度学习模型进行结构化数据分类与预测。

在接下来的几节中，将通过鸢尾花（Iris）数据集[6]展示深度学习模型在结构化数据上的分类预测结果。相比于非结构化的图像或文本，结构化数据特征更规范，不同类别的特征表现更明显。在这个数据集上，仅仅通过几层全连接层就达到了较好的预测效果，证明了深度学习模型也适用于结构化数据。

5.6.1 数据分析和可视化

鸢尾花数据集由 3 类对象、共 150 个实例组成。每种花有 4 个属性特征：萼片长度，萼片宽度，花瓣长度，花瓣宽度。数据的总体统计如表 5.1 所示。

表 5.1 鸢尾花数据的总体统计

	最小值	最大值	均值	标准差	类别相关度
萼片长度	4.3	7.9	5.84	0.83	0.7826
萼片宽度	2.0	4.4	3.05	0.43	−0.4194
花瓣长度	1.0	6.9	3.76	1.76	0.9490
花瓣宽度	0.1	2.5	1.20	0.76	0.9565

从表 5.1 中可以看出，这三个类别在不同特征下的表现不同，其中，花瓣长度和花瓣宽度对于类别的相关程度最高。接下来利用 sklearn 的官方程序查看鸢尾花数据集的分布特点。

```
import matplotlib.pyplot as plt
from mpl_toolkits.mplot3d import Axes3D
from sklearn import datasets
from sklearn.decomposition import PCA

# 加载Iris数据集
iris = datasets.load_iris()
# X为花瓣特征，y为类别标签
X = iris.data[:, :2]
y = iris.target

x_min, x_max = X[:, 0].min() - 0.5, X[:, 0].max() + 0.5
y_min, y_max = X[:, 1].min() - 0.5, X[:, 1].max() + 0.5

plt.figure(2, figsize=(8, 6)) # 构建画布
plt.clf() # 清空画布

# 画出散点图
plt.scatter(X[:, 0], X[:, 1], c=y, cmap=plt.cm.Set1,
```

```
        edgecolor='k')
plt.xlabel('花瓣长度') # 添加X轴标签
plt.ylabel('花瓣宽度') # 添加y轴标签

plt.xlim(x_min, x_max) # 获取或设置当前坐标区的x限制
plt.ylim(y_min, y_max) # 获取或设置当前坐标区的y限制
plt.xticks(())
plt.yticks(())

fig = plt.figure(1, figsize=(8, 6)) # 构建画布
ax = Axes3D(fig, elev=-150, azim=110) # 采用3D画布
# 对Iris数据进行PCA
X_reduced = PCA(n_components=3).fit_transform(iris.data)
# 画出特征分布图
ax.scatter(X_reduced[:, 0], X_reduced[:, 1], X_reduced[:, 2], c=y,
        cmap=plt.cm.Set1, edgecolor='k', s=40)
ax.set_xlabel("第一特征向量")
ax.w_xaxis.set_ticklabels([])
ax.set_ylabel("第二特征向量")
ax.w_yaxis.set_ticklabels([])
ax.set_zlabel("第三特征向量")
ax.w_zaxis.set_ticklabels([])

plt.show()
```

对花瓣长度和花瓣宽度特征进行主成分分析 [7]，并将 3 维和 2 维空间的分析结果展示出来，如图 5.17 所示。

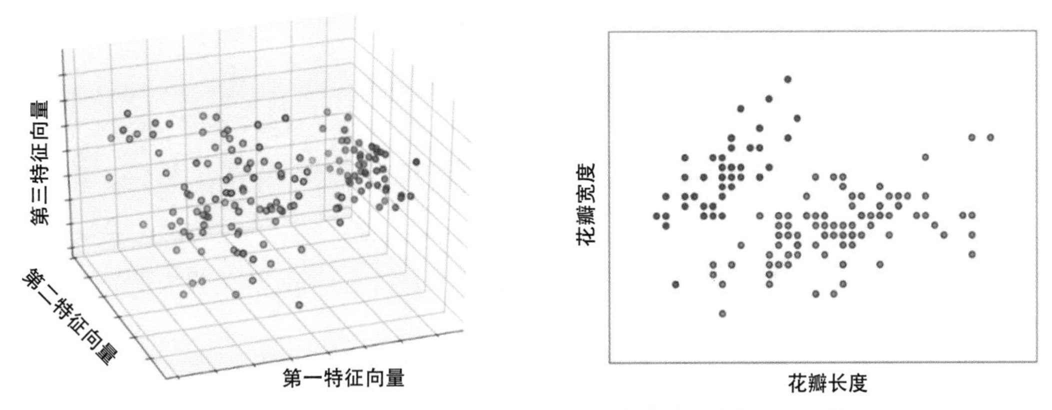

图 5.17　鸢尾花数据集在花瓣长度和花瓣宽度特征上的 PCA 结果

图 5.17 中不同颜色的点代表不同的类别，从数据可视化的角度可以看出这三个类别在我们挑选的两个特征上有肉眼可见的区分度。接下来将这些训练数据放入 Keras 深度学习模型，并训练一个强大的分类器。

5.6.2 模型架构搭建

对于结构化数据，不需要采用卷积神经网络和循环神经网络捕捉上下文信息，这是因为结构化数据没有先后顺序和空间顺序，所以这里采用简单的全连接层的堆叠完成网络架构的搭建工作，实现代码如下所示。

```
# 构建序列堆叠层
model = Sequential()

# 添加带有激活函数和Dropout的全连接层，输入特征为200维
model.add(Dense(units=200,kernel_initializer='uniform',input_dim=4))
model.add(Activation('relu'))
model.add(Dropout(0.5))
# 添加带有激活函数和Dropout的全连接层，输出特征为100维
model.add(Dense(100,kernel_initializer='uniform'))
model.add(Activation('relu'))
model.add(Dropout(0.5))
# 添加带有激活函数和Dropout的全连接层，输出特征为50维
model.add(Dense(50,kernel_initializer='uniform'))
model.add(Activation('relu'))
model.add(Dropout(0.5))
# 添加带有激活函数和Dropout的全连接层，输出特征为50维
model.add(Dense(50,kernel_initializer='uniform'))
model.add(Activation('relu'))
model.add(Dropout(0.5))
# 添加带有激活函数和Dropout的全连接层，输出特征为3维
model.add(Dense(3,kernel_initializer='uniform'))
model.add(Activation('softmax'))

# 打印网络架构
model.summary()

# 编译模型
model.compile(optimizer='adam',loss='binary_crossentropy', metrics=
   ['accuracy'])
```

因为该任务是 3 分类任务，因此采用 categorical_crossentropy 作为损失函数，采用准确率评估模型执行结果。

这里采用的逐层下采样的操作和前面介绍的卷积神经网络的池化层是一致的。通过下采样的操作可以保证在增加网络深度的同时减少每层的参数量，过多的参数会增加过拟合的风险，同时会在一定程度上浪费计算资源。

5.6.3 模型训练和预测

采用 Keras 自带的 fit 函数进行训练，和生成器函数 (fit_generation) 不同的是，这个函数面向更加广泛的训练数据特点，所以可调整的参数更灵活。

```
# 训练模型，指定训练数据、样本标签等信息
model.fit(trainDataFeature,trainLabeled,epochs=100,batch_size=20)
# 打印训练结果
print model.evaluate(trainDataFeature,trainLabeled)
```

其中，trainDataFeature 是我们输入的 150×4 的特征矩阵，trainLabeled 是每个样本的标签，采用 20 作为每个批次训练的大小，一共训练 100 次。

这里重点展示如何利用已训练的数据进行预测。训练过程交由读者自行完成。由于训练数据很少，因此不需要大型工作站，在个人计算机上就能完成训练过程。训练结束之后，可以通过调用 model 对象的 predict 函数逐个进行样本的预测。

```
print('\n\n\t\t<---开始预测----->')
print('\n\n\t这是对第一种类中第二个样本做预测, 预测的类别是:')
print(model.predict_classes(trainDataFeature[1:2]))
print('它的特征是: ', trainDataFeature[1:2])
print('它的真实标签是:', trainLabeled[1:2])

print('\n\n\t这里对第二种类中第53个样本做预测, 预测的类别是:')
print(model.predict_classes(trainDataFeature[52:53]))
print('它的特征是:', trainDataFeature[52:53])
print('它的真实标签是:', trainLabeled[52:53])

print('\n\n\t这里对第三种类中第146个样本做预测, 预测的类别是:')
print(model.predict_classes(trainDataFeature[145:146]))
print('它的特征是:', trainDataFeature[145:146])
print('它的真实标签是:', trainLabeled[145:146])
```

5.7 文本分类案例

通过前面几节的学习，我们大概了解了循环神经网络以及长短期记忆网络。本节将通过一个案例说明如何利用循环神经网络完成文本分类任务。文本分类任务是指将一段文本分类到事先定义的类别中，例如将一篇新闻文本分类到体育、政治、娱乐等类别中。

5.7.1 数据预处理

首先利用 Keras 自带的 load_data 函数加载 Reuters 数据集。加载数据集之后，由于一次性处理所有的句子相对于分批处理数据所需的参数更大，所以将所有的数据分成多批处理，每个批次包含 batch_size 个样本，并且通过取长补短的方式将所有的句子长度统

一为 maxlen。仅仅利用整个数据集中出现频次排名前 max_features 的词语表示每个句子，最后使用 one-hot 表示方法表示数据集的类别标签，即一共有几个类别，就用几维的向量表示每句话的类别标签，其中，该句话所属的类别所在的维度值为 1，其他维度值均为 0，下面的代码展示了该处理过程。

```
import numpy
import tensorflow
import keras
from keras.layers import SimpleRNN
from keras.models import Sequential
from keras.layers import Embedding, SimpleRNN
from keras.layers import Dense
from keras.datasets import reuters
from keras.preprocessing import sequence
from keras.utils import np_utils

max_features = 10000 # 词典大小
maxlen = 500         # 最大句子长度
batch_size = 64      # 批大小

# 从Keras自带的数据集中加载数据
(x_train, y_train), (x_test, y_test) = reuters.load_data(num_words=max_features)

# 输出数据集的大小
print('训练集大小:',len(x_train))
print('测试集大小:',len(x_test))

# 编码词汇的索引，每个词对应一个索引
word_index = reuters.get_word_index(path="reuters_word_index.json")
index_to_word = {}
for key, value in word_index.items():
   index_to_word[value] = key
# 打印编码结果
print(' '.join([index_to_word[x] for x in x_train[0]]))

# 打印前10个样本的句子长度
for i in range(10):
   print('第',i,'个样本的句子长度: ',len(x_train[i]),sep='')

# 使数据集中每个句子的长度一致
x_train = sequence.pad_sequences(x_train, maxlen=maxlen)
x_test = sequence.pad_sequences(x_test, maxlen=maxlen)
print('补齐后:')
print('x_train的维度大小:', x_train.shape)
print('x_test的维度大小:', x_test.shape)
```

```
print('y_train的维度大小:', y_train.shape)
print('y_test的维度大小:', y_test.shape)

# 编码数据集的标签，用one-hot编码
y_train = np_utils.to_categorical(y_train, 46)
y_test = np_utils.to_categorical(y_test, 46)
```

5.7.2 模型架构搭建

在前面的介绍中可以知道，循环神经网络是由隐藏层堆叠而成的。本案例中，我们利用 4 层双向的 RNN 层捕捉句子的特征，最后利用一层带 softmax 函数的全连接层完成分类任务，具体代码如下所示。

```
from keras.models import Sequential
from keras.layers import Embedding, SimpleRNN
from keras.layers import Dense

# 训练批次
n_epochs=3
# 构建序列堆叠模型
model = Sequential()
# 添加嵌入层
model.add(Embedding(max_features, 64))
# 添加4个隐含层
model.add(SimpleRNN(64, return_sequences=True))
model.add(SimpleRNN(64, return_sequences=True))
model.add(SimpleRNN(64, return_sequences=True))
model.add(SimpleRNN(64))
# 添加全连接层
model.add(Dense(46, activation='softmax'))

# 编译模型
model.compile(optimizer='rmsprop', loss='categorical_crossentropy', metrics=['acc'])
```

搭建模型架构之后，采用 rmsprop 优化器进行模型的优化，因为一共有 46 个类别，是一个多分类任务，因此采用的损失函数是 categorical_crossentropy。

5.7.3 模型训练与预测

利用 Keras 的 fit 函数训练模型，fit 函数的输入包括符合格式要求的训练集句子及对应的标签，以及每批数据的规模 batch_size、训练集和验证集的比例、训练模型需要的总轮数 epochs，具体代码如下所示。

```
# 训练模型，指定数据集、迭代次数等参数
```

```
history = model.fit(x_train, y_train,
                    epochs=n_epochs,
                    batch_size=128,
                    validation_split=0.3)
# 在测试集上评估训练好的模型
score = model.evaluate(x_test, y_test, batch_size=batch_size, verbose=1)
print('Test loss:', score[0])
print('Test accuracy:', score[1])
```

5.8 小 结

本章首先对深度学习进行了概述，简单介绍了其发展历史、模型应用、主要应用领域以及未来的展望；其次对一些常用的深度学习模型进行了原理介绍，主要包括卷积神经网络、循环神经网络以及长短期记忆网络，并结合一些代码实例加以讲解，同时介绍了数据增强和随机失活等避免过拟合的策略，以及如何利用预训练模型构建自己的网络；最后详细解析了图像分类、结构化数据分类以及文本分类的案例。

5.9 练 习 题

1. 简答题

（1）什么是 Dropout？它的作用是什么？

（2）神经网络训练时，是否可以将全部参数初始化为 0？

（3）1×1 的卷积作用是什么？

（4）常用的池化操作有哪些？池化的作用是什么？

（5）防止过拟合的方法有哪些？

（6）写出常用的激活函数及其导数，并画出函数图像。

（7）激活函数有什么作用？

（8）简述卷积神经网络如何用于文本分类任务。

（9）在处理文本数据时，循环神经网络相比卷积神经网络有什么特点？

2. 操作题

编程实现基于 CNN 的分类模型，并在 MNIST 数据集 [8] 上进行训练和测试，尽量尝试不同的网络架构和优化方法，使得最终模型在 MNIST 测试集上的准确率在 90%以上。

5.10 参 考 文 献

[1] LeCun Y, Kavukcuoglu K, Farabet C. Convolutional networks and applications in vision[C]// Proceedings of 2010 IEEE international symposium on circuits and systems. IEEE, 2010: 253-256.

[2] Jordan M I. Serial order: A parallel distributed processing approach[M]. Advances in psychology. North-Holland, 1997, 121: 471-495.

[3] Graves A. Long short-term memory[J]. Supervised sequence labelling with recurrent neural networks, 2012: 37-45.

[4] Krizhevsky A, Sutskever I, Hinton G E. Imagenet classification with deep convolutional neural networks[J]. Advances in neural information processing systems, 2012, 25.

[5] Srivastava N, Hinton G, Krizhevsky A, et al. Dropout: a simple way to prevent neural networks from overfitting[J]. The journal of machine learning research, 2014, 15(1): 1929-1958.

[6] Fisher R A. The use of multiple measurements in taxonomic problems[J]. Annals of eugenics, 1936, 7(2): 179-188.

[7] Bryant F B, Yarnold P R. Principal-components analysis and exploratory and confirmatory factor analysis[J]. 1995, 31(1): 30-36.

[8] LeCun Y, Bottou L, Bengio Y, et al. Gradient-based learning applied to document recognition[J]. Proceedings of the IEEE, 1998, 86(11): 2278-2324.

聚类分析

学习目标

- ❏ 理解聚类的概念
- ❏ 掌握并实现 K 均值算法
- ❏ 了解 K 均值算法的变种算法
- ❏ 掌握层次聚类的相关算法
- ❏ 掌握密度聚类的相关算法
- ❏ 了解主题模型 LDA 算法

聚类分析是一种数据分析技术，它通过把对象分成不同的组，让在同一个组中的成员对象具有一些相似的属性。聚类分析在许多领域广泛应用，包括机器学习、数据挖掘、模式识别、图像分析以及生物信息领域。聚类算法多种多样，包括但不限于划分聚类、层次聚类、基于密度的聚类以及用于文本数据聚类的主题模型。本章将具体介绍划分聚类 K 均值算法 [1] 及其变种、层次聚类（agglomerative nesting，AGNES）算法 [2]、基于密度的聚类（density-based spatial clustering of applications with noise，DBSCAN）算法 [3] 以及潜在狄利克雷分布（latent dirichlet allocation，LDA）主题模型算法 [4]。另外，本章将给出一个结构化数据聚类的案例，介绍如何使用聚类算法对结构化数据集进行聚类分析。本章还将给出一个文本数据类型的聚类案例，介绍如何使用主题模型对文本数据集进行聚类分析。

6.1 聚类概述

聚类分析是机器学习和数据挖掘领域的一个重要研究方向，其目的是通过对数据集进行合理划分，发现并提取数据集中隐藏的信息，并对未来的数据进行预测和归类。给定一个数据集，将它分为几个子集的过程称为聚类，分割的每个子集称为簇。聚类可以将某些相似性很高的数据聚集到一起，并将相似性较低的数据分隔开，即使得簇内的数据具有较高的相似性，而簇间的数据具有较低的相似性。由于这个特性，聚类也可以看作一种比较粗糙的分类。聚类分析可用于观察数据的分布，通过将数据集分成几个簇发现数据集的未知分组，并进一步分析每个簇的特性。如何对数据集进行聚类取决于聚类算法，不同的聚类算法观察问题的角度不同，因此在相同的数据集上，不同的聚类算法可能产生不一样的聚类效果。

衡量聚类算法的标准主要有以下两方面：

- 同一个簇内部的对象是否具有很高的相似性；
- 不同的簇之间的对象是否几乎没有相似性。

衡量两个对象之间的相似性是其中的核心问题。一般使用簇之间的距离作为相似性度量，距离越小，两个簇之间的对象越相似。对于两个簇，可以定义多种距离，通常的距离度量 $d(x,y)$ 一般满足以下三个条件。

（1）对称性：$d(x,y)=d(y,x)$。

（2）非负性：$d(x,y)\geqslant 0$，当且仅当 $x=y$ 时，$d(x,y)=0$。

（3）三角不等式：$d(x,y)\leqslant d(x,z)+d(z,y)$。

常用的距离是 L_p 距离定义为

$$d(x,y)=||x-y||_p=(\sum_{k=1}^{n}|x_k-y_k|^p)^{\frac{1}{p}} \tag{6.1}$$

当 $p=1$ 时，称为汉明距离；当 $p=2$ 时，就是欧几里得距离。需要注意的是，上面三个条件不是必须都要满足的，应根据问题的背景和实际情况定义相应的距离。

6.2 划分聚类

划分聚类是将一个给定的数据集分成若干没有交集的子集的过程，即给定包含 n 个数据点的集合，将其分成 $k(k\leqslant n)$ 个子集，每个子集称为一个簇。换句话说，划分聚类将数据分成 k 个组，每个组至少包含一个数据点。通常划分时采取将每个数据点仅划分到一个簇的原则。常用的划分方法使用启发式规则，以避免穷举所有可能的划分。划分聚类算法中，使用最广泛的是 K 均值算法及其变体。

6.2.1 K 均值

K 均值是一种比较简单的聚类方法，基本原理是：首先选定 K 的值并选择 K 个数据点作为每个簇的初始中心，簇中心是簇内数据点的平均值，作为每个簇的代表元素，然后计算每个点与各个簇中心的距离，将每个点分配到距离最近的簇，最后根据簇内的数据点更新每个簇的中心，即重新计算簇内数据点的平均值；不断循环这样的计算过程，直到簇中心不再发生变化或每个数据点的簇分配不再发生变化。

K 均值算法的目标是最小化误差平方和 (sum of squares due to error，SSE)，即

$$\text{SSE}=\sum_{j=1}^{K}\sum_{x\in C_j}||x-c_j||_2^2 \tag{6.2}$$

其中，C_j 是簇中心 c_j 代表的簇。然而 SSE 并不容易，要找到它的最优解，需要遍历所有可能的划分。因此，K 均值采用贪心方法进行求解。K 均值的算法流程如算法 6.1 所示。其中，$I(y_i=j)$ 为指示函数，当 $y_i=j$ 为真时，$I(y_i=j)=1$，否则，$I(y_i=j)=0$。

算法 6.1 K 均值算法

输入: 簇的数量 K, 数据集 $\{x_1, x_2, \cdots, x_n\}$

输出: K 个簇

1: 从数据集中随机抽取 K 个数据点作为初始簇中心 $\{c_1, c_2, \cdots, c_K\}$。

2: 计算每个数据点到各个簇中心的距离。

$$d_{ij} = ||x_i - c_j||_2,\ i = 1, 2, \cdots, n,\ j = 1, 2, \cdots, K \tag{6.3}$$

3: 将距离最近的簇中心对应的编号作为数据点的簇标记。

$$y_i = \text{argmin}_{j \in \{1,2,\cdots,K\}} ||x_i - c_j||_2,\ i = 1, 2, \cdots, n \tag{6.4}$$

4: 将数据点划分到相应的簇标记对应的簇。

5: 更新簇中心。

$$c_j = \frac{\sum\limits_{i=1}^{n} 1\{y_i = j\} x_i}{\sum\limits_{i=1}^{n} 1\{y_i = j\}} \tag{6.5}$$

6: 重复步骤 1~5，直到簇中心不再发生变化或每个数据点的簇分配不再发生变化。

6.2.2 K 均值算法的实现

可以使用 scikit-learn 算法包的 cluster 模块中的 K-Means 类函数演示 K 均值算法的效果。首先通过 make_blobs 函数构造如图 6.1(a) 所示的数据集。该数据集中共有 3 类数据，每个数据点的特征维度为 2。生成数据集并调用 K-Means 类进行聚类的代码如下。

```
# 引入包
import numpy as np
from sklearn.datasets.samples_generator import make_blobs
import matplotlib.pyplot as plt
from sklearn.cluster import KMeans
# 构造一个数据集用来演示K均值算法
def make_data():
    X, y = make_blobs(n_samples=100, centers=3, n_features=2,   cluster_std=[0.5,
        0.8, 1.0]) # 共3类数据，特征维度为2
    np.savetxt('Kmeans_data.csv', np.concatenate((X, y.reshape((100,1))), axis=1),
        delimiter=',') # 保存数据
    return X, y

X, y = make_data() # 构建数据集
# 画出原始数据图
plt.figure()
plt.scatter(X[:,0], X[:,1], c=y, edgecolors='g', marker='o')
plt.savefig("Kmeans_data.png") # 保存图片
plt.show()
```

```
K = 3 # 簇数为3
km = KMeans(n_clusters=K, init='random').fit(X) # 调用K-Means算法
# 画出最终效果图
plt.figure()
colors = ['r', 'b', 'k'] # 设置簇的颜色
markers = ['s', '>', '*'] # 设置簇的标记符号
for i in range(3):
    Xi = km.labels_== i
    plt.scatter(X[Xi, 0], X[Xi, 1], c=colors[i], edgecolors='g', marker=markers[i])
    # 画出数据点的散点图
    plt.plot(km.cluster_centers_[i, 0], km.cluster_centers_[i, 1], c=colors[i],
        marker='+', markersize=20, markeredgewidth=1.5) # 画出初始簇中心
plt.savefig("Kmeans.png") # 保存图片
plt.show()
```

算法最终的运行效果如图 6.1(b) 所示，簇中心使用符号 “+” 表示，不同簇的点使用不同的颜色和标记显示，同一个簇内的点使用相同的标记显示。可以看到，K 均值算法准确地找到了 3 类数据点的类别。

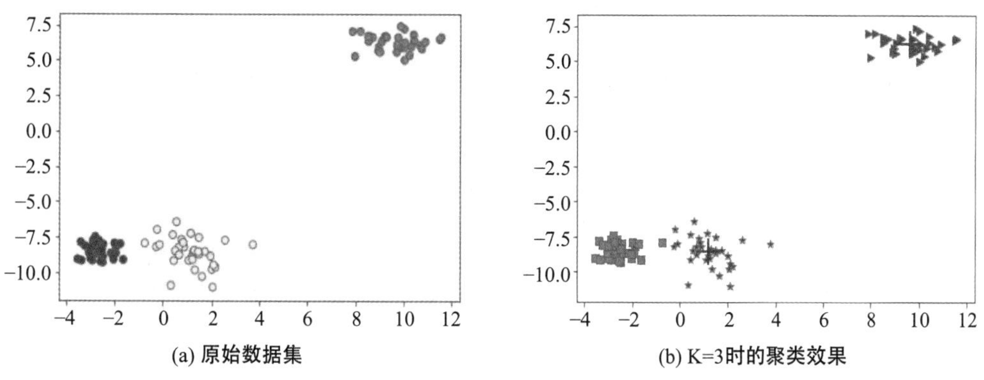

图 6.1 K=3 时 K 均值算法的效果

6.2.3 二分 K 均值

K 均值算法对于簇中心的初始化比较敏感，若初始化的簇中心选得比较拙劣，K 均值算法会局部收敛，得到一个次优的解。二分 K 均值算法 [5] 是对这个问题的一种改进。二分 K 均值算法的原理是：首先将整个数据集看作一个簇，并利用 K 均值算法将其分成两个子簇；然后从簇的集合中选取一个簇，将其分成两个子簇，一直重复这样的过程，直到包含 K 个簇为止。二分 K 均值算法的计算流程如算法 6.2 所示。

算法 6.2 的步骤 2 中，选择一个簇进行分裂的方法有多种，例如可以选择最大的簇，选择具有最大 SSE 的簇或者结合簇的大小和簇的 SSE 进行选择等。选择的方法不同，最终生成的簇也有所不同。

算法 6.2 二分 K 均值算法

输入: 簇的数量 K, 数据集 $\{x_1, x_2, \cdots, x_n\}$

输出: K 个簇

1: 初始化簇集合，开始时所有数据点组成单个簇。
2: 从簇集合中抽取一个簇。
3: 使用基本的 K 均值算法，将选定的簇进行二分，即将选定的簇分成两个子簇, 这样的过程运行多次。
4: 从多次二分试验中选择具有最小 SSE 的两个簇，将它们添加到簇集合中。
5: 重复步骤 2~4，直到簇集合中簇的数量达到 K。

6.2.4 二分 K 均值算法实现

使用 Python 实现的二分 K 均值的代码如下。

```
# 引入包
import numpy as np
from scipy.linalg import norm
import matplotlib.pyplot as plt
from sklearn.cluster import KMeans

# 定义二分K均值算法函数
def bi_kmeans(data, K):
    n_data = data.shape[0] # 数据点数量
    assignments = np.zeros(n_data) # 每个数据点的类别分配情况
    centroids0 = np.mean(data, axis=0, keepdims=True).tolist()[0] # 初始化簇中心

    # 画出初始质心图
    colors = ['r', 'b', 'k']   # 每种类别的颜色
    markers = ['s', '>', '*'] # 每种类别的标记
    plt.figure()
    plt.scatter(data[:, 0], data[:, 1], c=colors[0], edgecolors='g', marker=markers
        [0]) # 画出数据点的散点图
    plt.plot(centroids0[0], centroids0[1], c=colors[0], marker='+', markersize=20,
        markeredgewidth=1.5) # 画出初始簇中心
    plt.savefig("bi_kmeans" + str(K) + ".png")
    plt.show()

    centList = [centroids0]     # 存储簇中心的列表
    c = 0   # 标记分裂次数
    while(len(centList) < K):
        lowerSSE = float('inf') # 初始化SSE变量
        for i in range(len(centList)):
            data_curr_cluster=data[assignments == i] # 当前簇包含的数据点
            bi_km = KMeans(n_clusters=2, init='random').fit(data_curr_cluster)
                # 对当前簇的数据使用二分K均值算法聚类
            centroid = bi_km.cluster_centers_ # 二分K均值聚类得到的簇中心
```

```
        assignment = bi_km.labels_ # 二分K均值聚类得到的每个数据点的类别分配情况
        SSE_curr = bi_km.inertia_ # 二分K均值得到的SSE

        data_not_curr = data[assignments != i] # 非当前选取的簇中的所有其他数据点
        assignment_not_curr = assignments[assignments!= i].astype(int)
        # 非当前选取的簇中的所有其他数据点的类别分配情况
        SSE_not_curr = 0 # 初始化非当前选取的簇中的所有其他数据点的SSE
        # 计算非当前选取的簇中的所有其他数据点的SSE
        for l in range(len(data_not_curr)):
            SSE_not_curr += norm(data_not_curr[l, :] - np.array (centList[
                assignment_not_curr[l]]))**2
        print("SSE_curr = %f, and SSE_not_curr = %f" % (SSE_curr, SSE_not_curr))

        # 如果当前SSE值最小
        if (SSE_curr + SSE_not_curr) < lowerSSE:
            bestCentsplit = i # 记录SSE最小的那个簇的编号
            bestNewcents = centroid # 记录相应的簇中心
            bestClusass = assignment.copy() # 记录相应的每个数据点的类别分配
            lowerSSE = SSE_curr + SSE_not_curr
    bestClusass[bestClusass == 1] = len(centList) # 数据点中分配给编号为"1"的
     # 数据点的类别编号改为新的编号
    bestClusass[bestClusass == 0] = bestCentsplit # 数据点中分配给编号为"0"的
     # 数据点的类别编号保持不变
    assignments[assignments == bestCentsplit] = bestClusass
     # 更新每个数据点的类别分配情况
    print("the bestCentsplit is %d" % bestCentsplit)
    print("the len of bestClusass is %d" % len(bestClusass))
    centList[bestCentsplit] = bestNewcents[0, :].tolist() # 更新原来的簇中心
    centList.append(bestNewcents[1, :].tolist()) # 将新的簇中心添加进列表



    c = c + 1 # 簇数加1
    # 画出每次迭代的效果图
    plt.figure()
    for i in range(len(centList)):
        data_i = assignments == i
        plt.scatter(data[data_i, 0], data[data_i, 1], c=colors[i], edgecolors='g',
             marker=markers[i]) # 画出数据点的散点图
        plt.plot(centList[i][0], centList[i][1], c=colors[i], marker= '+',
            markersize=20, markeredgewidth=1.5) # 画出初始簇中心
    plt.savefig("bi_kmeans" + str(K) + "_" + str(c) + ".png")
    plt.show()
  return np.array(centList), assignments

# 加载数据集
```

```
data = np.loadtxt('./Kmeans_data.csv', delimiter=',')
K = 3 # 簇数为3
centr, assign = bi_kmeans(data[:, :-1], K) # 进行二分K均值聚类
```

使用 6.2.2 节中用到的数据集演示二分 K 均值算法的效果。当 K=3 时，二分 K 均值算法的效果如图 6.2 所示。图中使用不同的颜色和形状代表分配到不同簇的数据点。符号“+”表示簇中心。如图 6.2(a) 所示，初始阶段所有的数据点均分配到同一个簇中；经过第一次迭代之后，原来的簇分裂成两个簇（原先红色正方形代表的簇变为红色正方形和蓝色三角形两个簇），此时数据点分配到两个不同的簇中，如图 6.2(b) 所示；而在图 6.2(c) 中，即第二次迭代之后，算法选择在红色正方形代表的簇上进行二分，增加了黑色星号代表的簇，由于此时簇的数量达到了 3 个，所以算法停止迭代，得到最终的数据点划分结果。

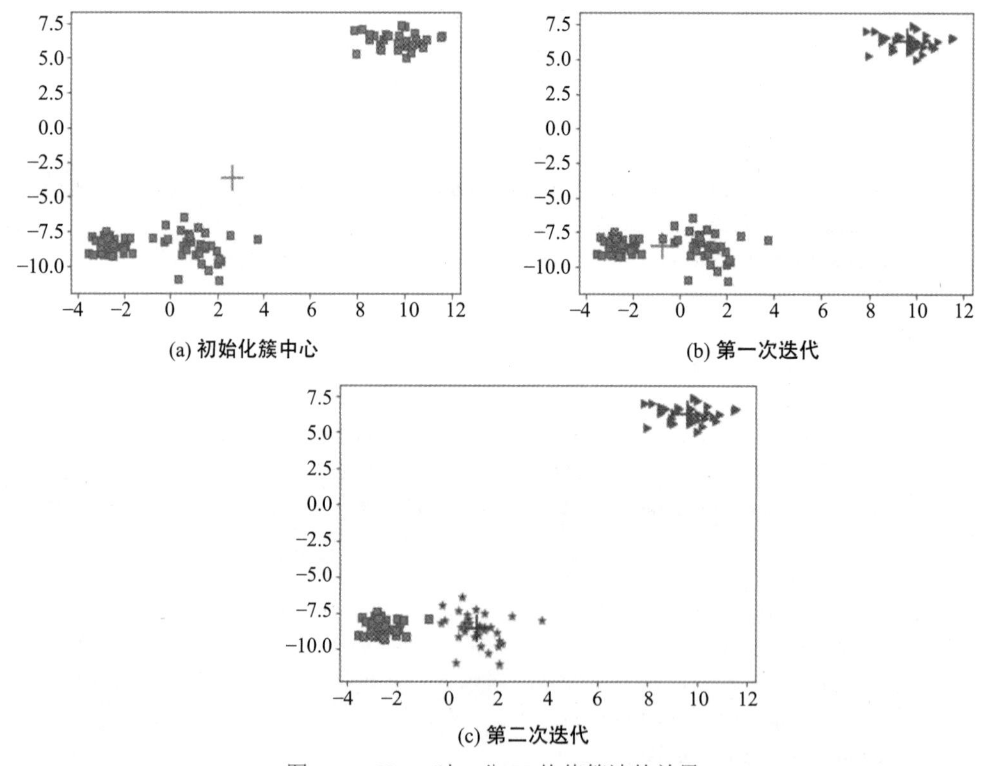

(a) 初始化簇中心　(b) 第一次迭代　(c) 第二次迭代

图 6.2　K=3 时二分 K 均值算法的效果

6.2.5　划分聚类的优点与缺点

K 均值算法原理简单，容易实现，快速高效，但是也有着许多缺陷。

簇的数量 K 需要事先指定。实际上，我们很难知道数据集究竟应该分成多少个组，通常要经过不断的试验获得合适的聚类数目，从而得到较好的聚类结果。当 K 较小时，得到的聚类会比较粗糙，将有些不应该合并起来的簇合并起来；当 K 较大时，得到的聚类会过于细致，将本应属于一个类的数据硬分成两部分。

K 均值算法不能保证收敛于全局最优解，常常收敛到局部最优解。算法的结果依赖于初始簇中心的随机选择。由于簇中心是随机选择的，如果初始的簇中心选取得不好，可能会导致算法收敛于局部最优解，最终的聚类效果很不理想。针对这个问题，有不少改进的方案，其中一个方案是 K-means++ 算法 [6]。K-means++ 算法选择初始簇中心的基本思想是：选取的初始簇中心相互之间的距离要尽可能的远，初始簇中心要尽可能的分散。K 均值的另一个改进算法是 K-medoids[2] 。K-medoids 不再使用簇内数据点的均值作为簇的中心，规定必须选取簇内的数据点作为相应簇的中心。K-medoids 可以在一定程度上削弱异常值的影响，但是计算过程较为复杂，时间复杂度要高于 K 均值算法。

另外，K 均值不适用于非凸型的簇或者大小差别很大的簇。此外，它对离群点敏感，当样本数据中出现了不合理的极端值时，会导致最终的聚类结果产生一定的误差。离群点的存在会影响均值的计算，从而影响簇的分配情况。

有时，运行算法会发现得到的簇与预先设定的数量不一致，即出现不包含任何数据点的空簇。这个问题发生在分配各个数据点到每个簇的时候，假如没有任何数据分配到某一个簇，那么该簇在整个迭代过程中都只是一个空的集合。解决这个问题的办法是根据某种策略给这个空簇分配一个替补的中心，例如可以选择一个距离当前任何簇中心最远的点，或者从具有最大 SSE 的簇中选取。若最终结果出现了多个空簇，则可以多次重复该过程。

6.3 层次聚类

在层次聚类算法中，两个簇之间可以是嵌套，即有层次的。一个样本点是一个簇（下文称为单点簇），所有样本点的集合也是一个簇，除了单点簇外，所有的簇都是两个子簇的并集。

层次聚类分为两种：凝聚层次聚类和分裂层次聚类。凝聚层次聚类是自底向上的聚类，从单点簇开始依次合并最接近的两个簇，直到最大的簇包含所有的样本点。分裂层次聚类是自顶向下的聚类，从包含所有样本点的簇开始依次将一个簇分裂成两个簇，直到抵达单点簇。

本节主要介绍凝聚层次聚类算法及其应用。最新的层次聚类算法有 Balanced Iterative Reducing and Clustering using Hierarchies（BIRCH）[7]、Clustering Using REpresentative（CURE）[8] 和 Chameleon[9] 等算法，读者可自行参考其他资料学习。

6.3.1 簇的邻近性度量

在凝聚层次聚类算法中，为了合并最接近的两个簇，重要的一步是计算两个簇之间的邻近度。常用的邻近性度量有 4 种：单链接（single linkage）、全链接（complete linkage）、均链接（average linkage）和 Ward 度量。单链接度量取两个簇之间距离最近的样本点之间的距离（欧几里得距离或者其他距离）作为簇的邻近度，该度量倾向于产生条状的、非圆形的簇；全链接度量取两个簇之间距离最远的样本点之间的距离作为簇的邻近度，该度量倾向于产生更加紧凑的簇；均链接度量将两个簇中所有样本点的平均距离作为簇的邻近度；Ward 度量计算任意两个簇合并后的 SSE 增量，将增量最小的两个簇合并。图 6.3 展示的是单链接、全链接和均链接度量的示意，需要计算的是虚线链接的样本点的距离。给定簇 C_m 和 C_n，单链接、全链接和均链接度量的计算公式如下。

$$d_{\text{single}}(C_m, C_n) = \min_{x \in C_m, y \in C_n} \text{dist}(x, y) \tag{6.6}$$

$$d_{\text{complete}}(C_m, C_n) = \max_{x \in C_m, y \in C_n} \text{dist}(x, y) \tag{6.7}$$

$$d_{\text{average}}(C_m, C_n) = \frac{1}{|C_m||C_n|} \sum_{x \in C_m} \sum_{y \in C_n} \text{dist}(x, y) \tag{6.8}$$

其中，dist 函数计算两个样本点 x 和 y 之间的距离，例如欧几里得距离。若簇 C_m 和 C_n 合并后形成簇 C_o，则 Ward 度量的计算公式如下。

$$d_{\text{ward}}(C_m, C_n) = \left[\sum_{z \in C_o} \text{dist}(z, z_{\text{cent}})\right]^2 - \left[\sum_{x \in C_m} \text{dist}(x, x_{\text{cent}})\right]^2 - \left[\sum_{y \in C_n} \text{dist}(y, y_{\text{cent}})\right]^2 \tag{6.9}$$

其中，z_{cent} 、x_{cent} 等符号代表簇的质心。

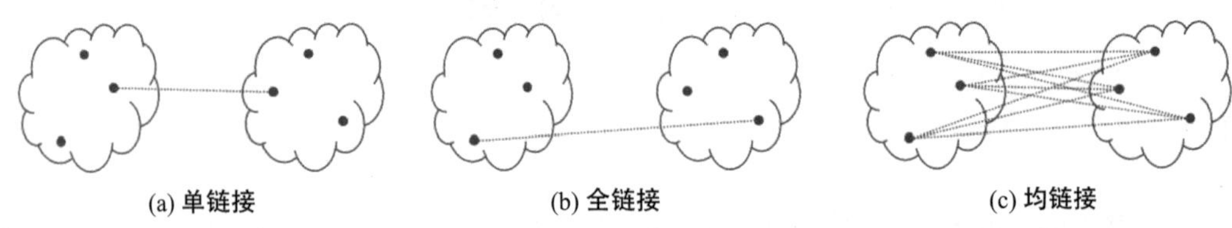

图 6.3 簇的邻近性度量示意

6.3.2 AGNES 算法

AGNES 算法是凝聚层次聚类算法中较为简单、基础的一种算法。该算法的训练过程如算法 6.3 所示。

算法 6.3 AGNES 算法

输入： 聚类簇数 K, 包含 n 个样本点 $\{x_1, x_2, \cdots, x_n\}$ 的数据集

输出： K 个簇

1: 把每个样本点当作一个单点簇, 计算每两个簇之间的邻近度。
2: 合并最接近的两个簇，使两个簇中的所有样本点都属于同一个簇。
3: 删除两个旧簇与其他簇之间的邻近度，计算新簇与其他簇之间的邻近度。
4: 重复步骤 2、3，直到簇集合中簇的数量达到 K。

本节以一个模拟数据集为例，具体介绍全链接邻近性度量下的 AGNES 层次聚类算法的应用。

1. 模拟数据集

下面使用包含 8 个二维样本点的数据集，如表 6.1 所示，所有样本点在二维空间中的位置如图 6.4 所示。

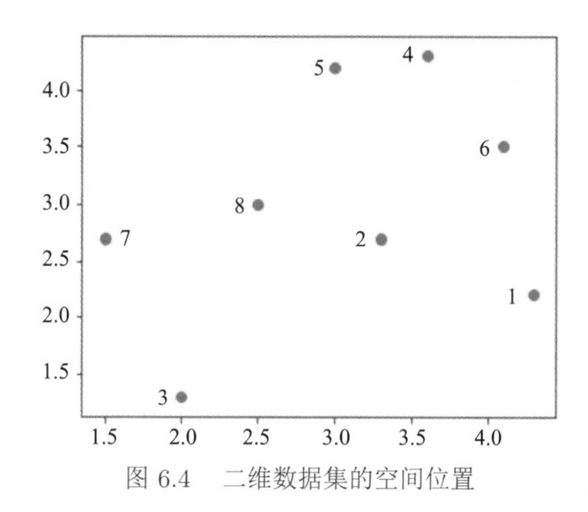

图 6.4　二维数据集的空间位置

表 6.1　二维数据集坐标

编号	x 坐标	y 坐标
1	4.3	2.2
2	3.3	2.7
3	2.0	1.3
4	3.6	4.3
5	3.0	4.2
6	4.1	3.5
7	1.5	2.7
8	2.5	3.0

2. 代码实现

SciPy 函数库中的 linkage 类是对 AGNES 算法的实现，直接调用该类进行层次聚类，参数除了数据集以外，还包括 metric（样本点之间的距离度量）和 method（簇之间的距离度量）等。通常，层次聚类的结果会使用树状图（dendrogram）表示，这里使用 SciPy 中的 dendrogram 类得到层次聚类的树状可视化结果。另外，scikit-learn 库中的 AgglomerativeClustering 类也是 AGNES 算法的一种实现，参数包括 n_clusters（需要找到的簇的数量）、affinity（样本点之间的距离度量）和 linkage（簇之间的距离度量）等。默认使用欧几里得距离计算两个样本点之间的距离，实现代码如下所示。

```
import matplotlib.pyplot as plt
import numpy as np
from scipy.cluster.hierarchy import dendrogram, linkage
from sklearn.cluster import AgglomerativeClustering
```

```
# 定义数据
data = np.array([[4.3, 2.2],[3.3, 2.7],[2.0, 1.3],[3.6, 4.3],[3.0, 4.2],[4.1,
    3.5],[1.5, 2.7],[2.5, 3.0]])

method = 'complete'
      # 邻近性度量，可从“single”“complete”“average”和“ward”中 选择
linked = linkage(data, metric='euclidean', method=method) # 利用scipy库进行AGNES算
       # 法的训练
labelList = [str(i) for i in range(1, len(data)+1)] # 定义数据点编号
dend = dendrogram(linked, color_threshold=0, labels = labelList) # 输出树状图

# 利用scikit-learn库进行AGNES算法的训练
clustering = AgglomerativeClustering(n_clusters=2, affinity='euclidean', linkage=
    method)
clustering.fit_predict(data)
labels = clustering.labels_ # 每个样本点的类别编号
# 画图
plt.figure(figsize=(5, 4))
markers = ["s","o"]
for i, c in enumerate(np.unique(labels)):
   plt.scatter(data[labels == c, 0],data[labels == c, 1], cmap='rainbow', marker=
       markers[i]) # 画散点图
```

代码输出如图 6.5 和图 6.6 所示。图 6.5 是一个树状图，横坐标代表样本点编号，两个簇合并后的高度（纵坐标）代表两个簇之间的距离，按照高度从低到高的顺序不断地合并两个簇以得到一个新的簇，可以看到，单点簇 4 和 5 之间的距离最近（距离约为 0.61），因此首先合并成一个新簇（称为簇 9），然后单点簇 2 和 8（距离约为 0.85）合并成一个新簇，接下来单点簇 6 和簇 9 合并，以此类推。簇合并的顺序如图 6.6 所示。图 6.7 和图 6.8 分别是簇数量为 2 和 4 时得到的不同的簇划分结果的示意。

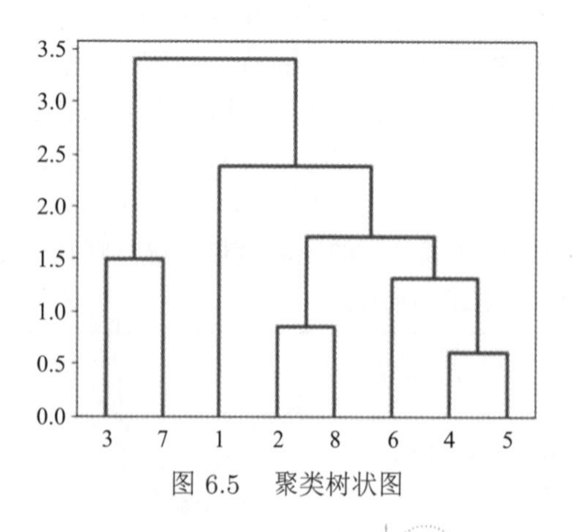

图 6.5　聚类树状图

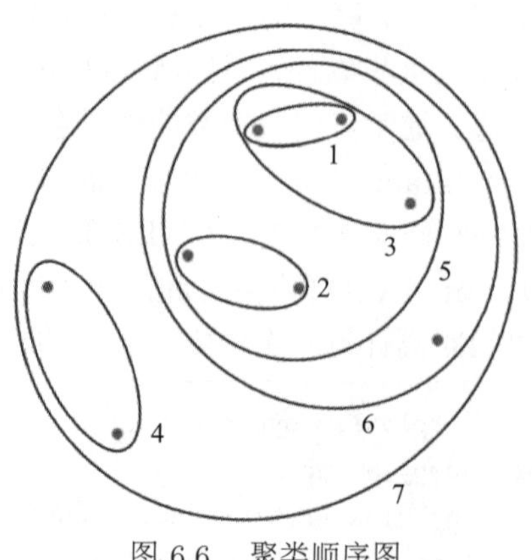

图 6.6　聚类顺序图

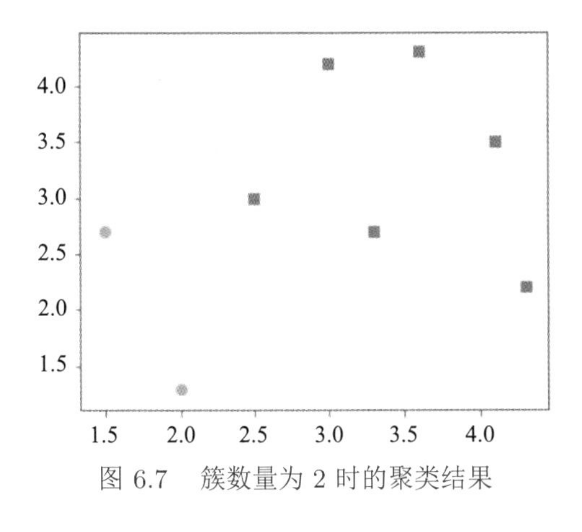

图 6.7 簇数量为 2 时的聚类结果

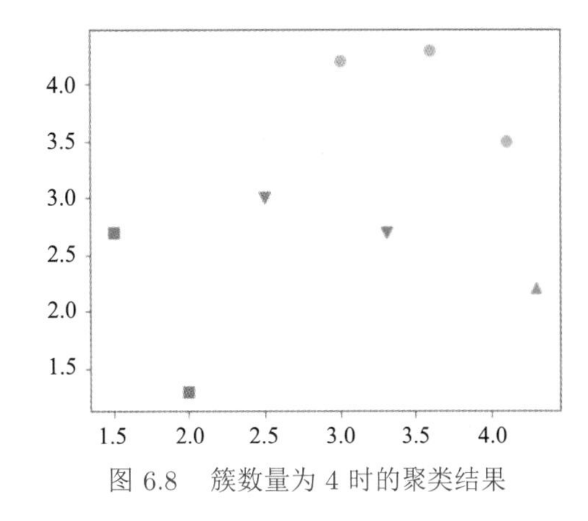

图 6.8 簇数量为 4 时的聚类结果

6.3.3 层次聚类的优点与缺点

AGNES 等基本层次聚类算法简单，易于实现，在不能确定簇数时，运行一次算法就可以观察不同簇数时的聚类情况。但是其运行时间复杂度为 $O(m^3)$，空间复杂度为 $O(m^2)$，m 为数据点的数量，这大大限制了其在大规模数据集上的应用。另外，AGNES 等基本层次聚类算法的每一次簇的合并都是不能撤销的，在每一次合并过程中，局部最优的情况并不一定代表全局最优，因此，如果在前面的步骤中合并了错误的簇，在后面的步骤中累积错误后，可能会对最终的结果造成较大的影响。

6.4 基于密度的聚类

基于密度的聚类算法通过计算样本分布的紧密程度将样本点划分到不同的簇中，算法的核心思路是用一个点的 ε 邻域内的邻居点数衡量该点所在空间的密度。聚类时不需要事先知道聚类的数量。

6.4.1 DBSCAN

DBSCAN 是一种典型的基于密度的聚类算法。DBSCAN 算法有两个关键的参数：ε 和 MinPts。给定一个数据集 $\{x_1, x_2, \cdots, x_n\}$，DBSCAN 涉及的一些基本概念如下。

- ε 邻域：对于样本 x_i，其 ε 邻域定义为 $N_\varepsilon(x_i) = \{x_j | d(x_j, x_i) \leqslant \varepsilon\}$，即所有与 x_i 的距离不超过 ε 的样本点组成的集合。
- 核心点：若一个点 x_i 的 ε 邻域内包含的点的个数不少于给定的阈值 MinPts，即 $|N_\varepsilon(x_i)| \geqslant \text{MinPts}$，则称 x_i 为核心点。
- 边界点：若一个点 x_i 不是核心点，且落在某个核心点的 ε 邻域内，则称其为一个边界点。
- 噪声点：噪声点是指除了核心点和边界点之外，剩下的任何数据点。
- 直接密度可达：若 x_i 是核心点，且 $x_j \in N_\varepsilon(x_i)$，即 x_j 位于 x_i 的邻域内，则称 x_j 是从 x_i 直接密度可达的。
- 密度可达：若存在样本序列 $p_1, p_2, \cdots, p_m \in \{x_1, x_2, \cdots, x_n\}$，使得对于任意 $i \in [1,$

$m-1]$，p_{i+1} 是从 p_i 直接密度可达的，则称 p_m 是从 p_1 密度可达的。

- 密度相连：若能找到一个点 x_k 使得 x_i 以及 x_j 都是从 x_k 密度可达的，则称 x_i 和 x_j 是密度相连的。
- 簇：DBSCAN 中的簇 C 定义为满足以下两个性质的非空子集。

  (1) 最大性：若 $x_i, x_j \in C$，则 x_i 和 x_j 是密度相连的。

  (2) 连接性：若 $x_i \in C$，且 x_j 是从 x_i 密度可达的，则 $x_j \in C$。

  即由密度可达关系导出的最大的密度相连的样本点集合。

假设现在有一个数据集包含 7 个数据点，如图 6.9 所示，如果令 $\varepsilon=3$，MinPts=3，则从图中可以得出以下结论。

- 核心点有 x_1、x_3 和 x_7，因为有 $N_\varepsilon(x_1)=\{x_1,x_5,x_7\}$，$N_\varepsilon(x_3)=\{x_1,x_3,x_7\}$，$N_\varepsilon(x_7)=\{x_1,x_3,x_7\}$。
- 边界点有 x_5，因为 x_5 在 x_1 的邻域内，且 $N_\varepsilon(x_5)=\{x_2\}$，噪声点有 x_2、x_4 和 x_6。
- 点 x_5 和点 x_7 从 x_1 直接密度可达，因为点 x_2 和点 x_6 在核心点 x_1 的 ε 邻域内；以此类推，点 x_1 和点 x_7 从 x_3 直接密度可达，点 x_1 和点 x_3 从 x_7 直接密度可达。
- 点 x_3 从点 x_1 密度可达，因为存在一条路径 $\{x_1,x_7,x_3\}$，使得点 x_7 从点 x_1 直接密度可达且点 x_3 从 x_7 直接密度可达；以此类推，点 x_1 从点 x_3 密度可达。
- 点 x_1 和点 x_3 密度相连，因为点 x_1 从点 x_7 密度可达，且点 x_3 从点 x_7 密度可达。

DBSCAN 算法流程如算法 6.4 所示。

算法 6.4 DBSCAN 算法

输入: 数据集 $\{x_1,x_2,\cdots,x_n\}$，邻域半径 ε，阈值 MinPts

输出: 簇集合

```
1: 首先将数据集中的所有对象标记为未处理状态
2: for 数据集中的每个数据点 p do
3:   if p 已经归入某个簇或标记为噪声 then
4:     continue
5:   else
6:     检查数据点 p 的 ε 邻域 Nε(p)
7:     if Nε(p) 包含的数据点数量小于 MinPts then
8:       标记数据点为边界点或噪声点
9:     else
10:      标记数据点 p 为核心点，并建立新簇 C，将 p 邻域内所有点加入 C
11:      for Nε(p) 中所有尚未被处理的数据点 q do
12:        检查其 ε 邻域 Nε(q)，若 Nε(q) 包含至少 MinPts 个点，则将 Nε(q) 中未归入任何一个簇
           的数据点加入 C
13:      end for
14:    end if
15:  end if
16: end for
```

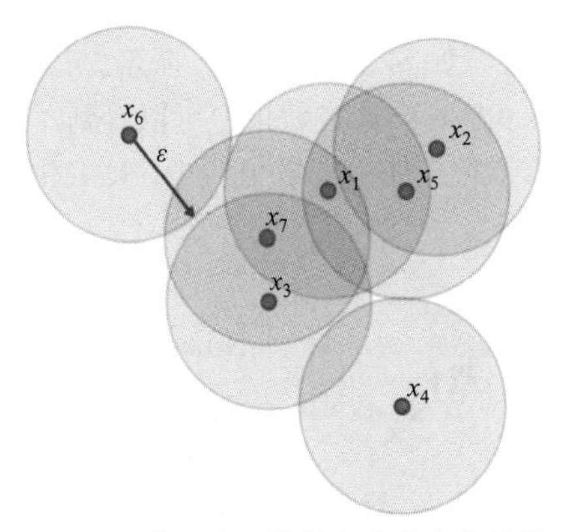

图 6.9 核心点、边界点和噪声点示意

6.4.2 算法实现

下面使用 scikit-learn 的 cluster 模块中的 DBSCAN 类演示 DBSCAN 算法的效果。首先使用 make_circles 函数构造一个包含 800 个数据点的数据集，数据点构成了两个同心圆，如图 6.10(a) 所示，然后调用算法对数据进行聚类。对应的代码如下。

```
from sklearn.datasets import make_circles
import matplotlib.pyplot as plt
from sklearn.cluster import DBSCAN
import numpy as np

# 生成数据集
data, target = make_circles(n_samples=800, noise=0.05, factor=.5)
np.save('data', data)

# 画出原始数据图
plt.figure()
plt.scatter(data[:, 0], data[:, 1], c=target)
plt.title("Original data")
plt.savefig("original.png")
plt.show()

eps = [0.03, 0.05, 0.1, 0.2, 0.5] # 定义不同的超参数

for i in range(len(eps)):
    db = DBSCAN(eps=eps[i], min_samples=5).fit(data) # 不同参数设置下运行算法
    plt.figure()
    plt.scatter(data[:, 0], data[:, 1], c=db.labels_) # 画出散点图
    plt.title("ε=%.2f, MinPts=5" % eps[i])
    plt.savefig("db_%s.png" % str(i))
    plt.show()
```

DBSCAN 算法的运行效果图如图 6.10(b)~(f) 所示。该图演示了当 MinPts=5，ε 分别取 0.03、0.05、0.1、0.2 和 0.5 时的聚类效果。可以看到，当 $\varepsilon = 0.2$ 时，DBSCAN 算法准确地识别出了两个类别的数据。如果 ε 取值较小，则会生成多个簇；如果 ε 取值较大，则将整个数据集都聚成一个簇。

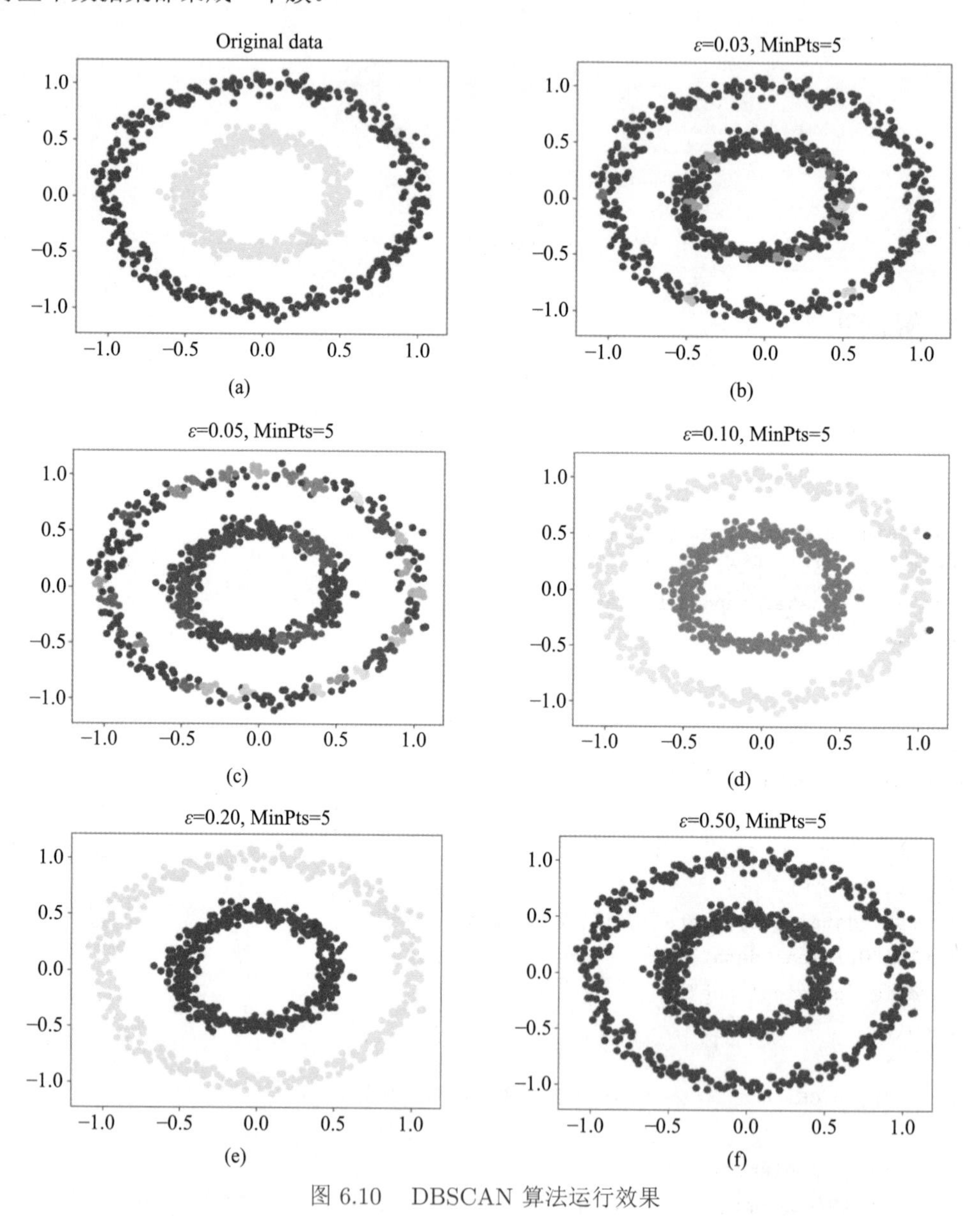

图 6.10　DBSCAN 算法运行效果

6.4.3　参数的选取

如何确定 DBSCAN 中的两个参数 ε 和 MinPts 是一个非常重要的问题，因为这两个参数将严重影响最后的聚类效果。一种公认的方法是观察数据点的 k-距离特性，所谓 k-距离，就是某个数据点到数据集中其他所有点的距离中第 k 小的距离。对于某个 k，可以计算所有点的 k-距离，将它们从小到大排序，并画出排序后的值的图形。

此时，k-距离小于 ε 的点将被标记为核心点，而其他点将被标记为噪声点或边界点。若对聚类的结果不满意，可以多次使用同样的方式调整这两个参数，直到选取到合适的取值。容易看到，ε 和 MinPts 对最终的聚类结果的影响：若保持 MinPts 不变，ε 过大，则大多数点都会被分配到一个簇中，而 ε 过小，则一个簇会分裂成若干子簇；若保持 ε 不变，MinPts 过大，则一个簇中的点会被标记为噪声点，若 MinPts 过小，则有大量的核心点。

6.4.4 密度聚类的优点与缺点

DBSCAN 算法的优点如下：

- 与 K 均值相比，不需要事先指定聚类的数量，聚类数量可由算法自动确定；
- 与 K 均值相比，可以发现任意形状的簇，这是因为 DBSCAN 是靠不断连接邻域的高密度点发现簇的，只需要定义邻域大小和密度阈值，就可以发现不同形状和不同大小的簇；
- 对噪声点不敏感，能够较好地识别出数据集中的噪声点，即使错判噪声点，对最终的聚类效果也没有什么影响；
- 对数据集中样本的顺序不敏感，即样本顺序对结果的影响不大。

DBSCAN 算法的缺点如下：

- 距离的计算方式会严重影响聚类效果。实际上通常采用欧几里得距离，然而，对于高维数据，由于“维数灾难”的影响，点与点之间极为稀疏，很难定义样本的密度；
- 不适用于数据集中密度差异很大的情况，在这种情况下很难选取合适的 ε 和 MinPts。

6.5 主题模型

主题模型是用来发掘文档主题的一种方法，主题是文档中隐含的结构信息。通过挖掘主题，可以对文档有更深层次的了解，有效地组织和管理大量文档。主题模型也可以看作一个聚类方法，这是因为主题通常是由几个词一起表现出来的隐含语义。与 K 均值这种一个数据点只能归属于一个类的方法不同，主题模型允许文档中的词归属于不同的类别。例如有一篇描述 NBA 比赛的文章，里面出现了“湖人”“姚明”等关键词，那么我们可以知道它的主题是关于体育的。但并不是所有包含这些关键词的文章都是关于体育的。可能某篇文章包含了某个球队或某个球星的名字，但这篇文章却是在讲球队成员的私生活，与篮球并没有直接的关系，此时将文章的主题归为娱乐更为合理。对于某一篇文档，它的主题可能不止一个，而是几个主题混在一起。我们在总结概括某一篇文档时可能会说 60%讲的是体育、20%讲的是政治和 20%讲的是教育。因此，对于给定的语料库（文档集合），主题模型假设每篇文档是由多个主题混合而成的，且每个主题是由多个词组成的。主题模型中，使用比较广泛的是由 David M. Blei 等在 2003 年提出的 LDA（latent dirichlet allocation）模型。

6.5.1 LDA 模型

在 LDA 模型中，主题是词上的一个概率分布，即用概率描述每个词属于各个主题的可能性。同样地，将文档视为主题上的一个概率分布，使用概率描述每个主题属于各篇文档的可能性。通过概率分布的形式建模这样一种关系：一篇文档由一个或多个主题组成，而一个主题由多个词组成。同时，LDA 模型假设给定一篇文档，主题的生成是相互独立的；给定一个主题，词的生成也是相互独立的。LDA 模型是一个词袋模型，即忽略词与词之间的顺序对结果的影响。LDA 模型的示意如图 6.11 所示，图中的各个符号分别如下。

- K: 主题数量。
- M: 文档数量。
- N: 每篇文档包含的词的数量。
- w: 文档中的词，阴影表示该变量是可观测的、预先知道的。
- z: 词 w 对应的主题分配，取值为 $\{1, 2, \cdots, K\}$。
- θ: 文档-主题分布，维度为 K，是一个多项分布。
- α: 文档-主题分布的先验 Dirichlet 分布参数，是一个标量。
- ϕ_k: 主题-词分布，维度为 V，是一个多项分布，V 为语料库中所有互不相同的词组成的词汇表的大小。
- β: 主题-词分布的先验 Dirichlet 分布参数，是一个标量。

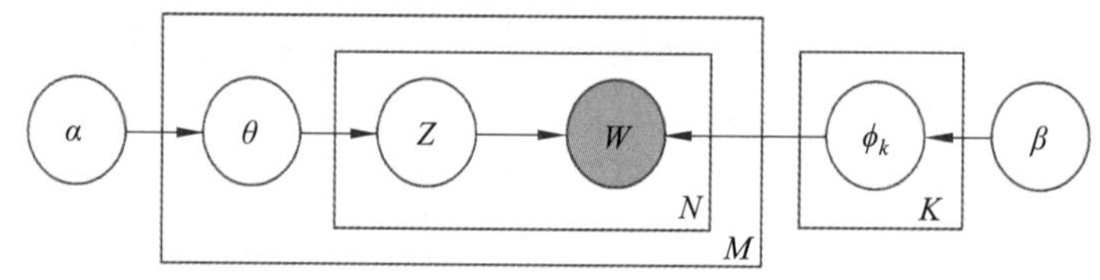

图 6.11　LDA 模型

根据词袋模型的假设，LDA 将主题建模成词上的一个多项分布，文档建模成主题上的多项分布。每个主题–词分布和文档–主题分布从一个相应的 Dirichlet 分布中生成。LDA 模型对于语料库的具体生成过程如算法 6.5 所示。

算法 6.5　LDA 生成过程

1: 对 $k = 1, 2, \cdots, K$:
2: 　　生成主题-词分布：$\phi_k \sim \text{Dirichlet}(\beta)$
3: 对每篇文档 d:
4: 　　从文档-主题分布中选取一个主题分布：$\theta_d \sim \text{Dirichlet}(\alpha)$
5: 　　对文档 d 中的每个词 w_d:
6: 　　　　从文档 d 的主题分布 θ_d 中选取一个主题：$z_{dw} \sim \text{Multinomial}(\theta_d)$
7: 　　　　从主题的词分布 $\phi_{z_{dw}}$ 中选取一词：$w_d \sim \text{Multinomial}(\phi_{z_{dw}})$

假设有 3 个主题：运动、政治和教育。一篇文档的生成过程可以描述为：首先选取一个主题分布（步骤 4），例如 40%运动、30%政治和 30%教育。从该分布中选取一个主题（步骤 6），假设为运动，然后在这个主题对应的词分布中选取一个词（步骤 7），假设为足球。这样文档的第一个词就生成了，重复执行这样的过程就可以构成一篇文档。定义了这样一种生成过程后，通过将 LDA 反向逆推便可以发现每篇文档对应的主题分布以及每个主题对应的词分布。

6.5.2 LDA 参数估计

LDA 中主题数量是事先人为给定的。给定文档中的词，LDA 的目标是求出文档主题分布 $\theta_d, d=1,2,\cdots,M$ 和主题词分布 $\phi_k, k=1,2,\cdots,K$。由 LDA 的生成过程可以得到联合概率：

$$p(\boldsymbol{w},\boldsymbol{z},\theta,\phi;\alpha,\beta)=p(\theta|\alpha)p(\phi|\beta)\prod_{i=1}^{N}p(z_i|\theta)p(w_i|z_i,\phi) \tag{6.10}$$

模型的关键是要得到隐变量 z、θ 和 ϕ 的后验概率：

$$p(\boldsymbol{z},\theta,\phi;\boldsymbol{w},\alpha,\beta)=\frac{p(\boldsymbol{w},\boldsymbol{z},\theta,\phi;\alpha,\beta)}{p(\boldsymbol{w};\alpha,\beta)} \tag{6.11}$$

但是实际求解时，分母的表达式可能过于复杂，导致难以求解，所以通常采用近似的方法对后验概率进行估计，主要分为两大类方法，一种是使用某种参数化的分布近似真实分布，将问题转换为优化问题求解，这种方法称为变分（expectation maximization, EM）算法；另一种是通过采样的方式获取样本以近似真实分布，称为 Gibbs 采样。这里只介绍 Gibbs 采样方法。我们的目的是得到

$$\theta_d=(\theta_{d,1},\theta_{d,2},\cdots,\theta_{d,K}), d=1,2,\cdots,M \tag{6.12}$$

$$\phi_k=(\phi_{k,1},\phi_{k,2},\cdots,\phi_{k,V}), k=1,2,\cdots,K \tag{6.13}$$

LDA 的 Gibbs 采样算法具体流程如算法 6.6 所示，其中，$n_{k,v}$ 代表在所有文档中词语 v 采样到主题 k 的数量，$n_{d,k}$ 代表在文档 d 中采样到主题 k 的词语的数量。在使用 Gibbs 采样算法进行主题建模时，很难确定在多少次迭代之后算法才能收敛。通常是将算法运行一定的次数之后就认为算法已经收敛，之后就可以采样计算得到模型最后的结果。收敛之前的阶段称为 burn-in，一般在 burn-in 阶段过后就认为算法已经收敛，这时常选取算法收敛之后的第一个样本计算模型的结果。为了结果的稳定性，有时也会在收敛之后每隔一定的迭代次数选取一些样本，最后将这些样本的平均结果作为模型最后的结果。

6.5.3 LDA 的优点与缺点

LD 不需要任何外部知识就可以挖掘出隐藏在文本数据中的主题，且工程实现相对简单，因此得到广泛的应用。LDA 的作用机制是通过词与词之间的共现关系挖掘文档的隐藏主题信息，因此在长文本这样的数据集上表现较好。同时，这也给 LDA 带来了一定的局限性，如 LDA 在短文本数据上的效果就很差，因为短文本没有足够的上下文和共现关系信息，导致数据稀疏，使得 LDA 对主题词分布的估计出现较大的偏差。

主题数量 K 是提前人工设定的，如果 K 设定得不合理，则会导致模型效果很差。如

果设置得过高，则模型会抽取到更加特定的主题，结果比较细致；如果设置得过低，则模型会抽取到更加广泛的主题，结果比较粗糙。

LDA 将主题建模成词的多项分布，文档建模成主题上的多项分布，而且在进行模型推断时引入多项分布的共轭分布 Dirichlet 作为先验，使得推断计算变得简单。但是这样的假设并不是固定不变的，可以根据实际需要改变模型的相关假设，得到另一个不同的模型，以适用于不同的场景。例如可以改变先验分布的形式，将 Dirichlet 分布替换成其他类型的分布，也可以将主题是词上的多项分布这个假定改成主题是词上的高斯分布等。

算法 6.6 LDA 的 Gibbs 采样参数估计过程

输入： 主题数量 K，M 篇文档组成的语料库，最大迭代次数 Iter

输出： 主题-词分布 $\phi_k, k=1,2,\cdots,K$ 和文档-主题分布 $\theta_d, d=1,2,\cdots,M$

1: 初始化：
2: 对 $d=1,2,\cdots,M$：
3: 对 $w=1,2,\cdots,N$：
4: 设当前词为 v，随机分配一个主题 k，更新相应的计数：
5: $n_{k,v}=n_{k,v}+1$
6: $n_{d,k}=n_{d,k}+1$
7: 迭代计算：
8: 若当前迭代次数小于 Iter:
9: 对 $d=1,2,\cdots,M$：
10: 对 $w=1,2,\cdots,N$：
11: 设当前词为 v，且相应的主题为 k，更新相应的计数：
12: $n_{k,v}=n_{k,v}-1$
13: $n_{d,k}=n_{d,k}-1$
14: 对 $k=1,2,\cdots,K$：
15: $p_k=\frac{n_{k,v}+\beta}{\sum\limits_{v=1}^{V} n_{k,v}+\beta} * \frac{n_{d,k}+\alpha}{\sum\limits_{k=1}^{K} n_{d,k}+\alpha}$
16: 对 $k=2,\cdots,K$：
17: $p_k=p_k+p_{k-1}$
18: 设 u 是 $[0,1)$ 上的随机数, 且令 $u=u\times p_K$
19: 对 $k=1,2,\cdots,K$：
20: 如果 $p_k>u$，则当前词的主题为 k，并退出循环
21: 更新相应的计数：
22: $n_{k,v}=n_{k,v}+1$
23: $n_{d,k}=n_{d,k}+1$
24: 计算得到最终结果：
25: 对 $k=1,2,\cdots,K$：
26: 对 $v=1,2,\cdots,V$：
27: $\phi_{k,v}=\frac{n_{k,v}+\beta}{\sum\limits_{v=1}^{V} n_{k,v}+\beta}$
28: 对 $d=1,2,\cdots,M$：
29: $\theta_{d,k}=\frac{n_{d,k}+\alpha}{\sum\limits_{k=1}^{K} n_{d,k}+\alpha}$

6.6 结构化数据聚类案例

本节主要利用机器学习库 scikit-learn 中的划分聚类 K-Means 算法和层次聚类 AGNES 算法，从一个实际的结构化数据案例出发展示聚类的过程。

6.6.1 数据集

本案例使用的数据集为 Wine 数据集。Wine 数据集是对意大利同一地区生产的葡萄酒进行化学分析的结果，这些葡萄酒来自 3 个不同的品种，共 178 个样本。该数据集记录了每种葡萄酒中酒精、苹果酸等 13 种成分的含量，即数据集的特征数量为 13，且均为数值型。以下代码将获取 Wine 数据集，并选取两个维度对数据集中的 3 个类别进行图形化展示，输出结果如图 6.12 所示。

```
from sklearn.datasets import load_wine
from sklearn.preprocessing import scale
import matplotlib.pyplot as plt
import numpy as np

data = load_wine() # 加载数据集
labels_true = data.target # 数据标签
feature_names = data.feature_names # 特征名称
data = data.data
data = scale(data) # 数据标准化

d1, d2 = 6, 10 # 从13个维度中选取2个维度进行二维展示
feature1 = feature_names[d1] # 第一个特征名
feature2 = feature_names[d2] # 第二个特征名
# 画图
plt.figure(figsize=(6,4))
plt.xlabel(feature1)
plt.ylabel(feature2)
plt.title("数据点的类别图示")
markers = ["s","o",'^','v','<','>','+']
for i, c in enumerate(np.unique(labels_true)):
    plt.scatter(data[labels_true == c, d1], data[labels_true == c, d2], cmap='rainbow
        ', marker=markers[i])
```

6.6.2 评价指标

聚类一般将一个样本集合划分成多个不相交的子集，在一个好的聚类结果中，簇内的样本之间应尽量相似，不同簇之间的样本之间的相似度应尽可能不同。判断聚类结果好坏的评价指标一般可以分为两种：一种评价指标是有监督的，数据集中的样本本身带有标签或类别信息，通过将聚类结果和样本的类别信息进行对比，从而得到模型的性能，这种评价指标称为外部指标（external index）；另一种评价指标是无监督的，不参考任何外部信息，

直接根据聚类结果计算簇内相似度和簇间相似度判断模型的性能，这种评价指标称为内部指标（internal index）。接下来介绍 4 种评价指标，包括外部指标 Adjusted Rand Index（ARI）[10] 和 Fowlkes and Mallows Index（FMI）[11]，以及内部指标 Silhouette Coefficient[12] 和 Davies-Bouldin Index（DBI）[13]。

给定数据集 $D=\{x_1,\cdots,x_n\}$，若聚类算法将该数据集划分为簇 $C=\{C_1,\cdots,C_k\}$，外部信息给出的划分为 $Y=\{Y_1,\cdots,Y_s\}$，对于数据集 D 中 $\dfrac{n(n-1)}{2}$ 个样本对，定义 a 为簇划分 C 和 Y 中两个样本都在同一个簇中的样本对的数量，b 为簇划分 C 中两个样本都在同一个簇中但 Y 中两个样本不在同一个簇中的样本对的数量，c 为簇划分 C 中两个样本不在同一个簇中但 Y 中两个样本在同一个簇中的样本对的数量，d 为簇划分 C 和 Y 中两个样本都不在同一个簇中的样本对的数量。因此，a 和 d 值越大，b 和 c 值越小，聚类性能越好。根据以上定义，有监督的 ARI 指标的计算公式为

$$\text{ARI}=\frac{2(ad-bc)}{(a+b)(c+d)+(a+d)(b+c)} \tag{6.14}$$

FMI 指标的计算公式为

$$\text{FMI}=\frac{a}{\sqrt{(a+b)(a+c)}} \tag{6.15}$$

ARI 和 FMI 指标的取值范围分别为 $[-1,1]$ 和 [0,1]，值越大，表明聚类效果越好。在外部信息不可知的情况下，对于每一个样本点 x_i，定义 a_i 为该样本点到相同簇中所有样本点的平均距离，对于每一个不包含该样本点的簇，定义 b_i 为该样本点到簇中样本点的平均距离，取其最小值，则该样本点的 Silhouette Coefficient 指标的计算公式为

$$s_i=\frac{b_i-a_i}{\max(a_i,b_i)} \tag{6.16}$$

Silhouette Coefficient 指标的取值范围为 $[-1,1]$，值越大，表明聚类效果越好。通常情况下，数据集中所有样本点的 Silhouette Coefficient 平均值可用来衡量聚类结果的好坏。

定义 v_i 为簇 C_i 内所有样本点之间的平均距离，定义 $c_{i,j}$ 为两个簇 C_i 和 C_j 质心的距离，则 DBI 指标的计算公式为

$$\text{DBI}=\frac{1}{k}\sum_{i=1}^{k}\max_{j\neq i}\frac{v_i+v_j}{c_{i,j}} \tag{6.17}$$

DBI 指标值越接近 0，代表聚类效果越好。

6.6.3 聚类及评估

下面使用 scikit-learn 库中的 K-Means 类和 AgglomerativeClustering 类对 Wine 数据集进行聚类，并使用库中的 adjusted_rand_score（ARI）、fowlkes_mallows_score（FMI）、silhouette_score（Silhouette Coefficient）和 davies_bouldin_score（DBI）函数作为评价指标对聚类结果进行评估。聚类及评估代码如下。

```
# 引入相关类及函数
from sklearn.cluster import KMeans
from sklearn.cluster import AgglomerativeClustering
from sklearn.metrics import adjusted_rand_score as ARI
from sklearn.metrics import fowlkes_mallows_score as FMI
from sklearn.metrics import silhouette_score as silhouette
from sklearn.metrics import davies_bouldin_score as DBI
from collections import defaultdict

# 定义算法集合及其参数
algorithms={
    'KMeans': {'algo': KMeans, 'params':{'random_state': 0}},
    'Agglomerative Clustering': {'algo': AgglomerativeClustering, 'params':{'linkage'
        : 'ward'}},
}

# 定义评价指标集合
measures = {
  'ARI':{'measure': ARI, 'scores': defaultdict(list), 'isExternal': True},
  'FMI':{'measure': FMI, 'scores': defaultdict(list), 'isExternal': True},
  'silhouette':{'measure': silhouette, 'scores': defaultdict(list),
    'isExternal': False},
  'DBI':{'measure': DBI, 'scores': defaultdict(list), 'isExternal':
  False}
}

plt.figure(figsize=(8,12))
plot_num = 1
for algorithm_name, algorithm in algorithms.items(): # 对于每种聚类算法
    for n_clusters in list(range(2,8)): # 对于2~7的每个簇数
        algo = algorithm['algo'] # 聚类算法类
        params = algorithm['params'] # 算法超参数
        params['n_clusters'] = n_clusters
        labels_pred = algo(**params).fit(data).labels_ # 聚类算法训练，并输出预测簇标号
        if algorithm_name == 'KMeans': # 对于K-Means算法，画图展示聚类效果
            plt.subplot(3,2,plot_num)
            plot_num += 1
            plt.xlabel(feature1)
            plt.ylabel(feature2)
            for i, c in enumerate(np.unique(labels_pred)):
                plt.scatter(data[labels_pred == c, d1], data[labels_pred == c, d2],
                    cmap='rainbow', marker=markers[i])
            plt.show()
        for measure in measures.values(): # 使用每个评价指标进行聚类评估
```

```
      if measure['isExternal']: # 外部指标
        measure['scores'][algorithm_name].append(measure['measure']
        (labels_true, labels_pred))
      else: # 内部指标
        measure['scores'][algorithm_name].append(measure['measure']
        (data, labels_pred))
```

在簇数为 2~7 的情况下，使用 K-Means 算法聚类得到的结果如图 6.12 所示，可以看到，簇数较少时的聚类结果明显好于簇数较多时的聚类结果，但是还需要进行定量分析。

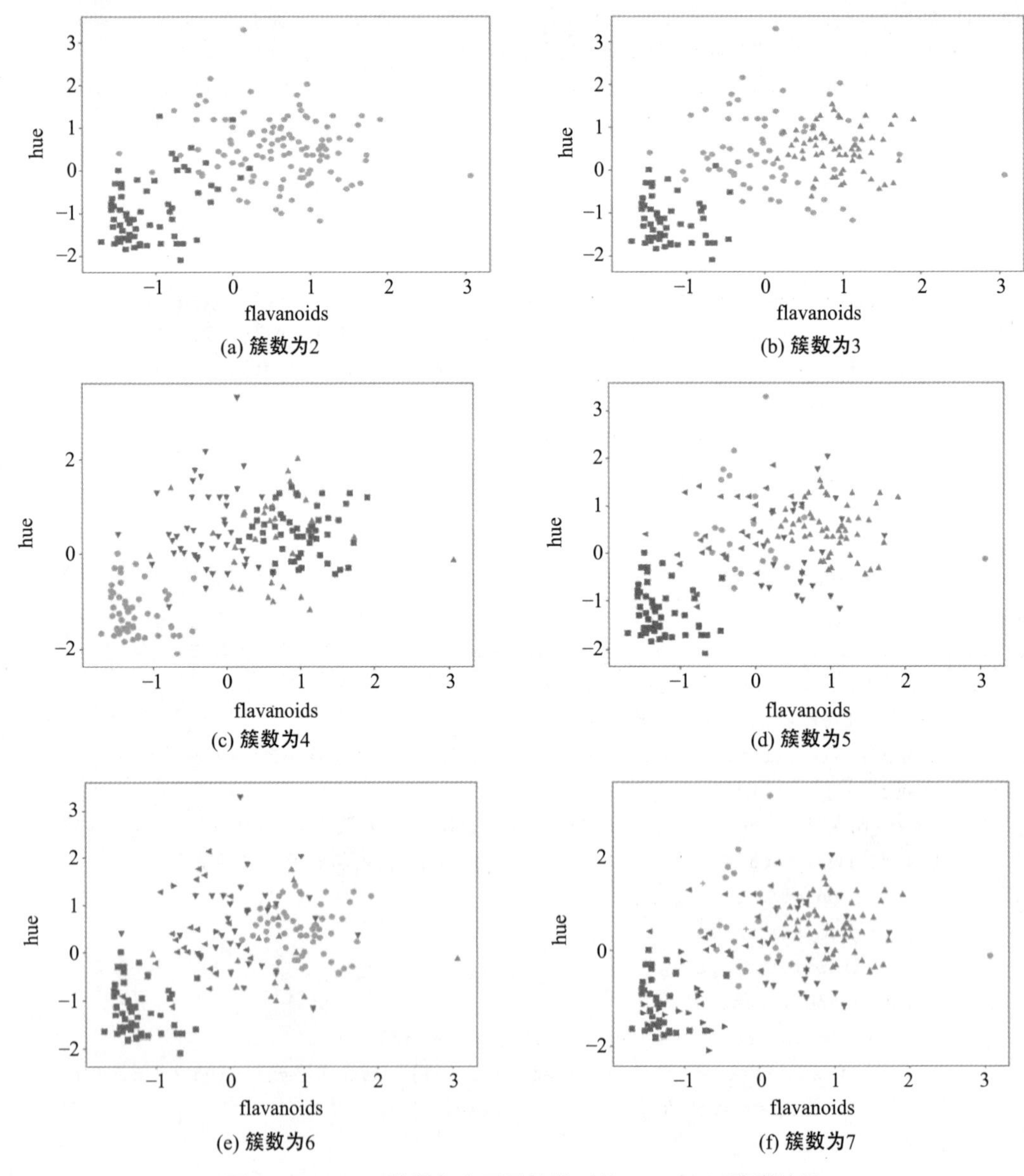

图 6.12　Wine 数据集在不同簇数下的 K-Means 聚类结果

上述代码也计算得到了不同聚类算法和不同簇数在 4 个评价指标上的结果，下面的代码将结果输出，如图 6.13 所示，可以找到对于 Wine 数据集性能最好的聚类算法和簇数。

```
plt.figure(figsize=(12,8))
plot_num = 1
for measure_name, meansure in measures.items(): # 对于每个评价指标
    plt.subplot(2,2,plot_num)
    plot_num += 1
    plt.title("%s指标"%measure_name)
    plt.xlabel("簇数")
    plt.ylabel(measure_name)
    plt.xticks(cluster_num_list)
    algorithm_name_list = []
    for algorithm_name in algorithms.keys():
        algorithm_name_list.append(algorithm_name)
        plt.plot(cluster_num_list, meansure['scores'][algorithm_name])
    plt.legend(algorithm_name_list, loc='best')
plt.show()
```

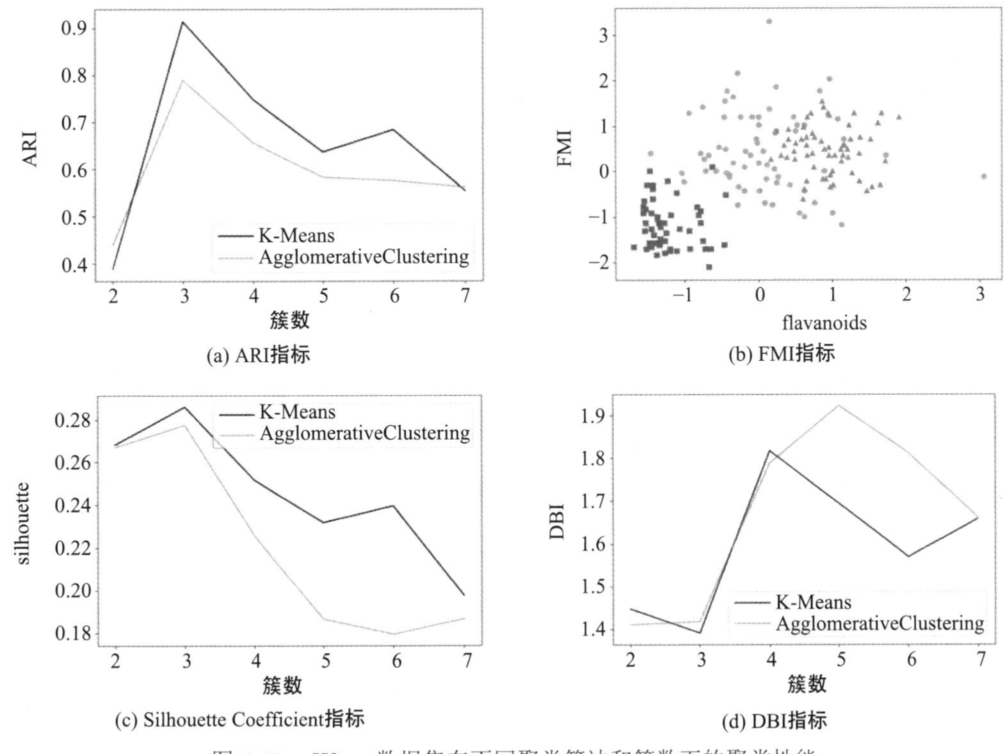

图 6.13　Wine 数据集在不同聚类算法和簇数下的聚类性能

对于 ARI、FMI 和 Silhouette Coefficient 指标，值越高，代表聚类性能越好，而 DBI 指标则相反。通过图 6.13 可以发现，在 4 个评价指标上，与 AGNES 算法相比，K-Means 算法均取得了更好的性能效果，因此可以认为在 Wine 数据集上，K-Means 算法的聚类性能比 AGNES 算法更好。另外，对于 K-Means 算法，可以看到在簇数为 3 时 4 个评价指标均达到了最优，因此可以判断出 Wine 数据集的合理簇数为 3。

6.7 文本聚类案例

本节利用基础的主题模型 LDA，从一个实际的文本聚类案例出发，展示文本聚类的过程。

6.7.1 数据集

本案例使用的数据集为公开的 20newsgroups 新闻数据集，该数据集被广泛应用于主题模型研究中。从 scikit-learn 库中获取 20newsgroups 数据集，由于 20newsgroups 数据集中每篇文档的格式均为 email 格式，除了新闻正文外，还包括 from、organization 等格式信息，这些信息与文档表达的内容无关，因此这些信息会被去除，只保留新闻正文即可，代码如下。

```
from sklearn.datasets import fetch_20newsgroups

newsgroups_data = fetch_20newsgroups(subset='all', shuffle=True, random_state=42,
    remove=('headers', 'footers', 'quotes')) # 获取数据集，去掉元数据
dataset = newsgroups_data.data
dataset = [' '.join(doc.split()) for doc in dataset if doc.count('@') < 20 and doc.
    count('%') < 20 and doc.count('&') < 20] # 利用规则去除一些大部分由代码组成的文档
print(dataset[0])
```

运行上述代码会输出数据集中的第一篇文档。

```
I am sure some bashers of Pens fans are pretty confused about the lack of any kind
    of posts about the recent Pens massacre of the Devils. Actually, I am bit
    puzzled too and a bit relieved. However, I am going to put an end to non-
    PIttsburghers' relief with a bit of praise for the Pens. ...
```

6.7.2 数据预处理

文本聚类常用的预处理操作包括分词，去除停用词、标点符号、字符数少于 3 的词语，词形还原等。停用词包括代词、介词等，如 a、the、in 等，这些词语并没有实际意义，因此一般都会去掉，字符数过少的词语也是如此。词形还原包括将动词从过去式等形式还原成原型，将形容词从比较级等形式还原成原型，以及将名词从复数形式还原为单数形

式等。将多种不同形式的词语还原为同一个词语，有助于使主题中的词语更具有多样性和可读性。

SpaCy 是一个自然语言处理工具包，本案例使用 SpaCy 对 20newgroups 文本数据集进行分词、词形还原等预处理操作。Gensim 是一个用于分析文本文档中语义结构的工具包。使用 Gensim 中的 Dictionary 为预处理后的数据集中的词语构造字典，并把数据集中的每篇文档转换为词袋模型表示。数据集的预处理代码如下。

```
import spacy
from gensim.corpora import Dictionary

min_doc_tf = 3 # 单词在不同文档中最少出现的次数
min_word_char_num = 3 # 单词最少包含的字符数

nlp=spacy.load('en', disable = ['parser', 'ner']) # 加载spacy中的英文模型
preprocessed_dataset = []
for doc in dataset: # 对于数据集中的每篇文档
    tokenized_doc = nlp(doc) # 使用spacy分词

    processed_doc = [token.lemma_.lower() for token in tokenized_doc if not token.is_
        punct and not nlp.vocab[str(token)].is_stop and len (str(token)) >= min_word_
        char_num] # 去除停用词、标点符号、字符数过少的单词，词形还原，将所有字幕转换为
        # 小写字母
    preprocessed_dataset.append(processed_doc)
print("预处理后的数据:", preprocessed_dataset[0])

dictionary = Dictionary(preprocessed_dataset) # 为预处理后的数据集中的所有单词构造
    # 字典
dictionary.filter_extremes(no_below = min_doc_tf) # 去除在不同文档中出现次数过小的
    # 单词
dict_id2token = dict(dictionary.items())
print("id到词语的字典:", dict_id2token)
bow = [dictionary.doc2bow(doc) for doc in preprocessed_dataset] # 将数据集中的所有
    # 文档转换成词袋模型
bow = [doc for doc in bow if len(doc) > 0] # 去除长度为0的文档
print("词袋模型数据:", bow[0])
```

下面是上述代码运行后的输出，第一部分是预处理后的数据集中的第一篇文档的词语列表，第二部分是整个数据集构造的字典，每个词语都有一个独特的 id，第三部分是数据集中第一篇文档的词袋模型表示，是不同元组的列表，每个元组的第一个元素是词语 id，第二个元素是该词语在这篇文档中的词频。通过结合第二部分的字典 3: 'bite' 和第三部分的词袋模型 (3,3)，可以知道第一篇文档中词语 “bite” 出现了 3 次。

```
预处理后的数据: ['sure', 'bashers', 'pens', 'fan', 'pretty', 'confuse', 'lack', 'kind
    ', 'post', 'recent', 'pens', 'massacre', 'devils', 'actually', 'bite', 'puzzle',
     'bite', 'relieve', 'go', 'end', 'non', 'pittsburghers', 'relief', 'bite', '
    praise', 'pens', ...]
id到词语的字典: {0: 'actually', 1: 'bashers', 2: 'beat', 3: 'bite', 4: 'bowman', 5: '
    confuse', 6: 'couple', 7: 'devils', 8: 'disappoint', 9: 'end', ...}
词袋模型数据: [(0, 1), (1, 1), (2, 1), (3, 3), (4, 1), (5, 1), (6, 1), (7, 2), (8, 1)
    , ...]
```

6.7.3 LDA 的训练和评估

下面使用 Gensim 库实现的 LdaMulticore 模型进行 LDA 的训练。LdaMulticore 模型是并行的 LDA 模型，读者也可利用 Gensim 库中的 LdaModel 模型进行单线程的训练。LdaMulticore 模型的主要参数为 corpus（文本数据集的词袋模型表示）、id2word（将词的 id 映射到词语本身的字典）、num_topics（主题数量）、passes（整个数据集的训练迭代次数）、alpha（文档主题多项分布的狄利克雷先验参数）、eta（文档-主题多项分布的狄利克雷先验参数）、workers（训练使用的 CPU 数量）等，全面具体的参数介绍可参考官方文档。

主题模型 LDA 的其中一个输出为每个主题下的词语分布。由于超参数 α 和 β 的存在给 LDA 模型提供了先验知识，所以所有主题下每个词语的分布概率都不会为 0。因此，通常情况下只会观察每个主题下词语的分布概率最高的前 10 个或者前 20 个词语，并将这些概率较高的词语表达的语义作为该主题的中心思想。一般使用主题连贯性衡量主题的质量，主题连贯代表概率较高的词语组成的主题有着可解释性、可理解性，并且与单个语义概念有关联，或者说，主题连贯代表构成主题的一组词在某种程度上对于人们是语义连贯的、有意义的、能够轻松地用一个标签标记的。

Gensim 库中的 CoherenceModel 模型可用于评估主题模型输出的主题的连贯性，它提供了数种主题连贯性衡量指标的实现，如 UMass[14]、UCI[15]、Cv[16]。UCI 等部分评价指标需要在外部语料库的辅助下进行评估，为方便展示，本案例使用不需要外部语料库的 UMass 指标作为主题连贯性指标。UMass 评价指标的计算方式如下：

$$C_{\text{UMass}} = \frac{2}{N \cdot (N-1)} \sum_{i=2}^{N} \sum_{j=1}^{i-1} \log \frac{D(w_i, w_j)}{D(w_j)} \tag{6.18}$$

其中，每个主题只使用分布概率较高的 N 个词语衡量主题连贯性，w_i 代表这 N 个词语中的第 i 个词语，$D(w_i, w_j)$ 代表在训练数据集中同时出现词语 w_i 和 w_j 的文档的数量，$D(w_i)$ 代表在训练数据集中出现词语 w_i 的文档的数量。UMass 指标的值域为 $(-\infty, 0]$，值越大，则代表主题连贯性越高。UMass 指标的主要思想是计算主题中一个词语出现时另外一个词语出现的条件概率，即认为如果一个主题中的两个词语经常在同一篇文档中出现，那么该主题的连贯性就越高。

LDA 的训练和评估的具体代码如下。

```
import pprint
import numpy as np
from gensim.models.ldamulticore import LdaMulticore
from gensim.models.ldamodel import LdaModel
from gensim.models.coherencemodel import CoherenceModel

num_topics = 20 # LDA训练时的主题数量
passes = 100 # LDA训练时整个数据集的训练迭代次数
workers = 6 # LDA训练时的CPU使用数量
topn = 10 # 评估主题连贯性时使用的主题中分布概率靠前的单词的数量

lda = LdaMulticore(corpus=bow, id2word=dict_id2token, num_topics=num_topics, passes=
    passes, alpha='symmetric', eta='symmetric', workers=workers) # LDA的训练

# 展示训练后每个主题中分布概率靠前的10个单词及其概率
topics = lda.show_topics(num_topics=num_topics, num_words=10, formatted=False)
print("主题的词语分布:", topics[0][1])
# 展示其中一篇文档的主题分布
print("文档的主题分布:", lda.get_document_topics(bow[0], minimum_probability=0.01))

topics = [[word[0] for word in topic[1]] for topic in topics] # 选取每个主题下的主
   # 题词
cm = CoherenceModel(topics=topics, dictionary=dictionary, corpus=bow, coherence='u_
    mass',topn=topn,processes=workers) # 计算每个主题的连贯性
coherence_per_topic = cm.get_coherence_per_topic()

# 处理数据并打印每个主题及其连贯性值
coherence_topic = list(zip(coherence_per_topic, topics))
coherence_topic = sorted(coherence_topic, key = lambda coherence: coherence[0],
    reverse = True)
coherence_topic = [str(coherence[0]) + ':' + ''.join(coherence[1]) for coherence in
    coherence_topic]
print("每个主题的连贯性值:")
pprint.pprint(coherence_topic)
print("平均连贯性值:",  np.mean(coherence_per_topic))
```

下面是上述代码运行后的输出。输出的第一部分是第一个主题的词语分布情况，由（词语，概率）元组组成，例如，词语“mail”在该主题中的分布概率约为 0.013。

可以推测，这个主题是与计算机软件相关的。第二部分是第一篇文档的主题分布情况，由（主题编号，概率）元组组成，例如，该文档中主题 8 的分布概率约为 0.780，可通过设置 minimum_probability 参数丢弃分布概率在该参数值以下的主题。第三部分是使用主题连贯性排序后，每个主题的前 10 个代表词语及其连贯性值。通过这些代表词语可以观察到

第 4 个主题是关于宗教的，而其他主题则无法概括其主要含义，这也是主题模型的一个局限，即聚类出来的主题并不一定都是有意义的。第四部分是所有主题的平均连贯性值，由于不同的初始化会对 LDA 的输出结果产生影响，所以一般会在不同的初始化下训练多次，取主题连贯性的平均值。

```
主题的词语分布: [('mail', 0.013448375), ('list', 0.0105248345), ('information',
    0.010302853), ('include', 0.008598376), ('send', 0.008592369), ('software',
    0.007457121), ('computer', 0.0071363426), ('address', 0.006635671), ('available'
    , 0.0065497467), ('post', 0.006294475)]
文档的主题分布: [(4, 0.02051438), (5, 0.073683254), (8, 0.77989143), (11, 0.11298272)
    ]
每个主题的连贯性值:
['-1.326095093249276: go say know come people think time tell like leave',
 '-1.3632796452579248: think people know believe thing point mean like question way'
  ,
 '-1.4196015819138537: period det van bos tor chi cal pit min nyi',
 '-1.4513846770431695: god jesus christian church bible christ man word sin love',
 ...]
平均连贯性值: -2.4598612815867162
```

6.7.4 LDA 结果的可视化

下面使用 pyLDAvis 库对 LDA 训练结果进行可视化操作。pyLDAvis 库旨在帮助用户理解主题模型中的主题以及主题之间的关系。在 Python 开发工具 IPython notebook 中，pyLDAvis 输入训练好的 LDA 模型和数据集等信息，输出一个基于 Web 的交互式可视化页面。LDA 结果可视化的代码如下。

```
import pyLDAvis
import pyLDAvis.gensim
vis = pyLDAvis.gensim.prepare(lda, bow, dictionary)
pyLDAvis.display(vis)
```

图 6.14 为 LDA 的可视化结果，通过该结果可以知道每个主题的普遍程度、主题之间的关系、每个主题的含义，以及训练的主题模型性能的好坏。可视化结果分为左右两部分。左半部分展示所有主题的全局视图，二维平面上的每个圆代表一个主题，通过相似度结构分析计算得到不同主题之间的距离并降维，从而确定所有圆的位置，圆的面积代表对应的主题在所有文档中的比例。右半部分展示左半部分选中的主题中概率最高的 30 个词语，以及这些词语被分配给该主题的词频和在所有文档中的词频。一个好的主题模型中，代表主题的圆应足够分散且不会重叠，如果主题之间都是相关的，那么主题模型便失去了划分主题的意义。可以看到，图 6.14 中编号为 2 和 3 的主题的重叠程度较大，因此可以认为这两个主题之间的区分程度较小。

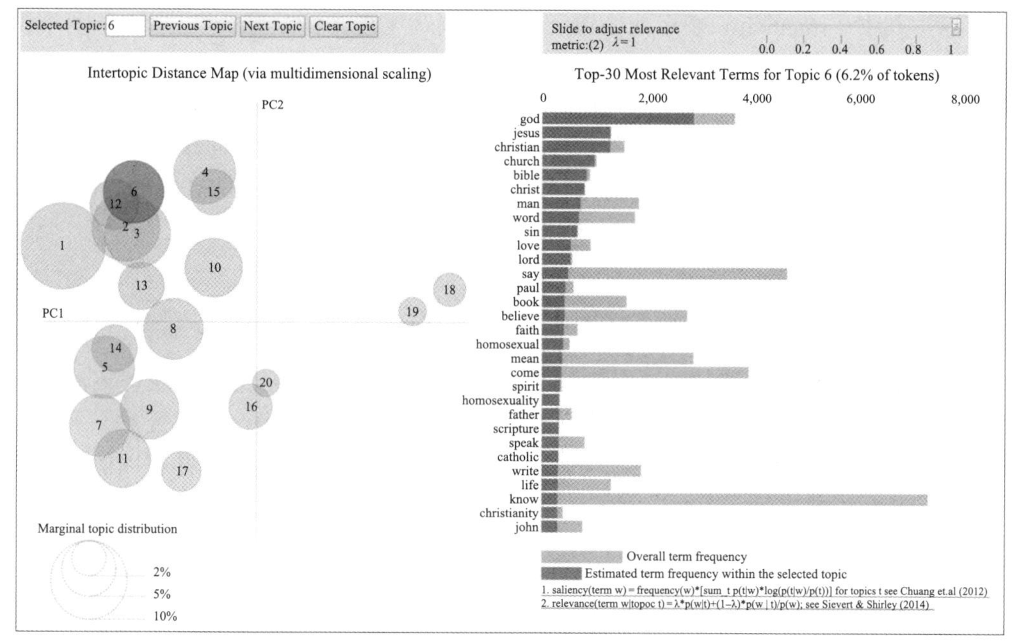

图 6.14 LDA 可视化结果

6.8 聚类分析的相关工作

聚类是一类重要的数据分析技术，在机器学习、数据挖掘、生物信息学等领域广泛应用。本章主要介绍了聚类的 4 种方法：划分聚类、层次聚类、基于密度的聚类和主题模型，具体介绍了 K-means[1]、AGNES[2]、DBSCAN[3]、LDA[4] 等聚类算法。另外，本章还提供了在 Wine 结构化数据集和 20newsgroups 文本数据集上使用聚类算法的案例。

除了本章介绍的较为基础的聚类算法外，许多改进的聚类算法也不断发展，并受到了研究人员的青睐。K-means 的改进算法层出不穷，除了本章介绍的二分 K 均值算法 [5]、K-medoids 算法 [2] 和 K-means++ 算法 [6] 外，K-modes 算法 [17] 增加了对离散属性的处理能力，Fuzzy C-means 算法 [18] 允许一个样本同时属于多个簇，还有 Iterative Self Organizing Data Analysis Techniques Algorithm（ISODATA）算法 [19]、kernel K-means 算法 [20] 等。除了 AGNES 算法，二分 K 均值算法也是一种层次聚类算法，其他更为先进的层次聚类算法有应用于大规模数据集的增量聚类算法 BIRCH[7]、针对离群点更加鲁棒且能够识别非球形簇的 CURE 算法 [8] 以及 RObust Clustering using linKs（ROCK）[21]、Chameleon[9] 等算法。基于密度的聚类算法中，基于 DBSCAN 算法拓展得到的 OPTICS 算法 [22] 省去了为参数 ε 选择合适值的步骤，HDBSCAN 算法 [23] 则是 DBCSAN 算法的层次化算法版本。

在过去十几年间，主题模型也得到了广泛的研究，许多基于 LDA 的变种主题模型被提出。Teh 等人 [24] 提出了 hierarchical Dirichlet process 模型自动寻找合适的主题数量，避免了预先人工设置主题数量然后进行 LDA 训练的麻烦。为了提高 LDA 训练后主题内词语的语义连贯性，Dirichlet Forest LDA 模型以 must-link 和 cannot-link 的形式结合了领域知识，其中，must-link 表示两个单词应属于同一主题，而 cannot-link 表示两个单词不应属于同一主题 [25]。Phrase topic model 通过建立短文档中普通词语和关键词语的主题联系减轻 LDA 在短文本上的稀疏问题 [26]。2015 年，Das 等人提出 Gaussian LDA，使用富含语义信息的词嵌入表示提高训练结果中主题的语义连贯性 [27]。随着深度学习的发展，神经网络也被应用于主题模型上。2017 年，Miao 等人 [28] 提出了 Neural Topic Model，使用变分自动编码器把神经网络引入了主题模型。

6.9 小　结

本章首先对聚类分析的相关概念进行了概述，包括聚类分析的目标、聚类算法的评价方式以及聚类对象的相似性计算方法等方面；然后分别对划分聚类、层次聚类、基于密度的聚类和主题模型 4 个聚类的主要方法进行了阐述，结合概念和模型，并辅以伪代码、编程代码和可视化结果展示，详细说明了各个算法的效果、优缺点和适用场景。不仅如此，还给出了在 Wine 结构化数据集和 20newsgroups 文本数据集上使用上述 4 种聚类算法，在不同的簇数设置下的实验结果，各算法在 4 类评价指标上的表现，以及直观的可视化案例。读者应通过编程代码和案例展示进一步对聚类算法加以理解，透彻领悟经典案例中聚类分析算法的使用方式。

6.10 练 习 题

1. 简答题

（1）思考 K-Means、AGNES 和 DBSCAN 的应用场景。

（2）LDA 输出主题的词语分布中，高频但没有意义的词语经常会有较高的分布概率，请思考可能的解决方法。

2. 操作题

尝试在中文文本数据集上使用 LDA 主题模型挖掘文本中潜在的主题。

6.11 参考文献

[1] MacQueen J. Some methods for classification and analysis of multivariate observations[C].Proceedings of the fifth Berkeley symposium on mathematical statistics and probability.1967, 1(14): 281-297.

[2] Kaufman L, Rousseeuw P J. Finding groups in data: an introduction to cluster analysis[M].John Wiley & Sons, 2009.

[3] Ester M, Kriegel H P, Sander J, et al. A density-based algorithm for discovering clusters in large spatial databases with noise[C]. Proceedings of the Second International Conference on Knowledge Discovery and Data Mining. 1996: 226-231.

[4] Blei D M, Ng A Y, Jordan M I. Latent Dirichlet allocation[J]. Journal of machine Learning research, 2003, 3(Jan): 993-1022.

[5] Steinbach M, Karypis G, Kumar V. A comparison of document clustering techniques[J].2000.

[6] Arthur D, Vassilvitskii S. k-means++: The advantages of careful seeding[R]. Stanford,2006.
[7] Zhang T, Ramakrishnan R, Livny M. BIRCH: an efficient data clustering method for very large databases[J]. ACM Sigmod record, 1996, 25(2): 103-114.
[8] Guha S, Rastogi R, Shim K. CURE: An efficient clustering algorithm for large databases[J].ACM Sigmod record, 1998, 27(2): 73-84.
[9] Karypis G, Han E H, Kumar V. Chameleon: Hierarchical clustering using dynamic modeling[J]. Computer, 1999, 32(8): 68-75.
[10] Rand W M. Objective criteria for the evaluation of clustering methods[J]. Journal of the American Statistical Association, 1971, 66(336): 846-850.
[11] Fowlkes E B, Mallows C L. A method for comparing two hierarchical clusterings[J].Journal of the American Statistical Association, 1983, 78(383): 553-569.
[12] Rousseeuw P J. Silhouettes: a graphical aid to the interpretation and validation of cluster analysis[J]. Journal of computational and applied mathematics, 1987, 20: 53-65.
[13] Davies D L, Bouldin D W. A cluster separation measure[J]. IEEE transactions on pattern analysis and machine intelligence, 1979 (2): 224-227.
[14] Mimno D, Wallach H, Talley E, et al. Optimizing semantic coherence in topic models[C].Proceedings of the 2011 conference on empirical methods in natural language processing.2011: 262-272.
[15] Newman D, Lau J H, Grieser K, et al. Automatic evaluation of topic coherence[C]. Human language technologies: The 2010 annual conference of the North American chapter of the association for computational linguistics. 2010: 100-108.
[16] Röder M, Both A, Hinneburg A. Exploring the space of topic coherence measures[C].Proceedings of the eighth ACM international conference on Web search and data mining, 2015: 399-408.
[17] Huang Z. Extensions to the k-means algorithm for clustering large data sets with categorical values[J]. Data mining and knowledge discovery, 1998, 2(3): 283-304.
[18] Bezdek J C, Ehrlich R, Full W. FCM: The fuzzy c-means clustering algorithm[J]. Computers geosciences, 1984, 10(2-3): 191-203.
[19] Ball G H, Hall D J. Isodata: a method of data analysis and pattern classification[M].Stanford Research Institute, 1965.
[20] Dhillon I S, Guan Y, Kulis B. Kernel k-means: spectral clustering and normalized cuts[C]. Proceedings of the tenth ACM SIGKDD international conference on Knowledge discovery and data mining. 2004: 551-556.
[21] Guha S, Rastogi R, Shim K. ROCK: A robust clustering algorithm for categorical attributes[J]. Information systems, 2000, 25(5): 345-366.
[22] Ankerst M, Breunig M M, Kriegel H P, et al. OPTICS: Ordering points to identify the clustering structure[J]. ACM Sigmod record, 1999, 28(2): 49-60.
[23] Campello R J G B, Moulavi D, Sander J. Density-based clustering based on hierarchical density estimates[C]. Pacific-Asia conference on knowledge discovery and data mining. Springer, Berlin, Heidelberg, 2013: 160-172.
[24] Teh Y W, Jordan M I, Beal M J, et al. Hierarchical dirichlet processes[J]. Journal of the american statistical association, 2006, 101(476): 1566-1581.
[25] Andrzejewski D, Zhu X, Craven M. Incorporating domain knowledge into topic modeling via Dirichlet forest priors[C]. Proceedings of the 26th annual international conference on machine learning. 2009: 25-32.
[26] Yang S, Lu W, Yang D, et al. Short text understanding by leveraging knowledge into topic model[C]. Proceedings of the 2015 Conference of the North American Chapter of the Association

for Computational Linguistics: Human Language Technologies. 2015: 1232-1237.

[27] Das R, Zaheer M, Dyer C. Gaussian LDA for topic models with word embeddings[C]. Proceedings of the 53rd Annual Meeting of the Association for Computational Linguistics and the 7th International Joint Conference on Natural Language Processing (Volume 1: Long Papers). 2015: 795-804.

[28] Miao Y, Grefenstette E, Blunsom P. Discovering discrete latent topics with neural variational inference[C]. International Conference on Machine Learning. PMLR, 2017: 2410-2419.

第7章

推荐系统

学习目标

- ❑ 了解推荐系统的历史
- ❑ 掌握个性化建模方法
- ❑ 掌握基于内容的推荐算法
- ❑ 掌握基于协同过滤的推荐算法
- ❑ 掌握混合推荐算法
- ❑ 了解基于主题模型的推荐算法
- ❑ 了解基于深度学习的推荐算法

随着互联网的普及，人们在日常生活中接触的信息越来越多，大量的信息使得人们在获取所需信息时需要付出大量时间进行筛选，降低了人们获取信息的效率，该问题称为信息过载。推荐系统作为一个信息过滤系统，是解决该问题的有效方法之一。推荐系统能够根据用户的兴趣为其推荐个性化的信息。本章将详细介绍推荐系统的相关知识，包括推荐系统概述、个性化建模方法、基于内容的推荐算法、基于协同过滤的推荐算法、混合推荐算法、基于主题模型的推荐算法和基于深度学习的推荐算法。此外，本章还将通过一个电影推荐案例介绍如何在电影推荐中进行数据分析，以及如何应用推荐算法进行电影推荐。

7.1 推荐系统概述

7.1.1 推荐系统的发展

推荐系统的发展要追溯到 20 世纪 90 年代初，Goldberg 等人 [1] 提出了如图 7.1 所示的邮件过滤系统 Tapestry，该系统是第一个使用了“协同过滤”思想的系统。在当年，邮件系统还不具有过滤垃圾邮件的功能，所以无论什么类型的邮件都会被寄送到收件人的邮箱中，收件人每天要花费大量的时间查看这些邮件，而邮件中包含许多类似于广告的垃圾邮件。Goldberg 提出的“协同过滤”的意思是希望每个接收到垃圾邮件的收件人在阅读后都能够对这个邮件进行标记（annotations），如果此邮件被多人标记为垃圾邮件，那么 Tapestry 会自动帮助下一个接收到此邮件的人过滤这个邮件，这样可以节省收件人的很多时间，使得他们不必查看垃圾邮件。在当时，“协同过滤”这一思想无疑是新颖的，Tapestry 鼓励人们标记每封收到的邮件，然后这些邮件标记又可以反过来帮助人们过滤自己可能接收的垃圾邮件。

1994 年，Resnick [2] 提出了基于协同过滤的新闻过滤框架——GroupLens 系统。

GroupLens 是一个分布式的系统，它的作用是收集、传播并使用用户的评分以预测其他人对某篇新闻的评分。该系统认为如果有两个用户对所有看过的新闻的打分都相似，那么在预测其中一个用户对没有看过的新闻的评分时，就可以参照另一个用户的评分。近几年，协同过滤这一概念被 Ringo 系统用来进行音乐和艺术家的过滤，对电影进行协同过滤的贝尔视频推荐器也随之出现。这些基于协同过滤思想的系统极大地促进了协同过滤技术的发展。

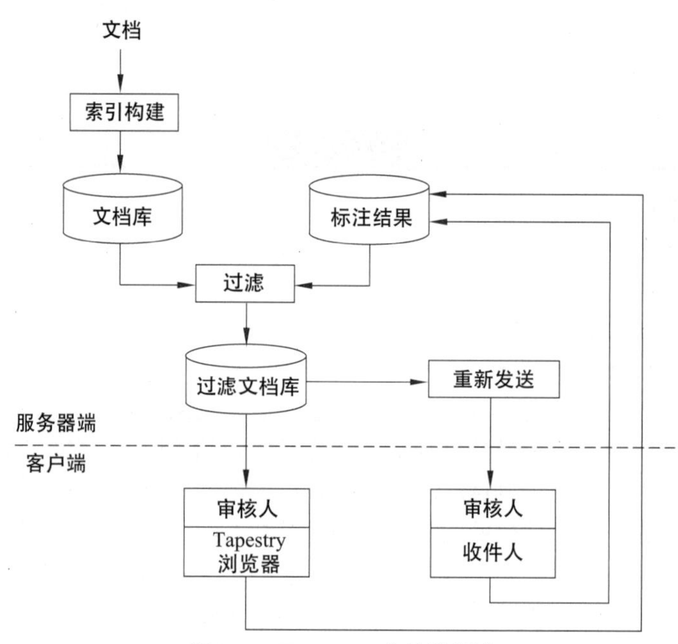

图 7.1 Tapestry 中的数据流

1997 年，Resnick[3] 正式提出了推荐系统的概念。人们往往需要在没有足够的个人经验的情况下做出选择，在日常生活中，人们依赖于其他人口口相传（word of mouth）的经验或者网络上的评论进行选择，所以口口相传的方式被认为是最早的推荐系统方法。Resnick 提出的推荐系统把这些口口相传的建议作为输入，然后该系统输出合适的接收者，它的价值在于能够对做推荐的人和寻求推荐的人进行良好匹配。Resnick 之所以把这个系统称为“推荐系统”而不是“协同过滤”，有以下两个原因：①推荐人和收到建议的人不一定是明显的合作关系，彼此可能不认识；②除了指出需要过滤的物品，还可能需要提出特别有趣的物品。

随后，推荐系统这个概念受到越来越多的学术界和工业界的人关注，各种有关推荐系统的研究以及研究机构不断涌现，推荐系统相关的研究成果层见叠出。作为一项技术，推荐系统最好的应用场景是电子商务（E-commerce），但是当时的推荐系统在电子商务领域还存在许多挑战，例如大的电子商务拥有非常多用户和物品的数据，对于这些物品的推荐，当时的推荐系统性能无法满足要求。同时，系统中的老用户拥有成百上千的购买和评分记录信息，而新用户只拥有很少的信息，当时基于传统协同过滤（基于用户的协同过滤）的推荐系统无法应对这些问题。2001 年，Sarwar 等人 [4] 首次提出了基于物品的协同过滤，该算法的思想是通过分析用户的行为记录进而计算物品的相似度，与传统的计算用户的相似度相比，极大减少了计算的时间复杂度，因为物品的数量远远小于用户的数量，并且物品相对于用户来说是不会变化的。这个算法的提出在之后的很长一段时间甚至在当下都是一个很重要的推荐算法。

推荐系统相关的研究得到更加迅猛的发展是在 2006—2009 年，当时在线 DVD 租赁公司 Netflix 为了解决自己在电影推荐系统上遇到的瓶颈，提出举办图 7.2 所示的 Netflix 大奖赛，Netflix 提出如果有人可以帮助他们把当时的推荐系统（Cinematch）在评分预测任务上的准确率提升 10%，便可以直接抱走百万美元的大奖。这期间，出现了诸如矩阵分解（singular value decomposition，SVD）算法以及它的各类变种，如 SVD ++和受限玻耳兹曼机（restricted Boltzmann machine，RBM）等著名算法。Netflix 大奖赛可谓风靡一时，极大促进了推荐系统的发展，吸引了大量的研究者从事推荐系统的研究工作，提高了推荐系统在学术界以及工业界的受关注度。

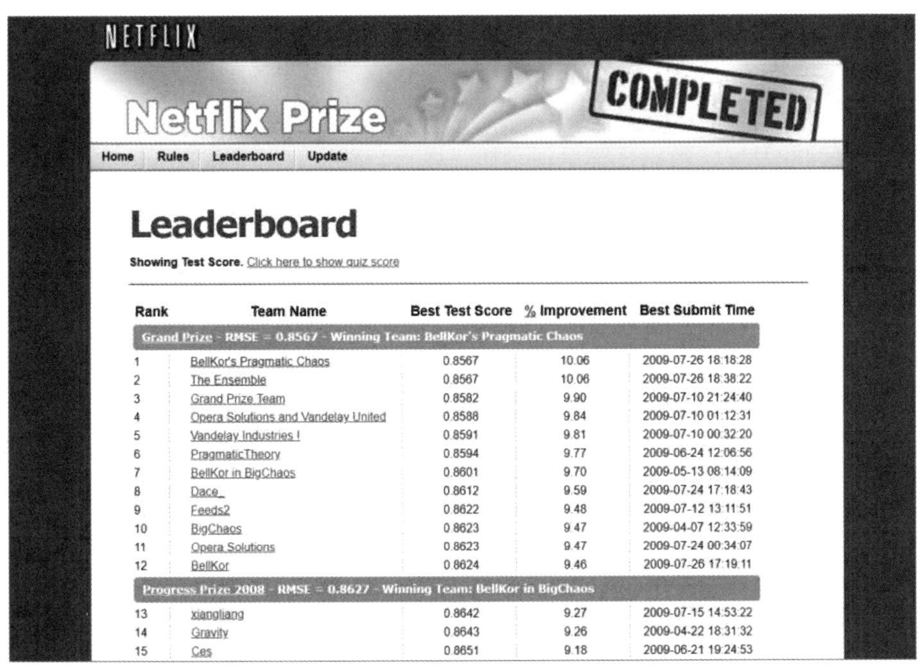

Rank	Team Name	Best Test Score	% Improvement	Best Submit Time
Grand Prize - RMSE = 0.8567 - Winning Team: BellKor's Pragmatic Chaos				
1	BellKor's Pragmatic Chaos	0.8567	10.06	2009-07-26 18:18:28
2	The Ensemble	0.8567	10.06	2009-07-26 18:38:22
3	Grand Prize Team	0.8582	9.90	2009-07-10 21:24:40
4	Opera Solutions and Vandelay United	0.8588	9.84	2009-07-10 01:12:31
5	Vandelay Industries !	0.8591	9.81	2009-07-10 00:32:20
6	PragmaticTheory	0.8594	9.77	2009-06-24 12:06:56
7	BellKor in BigChaos	0.8601	9.70	2009-05-13 08:14:09
8	Dace_	0.8612	9.59	2009-07-24 17:18:43
9	Feeds2	0.8622	9.48	2009-07-12 13:11:51
10	BigChaos	0.8623	9.47	2009-04-07 12:33:59
11	Opera Solutions	0.8623	9.47	2009-07-24 00:34:07
12	BellKor	0.8624	9.46	2009-07-26 17:19:11
Progress Prize 2008 - RMSE = 0.8627 - Winning Team: BellKor in BigChaos				
13	xiangliang	0.8642	9.27	2009-07-15 14:53:22
14	Gravity	0.8643	9.26	2009-04-22 18:31:32
15	Ces	0.8651	9.18	2009-06-21 19:24:53

图 7.2 Netflix 大奖赛获奖名单

2007 年，明尼苏达大学组织了第一届 ACM 推荐系统会议（ACM RecSys, 图 7.3），这是推荐系统领域最高级别的会议。如图 7.3 所示，2019 年的 ACM 推荐系统会议在丹麦的哥本哈根市举办。截至 2022 年，该会议已经举办了 15 届，每年都吸引了众多来自世界各地的推荐系统研究者。

近年来，深度学习是机器学习领域中非常重要的研究方向，其在图像处理、自然语言处理等领域取得了突破性的研究进展。深度学习在推荐系统领域也收获了非常不错的成果，推荐系统利用深度学习强大的表征能力快速学习到用户和物品的深层非线性表征，同时使得处理非结构数据成为可能。

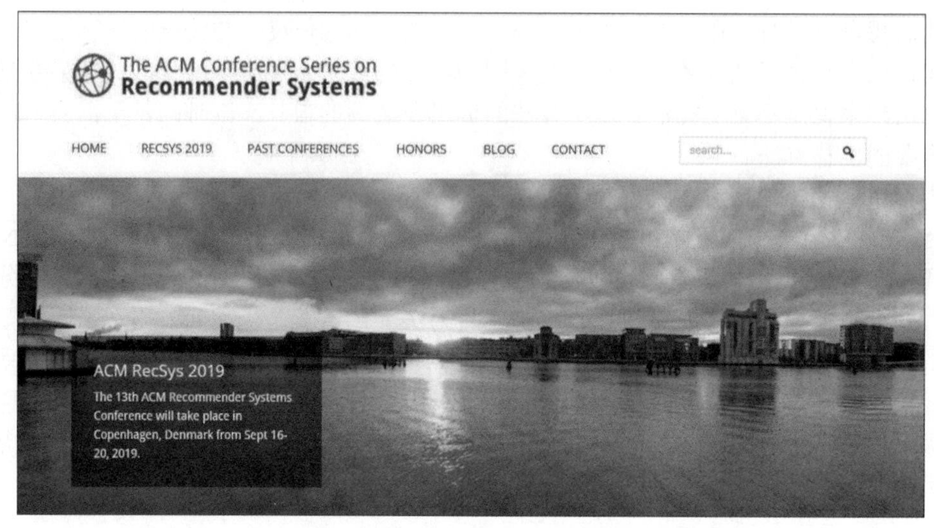

图 7.3　ACM RecSys 官网首页

7.1.2　推荐系统的应用场景

随着互联网的发展，数据规模呈现爆炸式增长。海量数据中蕴含了巨大的价值，但同时存在信息过载的问题。推荐系统作为一个广泛应用的信息过滤系统，在很多领域都取得了巨大的成功。在电子商务领域（Amazon、eBay、阿里巴巴等），推荐系统为用户推荐个性化产品，发掘用户的潜在需求；在搜索引擎领域（Google、百度等），推荐系统帮助用户快速找到所需信息；在位置服务领域（Yelp、大众点评等），推荐系统能够为用户提供周边详情，架起店铺与消费者之间的桥梁；在新闻推荐领域（GoogleNews、今日头条等），推荐系统能够帮助用户发现有趣的新闻。推荐系统的应用场景很多，下面介绍 3 种主要场景。

（1）热门推荐。一般会出现在应用首页的热点位置，热门推荐是基于各种统计数据的结果而得到的一个排行榜，该排行榜可以是全局的排行，也可以是分类的排行（如电影推荐）。统计数据既可以是每天（如今日新闻热点、微博热搜）的统计结果，也可以是一段时间（如豆瓣排行榜）的统计结果。

（2）个性化推荐。常以“猜你喜欢”“推荐”“发现”等形式放在页面首页，一般是基于用户过去的行为数据为用户做出的个性化推荐结果。

（3）相关推荐。常以“还没逛够”“买了还买”“看了还看”等形式出现，一般放置在每个物品的详情页底端。相关推荐物品和该物品存在相似性。

7.1.3　推荐系统评测指标

采用合适的推荐系统评价指标对于验证一个推荐系统的有效性至关重要。为了方便描述评价方法，表 7.1 对本节公式中出现的符号进行了简要说明。

1. 推荐系统评价方法

推荐系统评价方法一般包括离线实验、用户调查和线上分流测试。

（1）离线实验。离线实验是最容易实施的实验，只需要拥有数据、一台计算机、合适

表 7.1 符号说明

符　　号	说　　明
U	用户集
I	物品集
u	$u \in U$, 用来表示单个的用户
i, j	$i, j \in I$, 用来表示单个的物品
N	用户的总数
M	物品的总数
$r_{u,i}$	用户 u 对 i 的真实评分
$\hat{r}_{u,i}$	用户 u 对 i 的预测评分
T	测试集
$R(u)$	通过训练集给用户 u 做出的推荐列表
$T(u)$	用户 u 在测试集上的行为列表

的离线测评指标，便可以开始离线实验。离线实验成本较低，任何人都可以进行离线实验。

（2）用户调查。用户调查顾名思义就是邀请用户当面验证算法的效果。在进行用户调查时，不能做任何存在诱导倾向的事情，一定要让用户真实表达对系统推荐效果的满意程度。用户调查是最能够直观体现用户满意度的一种方法，当然，用户调查的时间成本和经济成本很高。

（3）线上分流测试 (A/B Testing，Bucket Testing)。一般来说，离线实验表现好的算法上线效果不一定好，所以需要进行线上分流测试，如图 7.4 所示。线上分流测试有以下几个步骤：①提出假设，待校验的算法能够帮助提升点击率，同时帮助提升用户的页面停留时间；②设计实验，提出开发解决方案或者原型系统；③进行 A/B 测试；④让数据说话。进行 A/B 测试时，一般会记录多个维度的指标，当然，重点依旧是假设的点击率以及用户停留时间。每次线上测试通常需要覆盖到几千个用户，并且为了全面验证，测试会分成 2~20 份进行。如此平行展开多项 A/B 测试，即可同时验证多个想法。一般来说，受现实生活中环境因素的影响，线上测试的效果会比离线测试的效果差很多。

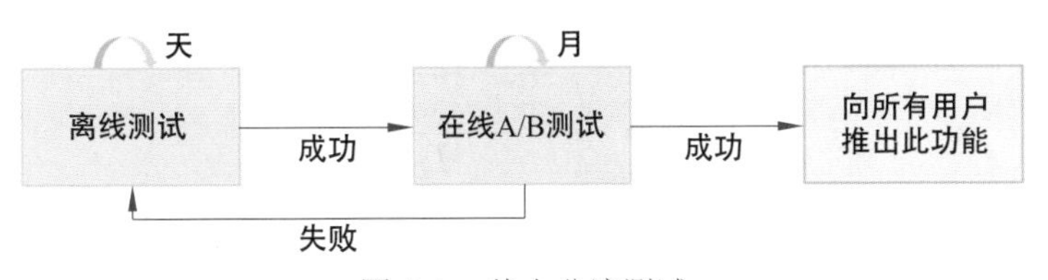

图 7.4 线上分流测试

表 7.2 列举了 3 种评价方法的优缺点。

表 7.2 3 种评价方法的比较

方　　法	优　　点	缺　　点
离线实验	容易开展	难以真实反映算法的优劣程度
用户调查	直观体现用户的满意程度	耗时，成本高
线上分流测试	可以反映算法的真实效果	需要一定时间进行测评

2. 推荐系统评测指标

推荐系统评测指标可以用于评测推荐系统各方面性能的好坏，不同的评价指标适用于不同的问题和不同的应用场景。有些评价指标可以通过离线实验定量计算，有些则只能通过用户调查或者线上分流测试获得，接下来分别描述各类评价指标。

1. 用户满意度

用户满意度是推荐系统中比较重要的评价指标，一般来说，用户满意度只能通过在线实验和用户调查获得。例如 Netflix 在 2017 年宣布使用大拇指向上或者大拇指向下表示用户对于推荐的内容满意与否。微博推荐的每条内容下方都提供了“收藏”“取消关注”“不感兴趣”和“投诉”等按钮，用于用户表达对此条内容的满意程度。此外，用户行为的一些指标也可以衡量用户满意度，例如可以利用页面点击率、用户停留时间和转化率等指标衡量用户的满意度。REFEREE（网站）采用 4 种用户行为衡量用户满意度。其中，Click-now、Buy-now 行为用于衡量用户立即点击链接查看商品详情的频率和用户在点击之后立刻购买商品的频率；Click-soon、buy-soon 行为与 Click-now、Buy-now 类似，不同之处在于它们将推荐的商品和用户接下来的 10 个操作中访问的商品均纳入被推荐的对象。

2. 准确率

准确率预测也是推荐系统中非常重要的一个指标，它可以通过实验测量获得。根据推荐系统任务的不同，推荐系统的准确率主要分为两大类，一类是评分预测，一类是 Top-N。两种任务的关注点不同，评分预测关注用户是否会对推荐的内容打比较高的评分，而 Top-N 则关注用户期望查看的商品是否在推荐列表中。

1）评分预测

Netflix 大奖赛之后，评分预测任务开始普及。比赛中，Netflix 提供了 1999—2005 年共计 480189 名用户对 17770 部电影的 1004800507 条历史评分数据。经过 3 年的较量，最佳推荐算法能够把推荐系统的准确率提升 10%以上。

当时用于评判算法优劣的标准为均方根误差（root mean squared error，RMSE）。RMSE 用来表示用户实际评分与预测评分之间的平均误差大小。

$$\text{RMSE} = \frac{\sqrt{\sum\limits_{u,i \in T} \left(r_{u,i} - \hat{r}_{u,i}\right)^2}}{|T|} \tag{7.1}$$

当然，也可以使平均绝对误差（mean average error，MAE）表示用户实际评分与预测用户评分之间的平均误差大小。

$$\text{MAE} = \frac{\sum\limits_{u,i \in T} |r_{u,i} - \hat{r}_{u,i}|}{|T|} \tag{7.2}$$

2）Top-N

Top-N 主要是为用户提供一个包含 N 个物品的个性化推荐列表，在生活中比较常见，Top-N 的有效性一般可以通过准确率和召回率进行度量。

$$\text{Precision} = \frac{\sum\limits_{u \in U} |R(u) \cap T(u)|}{\sum\limits_{u \in U} |R(u)|} \tag{7.3}$$

$$\text{Recall} = \frac{\sum\limits_{u \in U} |R(u) \cap T(u)|}{\sum\limits_{u} |T(u)|} \tag{7.4}$$

需要说明的是，工业界更注重优化 Top-N，主要基于以下两个原因：一是采用离线数据库计算准确率忽视了推荐系统应作为一个决策工具而不是一个预测评分工具的事实，作为决策工具，推荐系统可以辅助用户做出是否购买的决定，而系统计算出用户对物品的评分并没那么有用（尽管分数的高低可以反映用户是否喜欢推荐的物品）；二是对于与 MovieLens 类似的电影推荐，用户更希望得到一个从对物品满意到不满意的推荐排序。在很多情况下，优化 RMSE 的值并不能得到一个合理的排序，有时甚至会得到更加糟糕的排序。评分预测和实际目标存在不一致性，所以目前工业界更加注重对 Top-N 的优化。

3. 覆盖率

覆盖率（coverage）指标可以描述一个推荐系统对长尾物品的发掘能力，通常被定义为推荐系统向用户推荐的商品占全部商品的比例。例如，一个推荐系统的覆盖率很低，则说明大部分商品没有推荐给用户，那么该系统很可能因为商品推荐范围过于狭窄而导致用户满意度下降。覆盖率一般可以分为推荐覆盖率（recommendation coverage）、预测覆盖率（prediction coverage）和种类覆盖率（catalog coverage）。

覆盖率可以通过以下公式进行计算。

$$\text{Coverage} = \frac{|U_{\epsilon U} R(U)|}{I} \tag{7.5}$$

4. 多样性

实际应用中通常也会存在准确率高，但用户满意度低的情况。例如，用户正在使用一个旅游推荐系统，系统给出的所有推荐都是用户曾经去过的地方，用户很快就会感到乏味，对推荐结果不满。

推荐系统的多样性体现在为用户推荐的物品可呼应用户的多个兴趣点。不能因为用户过去喜欢看动作片就一直给用户推荐动作片，有时为了满足用户的广泛兴趣，并为用户带来惊喜，推荐系统可以尝试为其推荐喜剧片等其他类型的电影。一般地，采用相似度衡量两个物品的相似性，受此启发，可以使用多样性描述两个物品的不相似性。

$$\text{Diversity}(R(u)) = 1 - \frac{\sum\limits_{i,j \in R(u), i \neq j} s(i,j)}{\frac{1}{2}|R(u)|(|R(u)-1|)}. \tag{7.6}$$

其中，$s(i,j)$ 表示物品 i 与物品 j 的相似度，$s(i,j)$ 的取值范围为 [0,1]，分母可以理解为推荐的物品中两两比较后得到的相似度可能性的总和。

7.1.4 推荐系统存在的问题

1. 冷启动问题

冷启动问题是推荐系统中比较重要且无法忽视的问题，该问题是指如何在没有大量用户行为数据的情况下做出令用户满意的推荐。

一般来说，冷启动问题主要分为以下 3 种。

（1）物品冷启动。即一个新物品刚进入系统，由于缺少关于该物品的评价和购买信息，系统无法将其推荐给系统中可能对它感兴趣的用户。该问题对于需要频繁增加新物品的推荐系统极为重要，例如新闻推荐系统每天都有最新的新闻发布。

（2）用户冷启动。即一个新用户刚进入系统，因为没有该用户的过往记录，系统无法为其提供精准的推荐。如何为新进入系统的用户推荐其可能感兴趣的物品，以及如何为新用户做出个性化的推荐，是每个推荐系统都会面临的问题。

（3）系统冷启动。即如何针对一个没有用户且只有少量物品信息的系统设计个性化推荐服务。

一般来说，不同的冷启动问题有不同的解决方法，以下是一些常用的解决方法。

（1）针对用户冷启动问题，可以为其提供热门排行榜。热门排行榜是针对系统中的所有用户的喜好程度计算出来的。研究表明，为新用户推荐热门排行榜具有一定效果；也可以借助用户在其他平台上的历史信息（需要用户授权）。例如用户在腾讯、百度、阿里巴巴等应用使用同一登录账号，那么当用户授权可以使用这些平台身份登录系统时，就可以获得大量该用户的数据；还可以利用用户注册时提供的年龄、性别、地区等基础信息，同时，系统也可以为新用户设计选项，让用户选择自己感兴趣的事物或方向后，即时生成粗粒度的推荐结果；此外，系统可以揣测用户的喜好，例如将物品随机曝光给用户，观察用户对物品的反馈行为数据，然后不断迭代，逐渐推荐契合用户个性化口味的物品。

（2）对于物品冷启动问题，可以重点关注物品的内容信息，并基于物品的内容信息进行推荐。具体介绍可以参考 7.3 节；还可以使用混合的推荐系统方法解决这个问题，例如结合协同过滤（collaborative filtering，CF）和基于内容的过滤（content-based filtering，CB）。关于混合推荐的具体介绍可参看 7.5 节；此外，还可以发挥专家的作用，邀请专家对系统数据进行标注。

2. 数据稀疏性问题

实际生活中，每个用户购买、评分、浏览的物品的信息量非常有限，即使在一些大的推荐系统中，例如亚马逊网站，用户最多也只评价上百万本图书的 1%～2%，导致用户–物品评分矩阵非常稀疏。在此条件下，传统的相似度计算方法无法有效地计算目标用户的最近邻居，导致系统难以帮助用户找到与其兴趣相似的其他用户，进而影响推荐的效果。类似地，两个物品之间的相似度也很难准确求出。

表 7.3 给出几个常用的公开数据集的稀疏程度，其中，$\text{稀疏度}=1-\dfrac{\text{行为数据}}{\text{用户数}\times\text{物品数}}$。可见，其中 4 个数据集的稀疏度都高达 94%。推荐系统中数据稀疏性是常态，如何利用稀疏数据为用户做出满意的推荐已成为当前推荐系统中比较重要的问题。

现有的解决方法可以分为以下两类。

（1）采用一些可行方法减少数据集的稀疏性。例如相关文献指出可以把用户未评分物品的评分设置为固定默认值（例如设为评分值的中位数，即 5 分制评分系统设置为 3 分），或者设置成用户的平均打分值，实验表明这类方法可以提高协同过滤算法的推荐精度。不过，由于设置的默认值不一定与用户对物品的评分相同，该方法治标不治本，因此无法从根本上解决由于用户行为数据缺失而导致的采用传统相似度度量方法计算用户相似性无法奏效的问题。

（2）在不改变数据稀疏度的情况下提高推荐算法的精确性。现在的大部分推荐算法都是从这方面入手解决由于数据稀疏性导致推荐准确率低的问题。

表 7.3　5 种公开数据集的稀疏程度

数据集	用户数	物品数	行为数据	稀疏度
ml-100k	1000	1700	100 000	94.11%
ml-1M	6000	4000	1000 000	95.83%
Jester	73 496	100	4100 000	44.21%
Book-Crossing	278 858	271 379	1 149 780	99.99%
EachMovie	72 916	1628	2 811 983	97.63%

3. 可解释性

从用户的角度来说，推荐系统的可解释性可以理解成在做推荐时不仅希望用户看到推荐结果，还希望告诉用户我们为什么推荐这个商品。缺乏可解释性的推荐会降低推荐结果的可信度，进而影响推荐系统的实际应用效果。给予用户可解释性，增强用户对推荐系统的信赖感，可以提高用户的点击率。一般来说，使用什么推荐算法，那么基于该推荐算法的运行原理可以给出相应的推荐原因。例如基于协同过滤的推荐可以给出诸如“买了这件物品的人也买了 xx 物品”或者“xx 人也买了这件物品”的解释；基于内容的推荐可以是“与这件物品相似的物品是 xx”。但是，目前大部分推荐算法都类似一个黑盒，难以面向用户给出易于理解的解释。以基于深度学习的推荐算法为例，它是端到端的模式，无法对给出的结果进行解释。

可解释性是推荐系统目前存在的一个问题，真实实验的结果表明，只要给出了合理的解释，推荐精准度就会有非常大的提升。

4. 推荐系统中的用户隐私

个性化推荐系统在满足用户个性化需求进行精准推荐的同时，需要收集大量的私人信息。这些信息一旦泄露，不仅令用户陷入困扰，还会令用户对推荐系统失去信任。目前有大量的研究集中在如何在为用户做出高效精准推荐的同时更好地保护用户的隐私，相关研究问题可以分为以下几类。

（1）透明性。隐私保护主要保护能够辨别个人身份的信息数据、保护用户隐藏自己信息的权力和保护用户控制自己信息数据的权力。需要重视用户对个人数据的控制权，研究相关的技术用于保证用户对个人数据的获取和使用的透明性，从而使得用户更加主动地提供个人数据，进而提高个性化推荐系统的性能。

（2）针对性。不同用户对隐私的态度不同，据此可以把用户分为隐私严苛者、隐私无关者和隐私实用者。隐私严苛者对自己个人数据的安全性非常在意，隐私无关者对个人数据的安全性的关注度不是很高，隐私实用者则会根据个人需要给出个人数据。目前的隐私保护应该关注不同用户的隐私态度。

（3）敏感性。研究表明，用户对不同类型的个人数据的敏感程度是不同的，例如人们通常对身份信息、储蓄信息和信用信息比较敏感，而对职业、爱好等信息不太敏感。目前的隐私保护同样应考虑两者的区别。

总的来说，保护用户隐私是前提，基于此再去做个性化推荐。

7.2 个性化建模方法

一般来说，用户建模、物品匹配和得到推荐结果是个性化建模的 3 个阶段。用户建模至关重要，用户建模之后得到的用户模型是用来描述和存储用户兴趣需求的，它能够代表用户，它不是对用户兴趣的一般性描述，而是一种经过算法处理后具有特定的数据结构的形式化描述。

目前，常见的用户模型的表示方法有：基于向量空间模型的表示法、基于主题的表示法、基于用户–物品评分矩阵的表示法、基于神经网络的表示法等，接下来分别介绍这些表示方法。

7.2.1 基于向量空间模型的表示法

基于向量空间模型的表示法是目前流行的用户建模表示方法之一。该方法将一个用户模型表示成一个 n 维的特征向量，例如 $\{(t_1,w_1),(t_2,w_2),(t_3,w_3),\cdots,(t_n,w_n)\}$，其中，$t$ 表示关键词，也称特征项，w 表示该关键词的权重，权重可以是布尔值或实数值，分别代表用户对这个关键词表示的概念是否感兴趣或者对其感兴趣的程度。

该特征向量能够反映不同概念在该用户模型中的重要程度，通常来说，可以直接使用该特征向量找到和该用户相似的用户。但是一般来说，仅仅使用特征向量中的一组关键词可能无法准确地描述该用户，再加上词语的同一性和分歧性，以及没有考虑到次序和语境，都使得模型的表示方法存在诸多缺陷。当然，目前有很多针对这一方向的改进，例如从词语的语义和语境关系出发对向量空间模型进行改造。

7.2.2 基于主题的表示法

基于主题的表示法以用户喜好信息的主题表示用户模型，7.6 节将具体介绍。例如用户对养生和体育感兴趣，则用户模型可以表示成 {养生，体育}。当然，这里描述得过于简单，一个用户感兴趣的主题并不是那么容易就能够获取的。首先需要获取能够反映用户兴趣的主题数据，然后采用主题模型相关技术对这些主题进行归纳，从而获取用于表示用户兴趣的主题词。

7.2.3 基于用户–物品评分矩阵的表示法

基于用户–物品评分矩阵的表示法通常使用一个矩阵 $R_{m\times n}$ 表示，其中，M 表示物品的数量，N 表示用户的数量，使用 r_{ij} 表示矩阵中的每个元素，它表示第 i 个用户对物品 j 的打分值，数值越大，代表用户越喜欢这个物品（显性式反馈数据）或者第 i 个用户是否对物品 j 有相关的排斥行为（隐性式反馈数据）。通常来说，用户–物品矩阵非常稀疏，因为并不是所有用户对所有物品都有反馈数据，如果某个用户对某个物品没有反馈数据，那么该元素值一般为空。可以使用用户–物品矩阵的行元素代表用户向量，列元素代表物品向量，这种表示方法简单直观，所有的单元数据都直接从用户行为数据中生成。但是这种表示方法受限于过于稀疏的数据，利用传统的相似度度量方法不一定能够找到相似的用户。

7.2.4 基于神经网络的表示法

目前，深度学习在推荐系统上的应用很广泛，而使用深度学习进行推荐主要是为了学习一个用户和物品的神经网络的表示方法，然后利用该表示方法做数学运算，最终得到一个评分预测或者 Top-N 排序。关于这一方面，目前有基于多层感知机的推荐，例如神经协同过滤、CCCFNet、widedeep、DeepFM；基于自编码器的推荐，例如 I-AutoRec、CFN、ACF、CDAE 等；基于卷积神经网络的推荐，例如 DeepCoNN、ConvMF 等；基于循环神经网络的推荐；基于深度语义相似性模型的推荐；基于受限波耳兹曼机的推荐，等等。采用这些深度模型都可以得到基于神经网络的表示向量，用于表示用户或者物品的深层次特征，应用效果都非常好，具体可以参考 7.7 节。

7.3 基于内容的推荐

7.3.1 基于内容的推荐简介

基于内容的推荐算法 [5] 是较早使用的推荐方法之一，它根据用户过去喜欢的物品为用户推荐相似的物品。例如，电影推荐系统会为一个喜欢看动作影片的用户推荐动作类型的影片，图书推荐系统会为一个喜欢看小说的用户推荐小说类型的图书。

基于内容的推荐需要用到物品的内容信息，物品的内容信息由于物品本身的特性而具有多样性，不同的物品具有不同的内容信息，例如电影的内容信息包含标题、导演、演员、剧情、风格、年代等，音乐的内容信息包含标题、歌手、曲风、歌词等。表 7.4 给出了常见物品的内容信息。

表 7.4 常见物品的内容信息

物 品	内 容 信 息
电影	标题、导演、演员、剧情、风格、年代等
图书	标题、作者、出版社、时间、摘要、正文等
	音乐标题、歌手、曲风、歌词等
新闻	标题、作者、摘要、正文等

一般来说，物品的内容可以用向量表示，称为物品向量，又称物品画像（item profile）。也可以用向量表示用户，称为用户画像（user profile）。用户画像的构建方式一般是基于用户消费过的物品画像构建的，用户画像和物品画像的向量长度一般相同。

基于内容的推荐算法的本质是匹配用户画像和物品画像。例如，用户观看过 movie1、movie2 和 movie3 这三部电影，假设电影的“风格”这一属性值有 feature1、feature2 和 feature3 这三个值，feature1 可以代表这个电影是否为动作片、feature2 代表这个电影是否为喜剧片，feature3 代表这个电影是否为爱情片。这里使用布尔值表示某部电影是否拥有某个属性值。

如表 7.5 所示，movie1 拥有的特征为 feature1，所以用向量（1，0，0）表示该物品的物品画像，同理，用（1，1，0）表示 movie2 的物品画像，用（0，1，1）表示 movie3 的物品画像。由于用户看过这三部影片，则用户画像为 $((1+1+0)/3, (0+1+1)/3, (0+0+1)/3)$，即（0.66，0.66，0.33），这个向量表示用户对“风格”这一属性的偏好，用户更偏好 feature1 和 feature2 特征。所以如果要给用户推荐 movie4（假设它的物品画像为（0，0，1））或者 movie5（假设它的物品画像为（0，1，1）），则可以使用余弦相似度计算出用户对 movie4 的喜爱程度为 $0.66\times 0 + 0.66\times 0 + 0.33\times 1 = 0.33$，对 movie5 的喜爱程度为 $0.66\times 0 + 0.66\times 1 + 0.33\times 1 = 0.99$。如果要从这两部电影中推荐一部给用户，则此时会优先给用户推荐 movie5 。

表 7.5　简单例子

	feature1	feature2	feature3
movie1	1	0	0
movie2	1	1	0
movie3	0	1	1

7.3.2　基于内容的推荐算法

对于内容文本的表示，仅用 1 或 0 表示这个词是否出现还不够，还应该能够表示这个词在这篇文章中的权重。可使用词频–逆文档频率（term frequency-inverse document frequency，TF-IDF）[6] 表示每个词的权重，某个词对文章的重要性越高，则它的 TF-IDF 值就越大，权重排在最前面的几个词，就是这篇文章的关键词。在得到每个关键词的权重之后，计算相似度时引入这个权重值，便可以使计算结果更加精确。根据得到的物品表示向量，物品之间的相似度可以通过余弦相似度进行计算。在得到物品的相似度之后，就可以为用户推荐与用户过去喜欢的物品相似的物品，式（7.7）为余弦相似度的计算公式。

$$W_{ij} = \frac{d_i \times d_j}{\sqrt{||d_i||||d_j||}} \tag{7.7}$$

1. 学习用户画像

假设用户已经对一些物品给出了喜好判断，那么，这一步要做的就是通过用户过去的这些喜好判断产生用户画像。学习用户画像和机器学习中的分类问题以及回归问题类似，如果用户的喜好判断是“喜欢”或者“不喜欢”这种二分类或者是 1~5 这样的离散评分数值，则这里的推荐问题就和文本分类问题相似。另一方面，如果用户的喜好判断是 1~5 的连续数值，则这里的推荐问题就和回归问题相似。可以通过以上方法学习到的模型判断用户是否会喜欢一个新的物品。所以要解决的是一个典型的有监督分类问题或者回归问题，理论上，机器学习中的分类算法和回归模型都可以用来解决该问题。

下面简单介绍 CB 常用的学习算法。

（1）K 最近邻（K-nearest neighbor，KNN）算法 [7]。对于一个新的物品，K 最近邻算法首先找用户已经评判过并与此新物品最相似的 k 个物品，然后依据用户对这 k 个物品的喜好程度判断用户对此新物品的喜好程度。这种做法和协同过滤算法中的 item-based KNN 很相似，差别在于这里的物品相似度是根据物品的属性向量计算得到的，而协同过滤算法是根据所有用户对物品的评分计算得到的。该方法需要解决的关键问题是如何通过物品的属性向量计算两个物品之间的相似度。

（2）Rocchio 算法 [8]。Rocchio 算法是信息检索中处理相关反馈（relevance feedback）的著名算法。例如你在搜索引擎里搜“苹果”，一开始搜索这个词时，搜索引擎不知道你要搜索的是水果还是苹果公司的产品，它往往会尽量给你呈现各种结果。当你看到这些结果后，你会点击你觉得相关的结果（这就是所谓的相关反馈）。如果你翻页查看第二页的结果，搜索引擎便通过你的相关反馈修改你的查询向量取值，重新计算网页得分，把与你刚才点击的结果相似的结果排在前面。例如你最开始搜索“苹果”时对应的查询向量是 {苹果: 1}。而当你点击了一些与 Mac、iPhone 相关的结果后，搜索引擎会把你的查询向量修改为 {苹果: 1，Mac : 0.8，iPhone : 0.7}，通过这个新的查询向量，搜索引擎就能知道你要搜索的是苹果公司的产品了。Rocchio 算法的作用就是修改你的查询向量：{苹果: 1}→{苹果: 1，Mac : 0.8，iPhone : 0.7}。

（3）决策树（decision tree，DT）算法 [9]。当物品属性较少且是结构化属性时，决策树是一个好的选择。决策树可以产生简单直观、容易理解的结果，而且可以把决策树的决策过程展示给用户，告诉他为什么这些物品会被推荐。但是，如果物品的属性较多且都来源于非结构化数据（如物品是文章），那么决策树的效果可能不会很好。

（4）线性分类算法（linear classifier，LC）算法 [10]。表 7.6 是某用户的物品喜好数据，Item1~ Item4 表示用户的购买记录或者其他行为记录，$x_1 \sim x_n$ 表示影响用户发生此行为的各种特征属性值，也就是物品的属性值，例如物品的价格区间、物品的质量等，y 则表示用户对该物品的喜好程度，可以是隐性式反馈数据（浏览、购买、收藏等），也可以是显性式反馈数据（如评分等）。基于大量的数据可以回归拟合出一个函数，计算出 $x_1 \sim x_n$ 的系数，即获得各个特征属性相应的权重，即用户画像，权重越大，表明该属性对于用户选择该商品越重要。

表 7.6　线性分类算法举例

-	x_1	x_2	x_3	···	x_n	y
Item 1	x	x	x	···	x	0
Item 2	x	x	x	···	x	1
Item 3	x	x	x	···	x	0
Item 4	x	x	x	···	x	1

一般来说，选取的这些特征并不一定能够准确地拟合出回归函数，所以需要人工干预以反复进行属性的组合和筛选，也就是特征工程。由于这种算法快速准确，它适用于实时性要求比较高的业务，如新闻传播、广告等。

（5）朴素贝叶斯（naive bayes，NB）算法[11]。朴素贝叶斯算法经常用于中文文本分类，它假设在给定一篇文章的类别后，一个词出现的概率并不依赖于文档中的其他词，也就是各个词出现的概率相互独立。当然，这个假设过于简单，这也是称为朴素贝叶斯的原因。在学习用户画像时，可以给定两个类别，一个是用户喜欢该物品，另一个是用户不喜欢该物品。在给定用户是否喜欢该物品后，假设该物品内容属性的取值概率都是相互独立的，这样便可以利用用户的历史喜好数据通过朴素贝叶斯算法进行训练，之后利用训练好的算法为新的物品做分类。

在基于内容的推荐算法中，如何实时地更新用户画像是较为困难的，这也是目前的重点研究方向。

2. 比较用户画像和候选物品画像，为用户择优进行推荐

如果上一步学习用户画像时使用的是分类模型（如 DT、LC 和 NB），那么只要把模型预测得到的用户最可能感兴趣的 n 个物品作为推荐结果返回给用户即可；而如果学习用户画像时使用的是直接学习用户属性的方法，那么只要把与用户属性最相关的 n 个物品作为推荐结果返回给用户即可。其中，用户属性与物品属性的相关性可以使用余弦相似度等相似度计算方法获得。

7.3.3 基于内容的推荐的优点和缺点

优点：

（1）不存在物品冷启动问题。新的物品可以立即得到推荐，与其他物品拥有的推荐机会相等。

（2）拥有好的可解释性。如果需要向用户解释为什么推荐这些产品，只需要告诉用户推荐产品的某些属性可以匹配用户的品位即可。

（3）用户独立性。利用用户自己喜欢的物品获得用户画像，不需要利用其他用户的行为数据，避免由于数据稀疏性而影响推荐结果的问题。

缺点：

（1）物品的特征抽取困难。对于含有文本内容的物品，可以利用文本提取技术抽取物品特征，但在大多数情况下，很难准确地抽取物品特征。例如，针对多媒体资源的特征提取，目前尚无成熟的研究。

（2）存在用户冷启动问题。新用户没有历史喜好，无法获取用户画像，因此无法为新用户产生推荐。

（3）推荐的物品不能给用户带来惊喜。无法挖掘出用户的潜在兴趣，例如，一个人以前只看过推荐系统相关的文章，那么为其产生的推荐只会是与其他的推荐系统相关的文章，会忽视用户的其他兴趣。

7.4 基于协同过滤的推荐

7.4.1 协同过滤简介

协同过滤最早在 1992 年 [1] 被提出并用于邮件过滤系统 Tapestry，随后在 1994 年 [2] 被 GroupLens 用于新闻过滤任务。在早期，推荐系统和协同过滤被认为是等同的，可见协同过滤的重要性。协同过滤的重点在于"协同"，也就是利用所有用户的数据共同帮助推荐系统完成推荐。若一个推荐系统拥有大量的用户行为数据，通常可以使用协同过滤算法。

如表 7.7 所示，用户行为数据一般可以表示为用户和物品的关系矩阵。矩阵中的每个元素表示某个用户对于某个物品的态度，例如元素值是打分值表示用户对该物品的喜好程度，元素值是 1 或者 0 表示用户对该物品是正向或者负向反馈。当然，用户不会对全部物品表明态度，因此矩阵中有很多空元素，空元素表示用户没有见过这个物品，或者见过这个物品但没有给出态度。这些没有给出态度的物品需要依靠推荐算法判断用户对它们的喜好，进而完成推荐。推荐算法通常需要对用户–物品矩阵进行补全，矩阵补全是协同过滤的一个重要步骤。

表 7.7 用户-物品矩阵举例

用户/物品	物品 1	物品 2	···	物品 n
用户 1	1		···	4
用户 2		2	···	3
···	···	···	···	···
用户 n		4	···	2

通常来说，如图 7.5 所示，协同过滤被划分为两类，分别是基于记忆的协同过滤（memory-based）[12] 和基于模型的协同过滤（model-based）[13]。基于记忆的协同过滤是为用户推荐相似用户喜欢的物品，或者为用户推荐与其以往买过的物品相似的物品。基于记忆的协同过滤非常依赖于相似度计算方法（如 Cosine Similarity、Pearson Correlation、Jaccard Coefficient 等）进行相似用户匹配或相似物品匹配；基于模型的协同过滤主要是从用户-物品矩阵学习到推荐模型，利用该模型预测用户对新物品的评分。基于模型的协同过滤一般使用机器学习的思想进行建模，利用机器学习算法对特定用户的物品向量进行训练，预测用户对新物品的评分。基于记忆的协同过滤一般分为基于物品的协同过滤（item-based）[4] 和基于用户的协同过滤（user-based）[14]，基于模型的协同过滤一般分为矩阵分解、聚类算法、回归算法、神经网络、图模型和隐语义模型等。接下来分别介绍相关内容。

7.4.2 用户行为数据介绍

在讨论具体的协同过滤方法之前，有必要先介绍用户行为数据。协同过滤算法需要使用用户行为数据进行推荐，但是一个新生的推荐系统在刚开始时并不拥有用户行为数据，此时可能无法为用户做出满意的推荐，通常，这一阶段的推荐系统称为处于冷启动阶段的推荐系统。

处于冷启动阶段的推荐系统需要先把基于内容的推荐做好，因为基于内容的推荐只需要使用物品的内容信息或属性信息，不需要大量的用户行为数据。整个推荐系统在运行一段时间后（通常是 1~3 个月）已收集到大量的用户行为数据，这个时候，就可以考虑利用这些用户行为数据进行协同过滤的推荐。

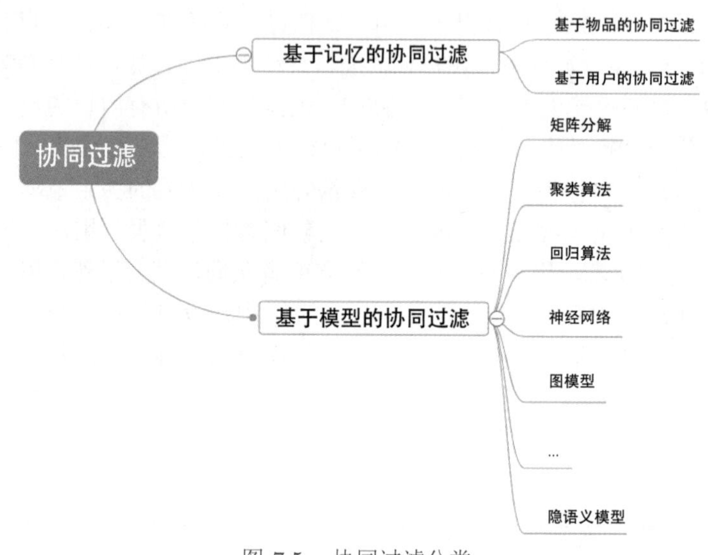

图 7.5 协同过滤分类

用户行为数据依据不同的推荐系统有着不同的分类。例如，通过事先埋点可以获得诸如浏览、购买、搜索、点赞、收藏、关注、评论、转发、打分等用户行为数据。表 7.8 给出了简单的用户行为数据的示例。

表 7.8 用户行为数据示例

推荐系统类型	用户行为数据
电影推荐系统	播放时间、电影评分、用户评论、用户收藏、用户转发等
电商推荐系统	用户加购物车、用户加收藏、用户下单、用户浏览等
图书推荐系统	心愿单、用户浏览、用户评分、用户评论等

用户行为数据可以反映用户的偏好。一般来说，把能够显式地反映用户偏好的用户行为数据称为显性式反馈数据；把不能明显反映用户行为偏好的用户行为数据称为隐性式反馈数据。表 7.9 列举了两种用户行为数据的特性。

显性式反馈数据通常能够反映用户的喜欢程度，而隐性式反馈数据只能显示用户对该物品有过行为，不能很明确地反映用户喜欢这个物品，同样地，对于用户没有给予隐性式反馈数据的物品也并不意味着用户不喜欢该物品，可能只是因为用户没有注意到这个物品。隐性式反馈数据用于表示用户偏好存在许多噪声。因此，如何利用隐性式反馈数据，以及如何从隐性式反馈数据中挖掘用户对于物品的喜好程度，是现阶段很多研究人员聚焦的研究问题，毕竟隐性式反馈数据的数量远远多于显性式反馈数据，其中蕴含价值的数据更值得探究。

表 7.9 显性式反馈数据与隐性式反馈数据比较

数据类型	特性
显性式反馈数据	数据不容易收集 通常用打分表示，如 1~5 分 可以明显反映用户的偏好
隐性式反馈数据	数据容易收集，且数据量大 通常用 0、1 表示 不能明显反映用户的兴趣, 有噪声

7.4.3 基于用户的协同过滤

基于用户的协同过滤 [14] 的思想来源于日常生活。日常生活中，某人想要看电影，那么他很可能会去咨询身边好友的意见。如果与友人在电影方面兴趣相似，那么他极有可能获得令自己满意的推荐结果。受此启发，基于用户的协同过滤的本意就是为用户找到与之兴趣相似的朋友，然后把这些朋友喜欢而用户还没有购买过的物品推荐给用户。

基于用户的协同过滤可以分为如下两步。

（1）计算用户相似度。

（2）根据用户相似度和用户的历史行为数据为用户生成推荐列表。

考虑到基于隐性式反馈数据与显性式反馈数据的用户协同过滤计算公式稍有不同，下面分别介绍。

1）基于隐性式反馈数据的计算方法

步骤 1：利用用户的行为数据计算两个用户的相似度。这里，用户行为数据为隐性式反馈数据。给定用户 u 和 v，$N(u)$ 表示用户 u 有过行为的物品集合，$N(u)$ 表示用户 v 有过行为的物品集合。可以采用以下两个公式计算用户 u 和用户 v 之间的相似度。

Jaccard 公式

$$\mathrm{sim}(u,v)=\frac{|N(u)\cap N(v)|}{|N(u)\cup N(v)|} \tag{7.8}$$

余弦公式

$$\mathrm{sim}(u,v)=\frac{|N(u)\cap N(v)|}{\sqrt{|N(u)||N(v)|}} \tag{7.9}$$

步骤 2：基于用户的相似度和用户的历史行为为用户生成推荐列表，可以通过以下公式计算用户 u 对物品 i 的兴趣。

$$p_{ui}=\sum_{v\in S(u,K)\cap N(i)}\mathrm{sim}(u,v)r_{vi} \tag{7.10}$$

其中，$S(u,K)$ 表示与用户 u 最相似的 K 个用户，$N(i)$ 表示对物品 i 有过反馈的用户集合，$\mathrm{sim}(u,v)$ 表示用户 u 和用户 v 的相似度，r_{vi} 表示用户 v 对物品 i 是否有兴趣，因为这里是用隐性式反馈数据表示，所以 $r_{vi}=1$。

2）基于显性式反馈数据的计算方法

如果用户行为数据是显性式反馈数据（如评分数据），则对于给定的用户 u 和 v，其向量的维数和物品的数量一样，每个维度表示该用户对于某个物品的评分。具体地，可以通过下面的公式计算用户 u 和用户 v 的相似度。

余弦公式

$$\operatorname{sim}(u,v)=\cos(\boldsymbol{u},\boldsymbol{v})=\frac{\boldsymbol{u}\times\boldsymbol{v}}{\|\boldsymbol{u}\|_2\times\mid\boldsymbol{v}\|_2}=\frac{\sum\limits_{i\in I_{uv}}R_{u,i}R_{v,i}}{\sqrt{\sum\limits_{i\in I_{uv}}R_{u,i}^2}\sqrt{\sum\limits_{i\in I_{uv}}R_{v,i}^2}} \tag{7.11}$$

注意：当用户行为数据是隐性式反馈数据时，这个计算公式和余弦相似度计算公式是相等的。

皮尔逊相似度

$$\operatorname{sim}(u,v)=\frac{\sum\limits_{i\in I_{uv}}\left(R_{u,i}-\bar{R}_u\right)\left(R_{v,i}-\bar{R}_v\right)}{\sqrt{\sum\limits_{i\in I_{uv}}\left(R_{u,i}-\bar{R}_u\right)^2}\sqrt{\sum\limits_{i\in I_{uv}}\left(R_{v,i}-\bar{R}_v\right)^2}} \tag{7.12}$$

调整后的余弦相似度

$$\operatorname{sim}(u,v)=\frac{\sum\limits_{i\in I_{uv}}\left(R_{u,i}-\bar{R}_i\right)\left(R_{v,i}-\bar{R}_j\right)}{\sqrt{\sum\limits_{i\in I_{uv}}\left(R_{u,i}-\bar{R}_i\right)^2}\sqrt{\sum\limits_{i\in I_{uv}}\left(R_{v,i}-\bar{R}_j\right)^2}} \tag{7.13}$$

欧几里得距离

$$\operatorname{sim}(u,v)=\frac{1}{1+(x_1-y_1)^2+(x_2-y_2)^2+\cdots+(x_n-y_n)^2} \tag{7.14}$$

其中，$\operatorname{sim}(u,v)$ 表示用户 u 和用户 v 之间的相似度，$i\in I_{uv}$ 表示用户 u 和用户 v 共同有过行为的物品，$R_{u,v}$ 代表用户 u 对物品 i 的一个打分值，$\bar{R}_u$ 是用户 u 的一个平均值，同理，$\bar{R}_i$ 是物品 i 被所有用户打分后的平均值，u 和 v 分别代表某个用户，$\boldsymbol{u}$ 和 $\boldsymbol{v}$ 分别表示用户 u 向量和用户 v 向量，x_i 表示用户 u 对物品 i 的评分，y_i 表示用户 v 对物品 i 的评分。

通过相似度公式可以得到用户之间的相似度，将其从大到小排序，可以得到用户 u 的一个邻居集合 $N=N_1,N_2,\cdots,N_k$ 。

接下来利用用户相似度以及用户的历史行为数据计算用户 u 对物品 i 的预测评分。

$$P_{u,i}=\sum_{v\in S(u,K)\cap N(i)}\frac{(\operatorname{sim}(u,v)\times r_{v,i})}{(|\operatorname{sim}(u,v)|)} \tag{7.15}$$

其中，$S(u,K)$ 表示与用户 u 最相似的 K 个用户，$N(i)$ 表示对物品 i 有过反馈的用户集合，$\operatorname{sim}(u,v)$ 表示用户 u 和用户 v 的相似度，$r_{v,i}$ 表示用户 v 对物品 i 的打分值。

3）一个实例

下面通过一个简单的实例介绍基于用户的协同过滤的计算步骤。采用隐性式反馈数据，即用户对物品有过行为则用 1 表示，否则用 0 表示（如表 7.10）。

表 7.10 user-based 协同过滤举例

	物品 a	物品 b	物品 c	物品 d	物品 e	物品 f
用户 A	1	0	0	1	1	0
用户 B	1	0	1	0	0	1
用户 C	0	0	1	0	1	0
用户 D	1	1	0	0	0	1

如表 7.10 所示，用户 A 对物品集合 $\{a,d,e\}$ 有过打分行为，用户 B 对物品集合 $\{a,c,f\}$ 有过打分行为，可利用余弦相似度公式计算用户 A 和用户 B 的相似度为

$$\mathrm{sim}(A,B)=\frac{|\{a,d,e\}\cap\{a,c,f\}|}{\sqrt{|\{a,d,e\}||\{a,c,f\}|}}=\frac{1}{3} \tag{7.16}$$

同理，可以计算出用户 A 与用户 C 和用户 D 的相似度为

$$\mathrm{sim}(A,C)=\frac{|\{a,d,e\}\cap\{c,e\}|}{\sqrt{|\{a,d,e\}|\,|\,c,e\}\,|}}=\frac{1}{\sqrt{6}} \tag{7.17}$$

$$\mathrm{sim}(A,D)=\frac{|\{a,d,e\}\cap\{a,b,f\}|}{\sqrt{|\{a,d,e\}||\{a,b,f\}|}}=\frac{1}{3} \tag{7.18}$$

利用用户相似度以及用户的历史行为数据，可以计算用户 u 对物品 i 的感兴趣程度为

$$p_{ui}=\sum_{v\in S(u,K)\cap N(i)}\mathrm{sim}(u,v)r_{v,i} \tag{7.19}$$

根据上述算法，可以对目标用户 A 进行推荐。这里，选取 $K=3$，由于用户 A 对物品 $\{b,c,f\}$ 没有过行为，因此可以把这三个物品推荐给用户 A，根据上面的计算公式，可以计算得到用户 A 对物品 $\{b,c,f\}$ 的感兴趣程度分别是

$$\begin{aligned}P_{A,b}&=s_{AD}=0.33\\P_{A,c}&=s_{AB}+s_{AC}=0.7416\\P_{A,f}&=s_{AB}+s_{AD}=0.66\end{aligned} \tag{7.20}$$

7.4.4 基于物品的协同过滤

基于物品的协同过滤（item-based collaborative filtering）在 2001 年由 Sarwar 等人提出 [4]，它的思想是为用户推荐与其过去购买的物品相似的其他物品，例如用户买过一台笔记本计算机，则该算法会推荐相应的计算机配件产品，它和基于用户的协同过滤都需要使

用用户行为数据。不同的是，基于用户的协同过滤利用行为数据找到相似的用户，而基于物品的协同过滤则利用行为数据找到相似的物品。那么，一个很自然的疑问是，既然基于物品的协同过滤可以找到相似的物品，那么它和基于内容的推荐算法存在什么区别呢？区别在于，两者利用的数据不同，基于物品的协同过滤利用的是用户行为数据，而基于内容的推荐算法利用的是物品本身的内容数据。因此，后者找到的相似物品是真正意义上的相似物品，而前者找到的相似物品，更多地是指购买了此物品的人同时也购买了另一个物品。研究表明，如果大多数人在购买一个物品时也会购买另一个物品，则可以称这两个物品是相似的。

下面继续探讨，为什么在有了基于用户的协同过滤的前提下，还会提出基于物品的协同过滤呢？原因有以下两点。

（1）两两计算用户的相似度，时间复杂度是 $O(n^2)$，同样，两两计算物品的相似度，时间复杂度是 $O(m^2)$，其中，n 表示用户数量，m 表示是物品数量，一般来说，一个系统中的物品数量 m 远远小于用户数量 n，所以，物品相似度的计算量会比用户相似度的计算量小很多，速度更快。

（2）物品一般是不会变的，而用户一般是动态变化的，用户的习惯和爱好总伴随着自身或环境因素的变化而改变，例如年龄、心情等。因此，计算用户之间的相似度不如计算物品之间的相似度的可靠性高。

基于物品的协同过滤可以分为以下两步：

步骤 1：计算物品的相似度；

步骤 2：根据物品的相似度和用户的历史行为数据为用户生成推荐列表。

考虑到基于隐性式反馈数据与显性式反馈数据的物品协同过滤计算公式稍有不同，下面分别介绍。

1）基于隐性式反馈数据的计算方法

步骤 1：利用用户的行为数据计算两个物品的相似度。这里，用户行为数据为隐性式反馈数据。给定两个物品 i 和 j，$N(i)$ 表示对物品 i 有过行为的用户集合，$N(j)$ 表示对物品 j 有过行为的用户集合，可以采用以下余弦相似度公式计算物品 i 和物品 j 之间的相似度。

$$\mathrm{sim}(i,j)=\frac{|N(i)\cap N(j)|}{|N(i)\cup N(j)|} \tag{7.21}$$

步骤 2：基于物品的相似度和用户的历史行为为用户生成推荐列表。可以通过以下公式计算用户 u 对一个物品 j 的兴趣。

$$p_{uj}=\sum_{i\in N(u)\cap S(j,K)}\mathrm{sim}(i,j)r_{ui} \tag{7.22}$$

其中，$N(u)$ 是用户喜欢的物品集合，$S(j,K)$ 表示和物品 j 最相似的 K 个物品，$\mathrm{sim}(i,j)$ 表示物品 i 和物品 j 的相似度，r_{ui} 表示用户 u 对物品 i 的兴趣，因为这里用隐性式反馈数据表示，所以 $r_{ui}=1$。

2）基于显性式反馈数据的计算方法

如果用户行为数据是显性式反馈数据（如评分数据），则给定两个物品 i 和 j，它们向量的维数和用户的数量一样，每个维度表示该用户对于某个物品的评分。具体地，可以通过下面的公式计算物品 i 和物品 j 的相似度余弦。

$$\mathrm{sim}(i,j)=\frac{\sum\limits_{u\in U_{ij}}\left(R_{u,i}-\bar{R}_i\right)\left(R_{u,j}-\bar{R}_j\right)}{\sqrt{\sum\limits_{u\in U_{ij}}\left(R_{u,i}-\bar{R}_j\right)^2}\sqrt{\sum\limits_{u\in U_{ij}}\left(R_{u,j}-\bar{R}_j\right)^2}} \tag{7.23}$$

注意：当用户行为数据是隐性式反馈数据时，这个计算公式和上面的余弦相似度计算公式是相等的。

皮尔逊相似度

$$\mathrm{sim}(i,j)=\frac{\sum\limits_{u\in U_{ij}}\left(R_{u,i}-\bar{R}_i\right)\left(R_{u,j}-\bar{R}_j\right)}{\sqrt{\sum\limits_{u\in U_{ij}}\left(R_{u,i}-\bar{R}_j\right)^2}\sqrt{\sum\limits_{u\in U_{ij}}\left(R_{u,j}-\bar{R}_j\right)^2}} \tag{7.24}$$

调整后的余弦相似度

$$\mathrm{sim}(i,j)=\frac{\sum\limits_{u\in U_{ij}}\left(R_{u,i}-\bar{R}_u\right)\left(R_{u,j}-\bar{R}_u\right)}{\sqrt{\sum\limits_{u\in U_{ij}}\left(R_{u,i}-\bar{R}_u\right)^2}\sqrt{\sum\limits_{u\in U_{ij}}\left(R_{u,j}-\bar{R}_u\right)^2}} \tag{7.25}$$

欧几里得距离

$$\mathrm{sim}(i,j)=\frac{1}{1+\left(x_1-y_1\right)^2+\left(x_2-y_2\right)^2+\cdots+\left(x_n-y_n\right)^2} \tag{7.26}$$

其中，$\mathrm{sim}(i,j)$ 表示物品 i 和物品 j 之间的相似度，$u\in U_{ij}$ 表示物品 i 和物品 j 共同有过行为的用户，$R_{u,i}$ 表示用户 u 对物品 i 的一个打分值，$\bar{R}_u$ 表示用户 u 的一个平均打分值，同理，$\bar{R}_i$ 表示物品 i 被所有用户打分的平均值，i 和 j 分别表示不同的物品，$\boldsymbol{i}$ 和 $\boldsymbol{j}$ 分别表示物品向量。

通过相似度计算公式可以得到物品之间的相似度，然后将相似度从大到小排序，可以得到关于物品 i 的一个邻居集合 $N=\{N_1,N_2,\cdots,N_k\}$ 。

接下来利用物品相似度以及用户的历史行为数据计算用户 u 对物品 j 的预测评分。

$$P_{u,j}=\sum_{v\in S(j,K)\cap N(u)}\frac{\mathrm{sim}(i,j)\times r_{u,i}}{|\mathrm{sim}(i,j)|} \tag{7.27}$$

其中，$S(j,K)$ 表示和物品最相似的 K 个用户，$N(u)$ 表示用户喜欢的物品集合，$\mathrm{sim}(i,j)$ 表示物品 i 和物品 j 的相似度，$r_{u,i}$ 表示用户 u 对物品 i 的打分值。

3）实例

下面通过一个简单的实例介绍基于物品的协同过滤计算步骤。这里使用显性式反馈数据。表 7.11 中的元素值表示该用户对该物品有过打分行为，分值是 1~5。

表 7.11 item-based 协同过滤举例

	物品 a	物品 b	物品 c	物品 d	物品 e
用户 A	3			3	4
用户 B	2	3	4		
用户 C			5		5
用户 D	3	5			
用户 E		3	3		2
用户 F			5	3	5

对物品 a 有过打分行为的用户集合为 $\{A, B, D\}$, 且相应的打分为 {3,2,3}, 这里用向量 $\boldsymbol{a}$= $(3, 2, 0, 3, 0, 0)$ 表示；对物品 b 有过打分行为的用户集合为 $\{B, D, E\}$, 且相应的打分为 $\{3, 5, 3\}$，这里用向量 $\boldsymbol{b} = (0,\ 3,\ 0,\ 5,\ 3,\ 0)$ 表示。可利用余弦相似度计算物品 a 和物品 b 的相似度为

$$\text{sim}(a, b) = \frac{\boldsymbol{a} \times \boldsymbol{b}}{\|\boldsymbol{a}\|^2 \times \|\boldsymbol{b}\|^2} = \frac{(3, 2, 0, 3, 0, 0) \times (0, 3, 0, 5, 3, 0)}{\sqrt{9+4+9}\sqrt{9+25+9}} = 0.104 \tag{7.28}$$

同样地，可以计算得到物品 a 与物品 c、d、e、f 的相似度为

$$\begin{aligned}
\text{sim}(a, c) &= \frac{\boldsymbol{a} \times \boldsymbol{c}}{\| \boldsymbol{a}\|^2 \times \|\boldsymbol{c}\|^2} = \frac{(3, 2, 0, 3, 0, 0) \times (0, 4, 5, 0, 3, 5)}{\sqrt{9+4+9}\sqrt{16+25+9+25}} = 0.023 \\
\text{sim}(a, d) &= \frac{\boldsymbol{a} \times \boldsymbol{d}}{\| \boldsymbol{a}\|^2 \times \|\boldsymbol{d}\|^2} = \frac{(3, 2, 0, 3, 0, 0) \times (3, 0, 0, 0, 0, 3)}{\sqrt{9+4+9}\sqrt{9+9}} = 0.107 \\
\text{sim}(a, e) &= \frac{\boldsymbol{a} \times \boldsymbol{e}}{\|\boldsymbol{a}\|^2 \times \|\boldsymbol{e}\|^2} = \frac{(3, 2, 0, 3, 0, 0) \times (4, 0, 5, 0, 2, 5)}{\sqrt{9+4+9}\sqrt{16+25+4+25}} = 0.037
\end{aligned} \tag{7.29}$$

接下来利用物品相似度以及用户的历史行为数据计算用户 u 对物品 j 的预测评分。

$$P_{u,j} = \sum_{i \in S(j,K) \cap N(u)} \frac{\text{sim}(i, j) \times r_{u,i}}{|\text{sim}(i, j)|} \tag{7.30}$$

这里选 $K = 3$。与 a 最相似的三个物品是 b、d、e，用户 F 对物品 c、d、e 有过打分行为，则 $i \in N(u) \cap S(j, K) = \{d, e\}$，由此可以计算出用户 F 对物品 a 的预测评分是

$$P_{F,a} = \frac{0.107 \times 3 + 0.037 \times 5}{0.107 + 0.037} = 3.51 \tag{7.31}$$

4）基于物品的协同过滤与基于用户的协同过滤的比较

表 7.12 从不同的角度比较了基于物品的协同过滤和基于用户的协同过滤。

表 7.12 userCF 和 itemCF 对比

	userCF	itemCF
冷启动	新用户有冷启动问题，但是一旦用户对某个物品产生行为，就可以找到相似用户为这个用户做推荐	新物品只要被一个用户购买过，就可以被推荐给其他用户
解释性	很难提供令用户信服的推荐解释	利用用户的历史行为为用户做出推荐解释，可以增强用户的信任
性能	适合用户少的推荐系统	适用于物品数明显多于用户数的场合

7.4.5 矩阵分解

矩阵分解也属于协同过滤的一种常用方法，基于用户和基于物品的协同过滤主要依靠找到相似的用户以及物品进行推荐，而矩阵分解则主要把一个矩阵分解为多个矩阵，从而发现隐因子以进行推荐。矩阵分解包括一系列算法，下面着重介绍 4 个关于 SVD 的算法。SVD 是线性代数中一种重要的矩阵分解。

1. 传统的奇异值分解 SVD

早期的矩阵分解指传统的奇异值分解 SVD[15]，该方法把一个 $m \times n$ 的矩阵 $\boldsymbol{M}$ 分解成 3 个小的矩阵，选择奇异值矩阵中最大的几个值进行降维，公式如下。

$$\boldsymbol{M}_{m\times n} = \boldsymbol{U}_{m\times k}\boldsymbol{\Sigma}_{k\times k}\boldsymbol{V}_{k\times n}^{\mathrm{T}} \tag{7.32}$$

如图 7.6 所示，浅灰色部分表示原始矩阵分割成的 3 个矩阵，深灰色部分表示在选取 k 个奇异值之后，矩阵近似计算所需的数据。其中，m 是用户数，n 是物品数，k 是矩阵 $\boldsymbol{M}$ 中较大的部分的奇异值的个数，这些奇异值的平方和加起来会超过所有奇异值的平方和的 90，k 值一般会远远的小于 m 和 n。$\boldsymbol{U}$ 中的每行代表一个用户向量，用 u_i 表示，$\boldsymbol{V}$ 中的每列代表一个物品向量，用 v_j 表示，如果要预测第 i 个用户对第 j 个物品的评分，则直接计算 $u_i \sum v_j$。通过此方法，$\boldsymbol{M}$ 中没有评分的项可以得到一个预测的评分值，然后通过查找 $\boldsymbol{M}$ 中每行用户的最高物品预测评分就可以为用户提供相应的推荐。

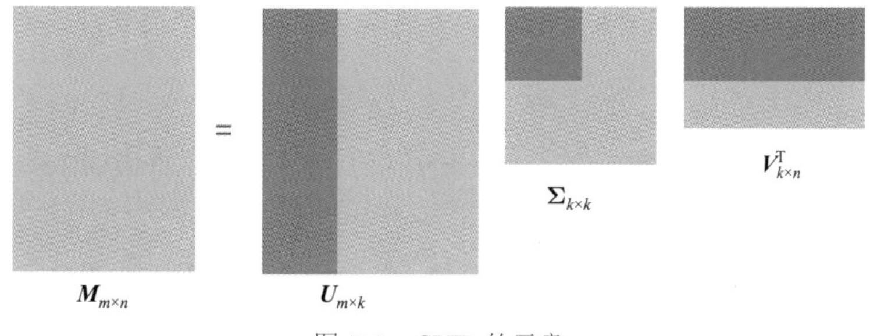

图 7.6 SVD 的示意

传统的奇异值分解 SVD 最早是用来降维的，所以 SVD 分解要求矩阵必须是稠密矩阵，也就是说，矩阵的所有位置不能有空白，有空白的位置是不能进行矩阵分解的，所以必须对空白值进行补全。对于一个没有打分的物品，目前大部分的做法是给它补一个 0 值，或者补一个用户的平均打分值，或者补一个该物品的平均得分值。矩阵补全后使用 SVD 进行降维。由于在实际过程中矩阵是非常稀疏的，大量元素值空缺，有些高达 99%，因此导致 SVD 无论采用哪种方法补全，实际的效果都比较差。同时，传统的 SVD 方法在推荐系统上还是很难实际应用的，由于用户和物品数目相当庞大，对如此庞大的矩阵进行 3 个矩阵的矩阵分解会非常耗时。

2. FunkSVD 算法

传统的 SVD 效率极低，2006 年 Netflix 大奖赛中，Simon Funk[16] 在他的博客上公开了 FunkSVD 算法，该算法将大的评分矩阵分解成两个维度的矩阵进行相乘，公式

如下：

$$\boldsymbol{M}_{m\times n}=\boldsymbol{P}_{m\times k}^{\mathrm{T}}\boldsymbol{Q}_{k\times n} \tag{7.33}$$

该算法的思想是，在原有的 SVD 方法上加入线性回归，采用训练集中的实际观察值与模型预测值的均方根作为损失函数。举个例子，用户对某个物品的打分为 2，而模型预测值为 1.5，则两者之间的误差是 $(2-1.5)^2$。FunkSVD 旨在不断减小实际值和预测值之间的误差，不断训练和学习以得到表示用户的矩阵 $\boldsymbol{P}$ 和表示物品的矩阵 $\boldsymbol{Q}$。其中，矩阵 $\boldsymbol{P}$ 的每行表示一个用户向量 $\boldsymbol{p}_u$，矩阵 $\boldsymbol{Q}$ 的每列表示一个物品向量 $\boldsymbol{q}_i^{\mathrm{T}}$，它们的维数都是 k，即表示隐因子的个数。矩阵 $\boldsymbol{M}$ 中的每个元素用 $r_{u,i}$ 描述用户 u 对物品 i 的评分值。

FunkSVD 计算预测分数值的公式为

$$\hat{r}_{ui}=\boldsymbol{q}_i^{\mathrm{T}}\boldsymbol{p}_u \tag{7.34}$$

FunkSVD 采用均方根作为损失函数，则期望 $r_{ui}-\hat{r}_{ui}$ 尽可能小，即考虑所有用户的所有评分值，期望得到下式的最小值。

$$\min_{\boldsymbol{q}^*,\boldsymbol{p}^*}\sum_{(u,i)\in\kappa}\left(r_{ui}-\boldsymbol{q}_i^{\mathrm{T}}\boldsymbol{p}_u\right)^2 \tag{7.35}$$

其中，$\boldsymbol{q}^*$ 和 $\boldsymbol{p}^*$ 分别代表能使上式取得最小值的物品向量和用户向量。通常还需要加入 L2 正则项以防止过拟合，因此需要最小化的均方根误差为下面这个公式，这也是优化目标函数 $J(\boldsymbol{p}_u,\boldsymbol{q}_i)$:

$$J(\boldsymbol{p}_u,\boldsymbol{q}_i)=\min_{\boldsymbol{q}^*,\boldsymbol{p}^*}\sum_{(u,i)\in\kappa}\left(r_{ui}-\boldsymbol{q}_i^{\mathrm{T}}\boldsymbol{p}_u\right)^2+\lambda\left(\|\boldsymbol{q}_i\|^2+\|\boldsymbol{p}_u\|^2\right) \tag{7.36}$$

其中，κ 是指所有已知的 (用户, 物品) 打分值。λ 为正则化系数，需要进行调节。$\boldsymbol{q}_i$ 以及 $\boldsymbol{p}_u$ 是希望得到的参数。一般地，优化目标函数可以寻找到最佳参数，目前主要有两种优化方法：一种是采用随机梯度下降进行优化；另一种是使用交替最小二乘法进行优化。这里采用随机梯度下降进行优化。

目标函数 $J(\boldsymbol{p}_u,\boldsymbol{q}_i)$ 分别对 p_u 和 q_i 进行求导，可以得到

$$\begin{aligned}\frac{\varphi J\left(p_u,q_i\right)}{\varphi q_i}&=-2\left(r_{ui}-\boldsymbol{q}_i^{\mathrm{T}}\boldsymbol{p}_u\right)p_u+2\lambda\left\|q_i\right\|\\\frac{\varphi J\left(p_u,q_i\right)}{\varphi p_u}&=-2\left(r_{ui}-q_i^{\mathrm{T}}p_u\right)q_i+2\lambda\left\|p_u\right\|\end{aligned}\tag{7.37}$$

利用梯度下降迭代时，q_i 和 p_u 的迭代公式为

$$\begin{cases}e_{ui}=r_{ui}-q_i^{\mathrm{T}}p_u\\q_i=q_i+\gamma\left(e_{ui}p_u-\lambda q_i\right)\\p_u=p_u+\gamma\left(e_{ui}q_i-\lambda p_u\right)\end{cases}\tag{7.38}$$

其中，γ 是梯度下降的学习率。随机梯度下降通过不断迭代缩小 $J(p_u,q_i)$ 的误差值，当达到某个阈值或者规定的迭代次数之后，迭代停止，最终可以得到矩阵 P 和矩阵 Q，从而基于 P、Q 两个矩阵完成推荐任务。

3. BiasSVD 算法

BiasSVD 算法由 Yehuda Koren 在 2009 年提出 [17]。Yehuda 认为仅考虑用户对物品的评分是远远不够的，还应考虑用户自身的因素，这是因为有的用户喜欢打高分，而有的用户喜欢打低分，称为用户偏置 (biased user)。同时，还应该考虑物品本身的因素，例如物品本身的质量就决定了一个用户为它打分的上限，称为物品偏置 (biased item)；此外，所有评分的平均值也应被考虑在内，称为全局平均值偏置 (biased mean)。使用 b_{ui} 表示在评分 r_{ui} 上的所有偏移项：

$$b_{ui}=\mu+b_i+b_u\tag{7.39}$$

其中，μ 表示全局偏置值，b_i 表示物品偏置值，b_u 表示用户偏置值。用一个例子简单解释这三个偏置项所起的作用：在一个电影推荐场景中，评分值范围为 1~5 分，现在需要预测用户 Joe 对电影 *Titanic* 的预测评分值，假设已经知道全网对该电影的平均评分为 3.7 分 (μ)，同时知道 *Titanic* 比一般的电影都要好看，所以这部电影倾向于比平均评分高 0.5 分 (b_i)。另外，由于 Joe 是一个对于电影评分比较严格的人，他的打分倾向于比平均评分低 0.3 分（b_u)，因此可以预估用户 Jeo 对 *Titanic* 的打分为 3.9 分（3.7+0.5−0.3）。在理解了偏置之后，可以把预测评分 r_{ui} 拆解为如下所示的 4 个部分：

$$\hat{r}_{ui}=\mu+b_i+b_u+q_i^{\mathrm{T}}p_u\tag{7.40}$$

需要优化的目标函数 $J(p_u,q_i)$ 调整为

$$J(p_u,q_i)=\min_{q^*,p^*,b^*}\sum_{(u,i)\in\kappa}\left(r_{ui}-\mu-b_i-b_u-q_i^{\mathrm{T}}p_u\right)^2+\lambda\left(||q_i||^2+||p_u||^2+||b_u||^2+||b_i||^2\right)\tag{7.41}$$

同样，这里可采用随机梯度下降对目标函数进行优化。目标函数 $J(p_u,q_i)$ 分别对 p_u、q_i、b_i、b_u 求导可以得到：

$$\begin{aligned}
\frac{\varphi J(p_u,q_i)}{\varphi q_i} &= -2\left(r_{ui}-\mu-b_i-b_u-q_i^{\mathrm{T}}p_u\right)p_u+2\lambda\|q_i\| \\
\frac{\varphi J(p_u,q_i)}{\varphi p_u} &= -2\left(r_{ui}-\mu-b_i-b_u-q_i^{\mathrm{T}}p_u\right)q_i+2\lambda\|p_u\| \\
\frac{\varphi J(p_u,q_i)}{\varphi b_i} &= -2\left(r_{ui}-\mu-b_i-b_u-q_i^{\mathrm{T}}p_u\right)+2\lambda\|b_i\| \\
\frac{\varphi J(p_u,q_i)}{\varphi b_u} &= -2\left(r_{ui}-\mu-b_i-b_u-q_i^{\mathrm{T}}p_u\right)+2\lambda\|b_u\|
\end{aligned} \tag{7.42}$$

令

$$e_{ui}=r_{ui}-\mu-b_i-b_u-q_i^{\mathrm{T}}p_u$$

利用梯度下降迭代时，p_u、q_i、b_i、b_u 的迭代公式为

$$\begin{aligned}
q_i &= q_i+\gamma\left(e_{ui}p_u-\lambda q_i\right) \\
p_u &= p_u+\gamma\left(e_{ui}q_i-\lambda p_u\right) \\
b_i &= b_i+\gamma\left(e_{ui}-\lambda b_i\right) \\
b_u &= b_u+\gamma\left(e_{ui}-\lambda b_u\right)
\end{aligned} \tag{7.43}$$

通过迭代最终学习得到矩阵 $\boldsymbol{P}$ 和 $\boldsymbol{Q}$，随之进行推荐。相比 FunkSVD，BiasSVD 考虑了一些额外的因素，所以在有些场景下有较好的推荐表现。

4. SVD++ 算法

SVD++ 算法同样由 Yehuda Koren 在 2010 年提出 [18]，相较 BiasSVD，SVD++ 考虑了用户的隐性式反馈数据，这是因为用户除了显式评分之外，还存在着大量有价值的隐性式反馈数据。例如，用户对某个物品加了收藏，可以从侧面反映用户对这个物品可能感兴趣，因此，有效利用隐性式反馈数据同样有助于用户的偏好建模。SVD++ 预测评分 $\hat{r}_{ui}$ 可以表示为

$$\hat{r}_{ui}=\mu+b_i+b_u+q_i^{\mathrm{T}}\left(p_u+|N(i)|^{-\frac{1}{2}}\sum_{s\in N(i)}y_s\right) \tag{7.44}$$

其中，$N(i)$ 为用户 i 产生的隐性式反馈数据的物品集合，y_s 为用户隐藏的对物品 s 的代表个人喜欢的偏置值，引入 $|N(i)|^{-\frac{1}{2}}$ 是为了消除不同 $N(i)$ 个数引起的差异。需要优化的目标函数 $J(p_u,q_i)$ 如下：

$$\begin{aligned}
J(p_u,q_i) = \min_{q^*,p^*,b^*}\sum_{(u,i)\in\kappa}\left(r_{ui}-\mu-b_i-b_u-q_i^{\mathrm{T}}\left(p_u+|N(i)|^{\frac{1}{2}}\sum_{s\in N(i)}y_s\right)\right)^2+ \\
\lambda\left(||q_i||^2+||p_u||^2+||b_u||^2+||b_i\right\|^2+\sum_{s\in N(i)}\left\|y_s\|^2\right)
\end{aligned} \tag{7.45}$$

7.4.6 负样本的采样

损失函数公式（7.36）中有

$$\min_{q^*,p^*}\sum_{(u,i)\in k}\left(r_{ui}-q_i^{\mathrm{T}}p_u\right)^2+\lambda\left(\|q_i\|^2+\|p_u\|^2\right)$$

其中，$(u,i)\in k$ 指用户 u 所有的有过用户行为的物品，并且这里的 r_{ui} 指用户 u 对于物品 i 的一个评分，使用这样一组数据进行训练似乎是比较正常的，分数的高低代表了用户的偏好程度，在训练的时候也有正样本和负样本了。但是，如果 r_{ui} 不是显性式反馈数据而是隐性式反馈数据呢？隐性式反馈数据只有 $r_{ui}=1$ 的正样本，那么 $(u,i)\in k$ 指的就是用户 u 所有的有过正向用户行为的物品，而训练一个模型，如果全部使用正样本而没有负样本，这样是否可行？

对于这个问题，Rong Pan 在 2008 年的一篇论文中提出了自己的想法 [19]，他认为有两种解决方法：一是把所有用户没有过用户行为的物品全部当成负样本，但由于它们不一定是真实的负样本，所以给予各条负样本一个权重 w_{ij}，权重值取 [0,1]，用于表示它是负样本的可能性；二是对于从用户没有过用户行为的物品中挑选一部分当作负样本，同时要注意保证正负样本的平衡。

基于以上方法，把已有的正样本集合和新生成的负样本集合当作训练集进行训练即可，下面分别介绍这两种方法。

1. 给予每条负样本很低的权重值

一般来说，对于用户没有过行为的物品，可以把它们当作 unknown data，因为这些物品可能是用户不喜欢的，也可能是用户根本没有见过的。因此把所有的 unknown data 全部看作用户不喜欢的物品并不合适。因此，针对每条当作负样本的数据，在训练时可以给予一定的权重值以表示它可能是负样本的概率，当然，对于所有正样本，也能给予一个权重值，考虑到正样本是用户有过的行为数据，在一定程度上可以反映用户的偏好，因此给予所有正样本的权重值为 1。那么，负样本的权重值又该如何取值呢？有以下几种方法。

①对于每一个用户，所有负样本的权重值都等同；②对于每一个用户，如果他有很多正样本，那么更能反映该用户不喜欢其他物品，可以给该用户的其他负样本更高的权重值，由此代表他有很大概率不喜欢这些物品；③对于一个物品，如果有很少的人给予正向反馈，那么这个物品有很大概率是大家都不喜欢的物品，该物品对于用户来说作为负样本的概率更大，应给予其更高的权重值。

以上都是设置负样本权重值 w_{ij} 的方法，作者通过实验验证发现第二种方法要优于第一种方法，而第一种方法又优于第三种方法。由此，可以将损失函数进行调整如下：

$$\min_{q^*,p^*}\sum_{(u,i)\in k}W_{ui}\left(r_{ui}-q_i^{\mathrm{T}}p_u\right)^2+\lambda\left(\|q_i\|^2+\|p_u\|^2\right)\tag{7.46}$$

其中，W_{ui} 表示该样本的权重值，其大小表示该样本有多大可能是用户的反馈数据，对于正样本来说，该权重值为 1。$(u,i)\in k$ 包括所有能够代表用户正向反馈的行为数据集合，

以及所有权重 W_{ui} 概率可能为用户负向反馈的数据。

2. 负样本采样

负样本数量太多将使得正负样本数目相差悬殊，从而导致计算的时间复杂度以及空间复杂度增加。对于每个用户，可以采样部分物品作为用户的负反馈数据，即负样本采样，该做法也有如下的几种选择：①对于每个用户，每个没有过用户行为的物品都以相同的概率被采样；②对于每个用户，如果他有很多的正样本，那么其他没有过行为的物品有很大概率都是他的负样本，为他采样出同等数量的负样本；③对于一个物品，如果很少人给予正向反馈，那么它被采样出作为其他用户负样本的概率会比其他物品更高。

通过以上的负样本采样方法，可以获得一个包含已有正反馈数据集和重新采样出来的负反馈的数据集，也就是式 7.47 中 $(u,i) \in k$ 包含的所有部分，使用这个新的数据集进行训练即可。

$$\min_{\boldsymbol{q}^*,\boldsymbol{p}^*} \sum_{(u,i)\in k} \left(r_{ui} - \boldsymbol{q}_i^{\mathrm{T}} \boldsymbol{p}_u\right)^2 + \lambda \left(\|\boldsymbol{q}_i\|^2 + \|\boldsymbol{p}_u\|^2\right) \tag{7.47}$$

7.5 混合推荐

为了提升推荐系统的准确率和用户对推荐结果的满意度，同时为了解决推荐系统扩展性、冷启动以及数据稀疏等问题，许多传统的推荐算法都结合一起，取长补短，称为混合推荐。混合推荐算法可以发挥不同推荐算法的优点，也可以弥补不同算法的缺点。

7.5.1 混合推荐简介

最常见的混合推荐系统是结合协同过滤 (CF) 和基于内容 (CB) 的过滤开展推荐工作的，使用混合推荐可以避免协同过滤和基于内容的过滤算法中的缺陷，并结合各自算法的优点。例如协同过滤可以充分利用用户意见做出更加精确的推荐，而基于内容的过滤可以充分使用物品内容信息而做出更加快速并完整的推荐。如果单独使用协同过滤，新加入系统的用户因为没有历史评分，系统无法给他做出满意的推荐，而基于内容的推荐可以弥补这一缺陷。当然，混合推荐系统还有很多其他的组合方式。

混合推荐中，不同的推荐方法有以下 4 种常见的结合方式：

（1）结合不同推荐系统的预测结果进行推荐；

（2）将一些协同过滤的特征整合到基于内容的推荐方法中；

（3）将一些基于内容的特征整合到协同过滤方法中；

（4）构建一个综合协同过滤和基于内容的过滤特性的统一通用框架。

下面分别介绍这 4 种结合方式。

7.5.2 结合不同的推荐系统

不同推荐系统算法的结合方式一般有以下几种：

（1）使用线性结合的方式或者权重结合的方式把各自的输出结果（如评分）进行整合；

（2）在特定的情况下，可以选择两种推荐中某一指标更好的推荐结果进行推荐。

P-Tango 对网络报纸进行在线推荐，它提出使用权重结合的方式把协同过滤和基于内容的推荐结合起来。一般来说，协同过滤算法和基于内容的推荐算法计算出来的得分都很重要。但是，对于不同类型的用户，这两种算法的重要程度并不一样，因此该系统对每个用户和每篇文章的算法预测都会赋予一个不同的权重，并且权重的大小会随用户兴趣的变化而变化。例如，刚开始的时候，对于每个用户，基于内容的过滤和协同过滤的权重值都是一样的，当用户开始做出评分时，通过计算基于内容的算法以及协同过滤算法推荐值的绝对误差调整权重，从而使误差最小。值得注意的是，用户刚进入系统的前一段时间，每个用户的权重可以调整得比较快，但是随着用户阅读或浏览的文章和评分数据越来越多，权重调整就会慢下来。

Daily Learner 系统选择在某一时刻下结果更好的推荐结果进行推荐，他提出结合协同过滤和基于知识的推荐系统（knowledge-based recommender system，KBRS）进行混合推荐 [20]。书中提出的框架可以非常方便地选择协同过滤或者基于知识的推荐结果进行推荐，或者可以结合两者的结果对用户做出最好的推荐。

7.5.3 在协同过滤中添加基于内容的特征

当数据特别稀疏时，很难找到用户给予共同评分的物品，由此难以计算用户的相似性。但是如果换个角度，采用用户购买的物品的内容描述用户，则可以比较用户之间的相似性。

一些混合推荐系统，包括 Collaboration Via Content 方法等，基于传统的协同过滤方法，同时也对每个用户维持一个基于内容的画像，这个画像可以计算两个用户之间的相似度，由此可以克服协同过滤存在的稀疏性问题。

7.5.4 在基于内容的推荐中加入协同过滤的特征

常用方法之一是首先对用户的历史行为进行分析，例如使用主题模型创建一个用户画像的协作图，其中，用户画像使用向量表示；其次根据物品相似度和用户历史行为为用户产生推荐列表，这样会比单纯使用基于内容的推荐效果更好。

7.5.5 构建一个统一推荐模型

对于如何构建一个统一的推荐模型，许多研究者花费了大量的精力。例如在一个单独的基于规则的分类器中使用内容特征以及协同特征（例如，用户的年龄或者性别，电影的种类）；又或者使用一个统一的基于 PLSA 概率模型结合基于内容的推荐和协同过滤方法 [21]。

7.5.6 混合推荐的优点和缺点

表 7.13 总结了 user-based CF、item-based CF、基于内容的推荐和混合推荐的优缺点。总的来说，混合推荐会比单纯使用某种算法的表现效果要好。混合推荐若包含基于内容的推荐，则该推荐就不会存在冷启动问题，若包含协同过滤算法，则可以充分利用用户的显性式反馈数据，由此得到更加精准的推荐结果。同时，混合推荐不会存在流行度偏颇的问题，它可以缓解商品的长尾效应，可以实现多样化的推荐。混合推荐的缺点是在结合各个算法时，可能会出现较多的问题。

表 7.13　不同推荐方式的优缺点

	user-based CF	item-based CF	基于内容的推荐	混合推荐
优点	在用户数较少时有较高的准确率	计算简单，容易实时响应	①新加入的物品不存在冷启动问题 ②用户独立性，不受物品行为数据稀疏性限制 ③具有很好的可解释性（如和之前购买的物品相似）	①不存在物品冷启动问题 ②推荐效果良好
缺点	①存在新用户冷启动问题 ②很难提供令用户信服的推荐解释 ③随着系统用户的增加，计算的时间复杂度会增加	①具有较强的推荐解释性 ②存在数据稀疏性问题和物品冷启动问题	①推荐结果没有新颖性，不能给用户带来惊喜 ②物品的特征抽取很难 ③存在新用户冷启动问题	在结合多种算法时，容易出现较多的问题

7.6　基于主题的推荐

7.6.1　为什么需要用到主题模型

前文提到过，基于内容的推荐可以使用向量空间模型表示。一般来说，当文本数据内容丰富时，由于长文本内容很长，会出现比较多的关键词，因此使用向量空间模型计算相似度可以获得比较准确的结果，但是如果文本内容很短，包含的关键词较少，那么向量空间模型就很难准确计算出两个文本内容的相似度。

假设有两篇新闻，新闻标题分别是“618 来了，你还在等什么呢？”和“双 11 就要来了，你准备好了吗？”。按照常理，可以知道这两个句子表达的含义类似，描述的都是购物狂欢节。两个句子的关键词分别为“618”和“双 11”，“618”和“双 11”经常在同一文档里面出现，那么它们就会有比较大的概率被分配到同一个主题下（这里仅仅是一个简单类比假设，真实情况下，这两条语句太短，LD 识别不出它们之间的区别）。在这种情况下，单纯计算文本内容的相似度是不够的，首先要知道文本内容的主题分布，才能够较为准确地计算文本内容的相似度，而如何确定文本内容的主题分布是主题模型 (topic model) 的研究重点。

主题模型是文本挖掘模型的一种，常用于挖掘文本文档集合中隐含的主题。主题模型认为不同的文档有着不同的主题分布，不同的主题在词语上也有着不同的概率分布，可看作一种词语聚类模型。其中，Latent Dirichlet Allocation (LDA) 模型是被广泛研究和应用的主题模型之一，该模型在 2003 年由 David 提出 [22]。接下来对 LDA 进行简单介绍，并不展开具体细节。

7.6.2　LDA 主题模型概述

LDA 是一个统计生成模型，它假设语料库或者文档集合中的每篇文章有不同的主题分布，每个主题也有不同的词语分布。这里不深究 LDA 的细节，仅简单介绍其输入和输出，让读者大致明白 LDA 的作用是什么。

LDA 的输入为每篇文档的词袋模型表示，也就是文档的词频表示。如果是中文文档，要得到文章的表示，需要先经过分词、去除停用词，再计算单词出现的词频数目，最后就可以得到一篇文档的表示。

LDA 的输出为每篇文档的主题分布, 即 $\theta = p(z|d)$，以及每个主题下的词语分布，即 $\varphi = p(w|z)$，和全部文档中每个词的主题赋值（其中，P 表示概率，z 表示主题，d 表示文档、w 表示单词）。

7.6.3 使用主题模型计算相似物品

从 7.6.2 节得知 LDA 可用于表示文章的主题分布。在推荐系统中，当物品的属性是文字内容时，例如新闻，LDA 对于新闻主题的挖掘就可以派上用场了。可以使用 LDA 挖掘新闻的主题分布以表示该篇新闻，并对新闻进行一个向量化的表示，然后使用该向量表示计算不同新闻之间的内容相似度。

具体地，在使用 LDA 计算物品的内容相似度时，可以先计算出物品内容的主题分布，即 LDA 的第一个输出——每篇文档的主题分布 $\theta = p(z|d)$，然后利用两个物品内容的主题分布计算物品的相似度。例如，两个物品内容的主题分布相似，那么就可以认为这两个物品是相似的，反之则可以认为它们之间的相似度较低。

由于主题模型得到的只是一个物品的向量表示结果，不能直接进行物品推荐，因此可以考虑采用基于内容的推荐中的基础算法 KNN 作为基础模型进行推荐。通常，对于物品的表示，要么直接利用单词的词频表示，要么使用 TF-IDF 表示，或者使用 SVD 向量表示，这里使用 LDA 得到主题分布 $\theta = p(z|d)$。

使用 d_i 表示第 i 篇新闻的表示向量，它等于 $p(z|d_i)$。与 d_{new} 这篇新闻最为相似的新闻是

$$d^{'} = \underset{d_i \in D}{\operatorname{argmax}} \operatorname{sim}(d_i, d_{\text{new}}) \tag{7.48}$$

其中，$\operatorname{sim}(d_i, d_{\text{new}})$ 表示新闻 d_i 与新闻 d_{new} 的相似度，D 表示新闻集合，具体可采用余弦相似度、欧几里得距离、皮尔逊等相似度公式计算，以余弦相似度为例：

$$\operatorname{sim}(d_i, d_j) = \cos\alpha = \frac{\sum\limits_{k=1}^{|\gamma|}(d_{i,k}d_{j,k})}{\sqrt{\sum\limits_{k=1}^{|\gamma|} d_{i,k}^2}\sqrt{\sum\limits_{k=1}^{|\gamma|} d_{j,k}^2}} \tag{7.49}$$

其中，$|\gamma|$ 表示特征的数量。d_j，$j = 1, \cdots, k$ 表示用户看过且与 d_{new} 最相似的 k 篇新闻。可以使用用户对这 k 篇新闻的显性态度（例如使用 $r(d_j)$ 表示该用户对随后第 j 篇新闻的打分值）计算用户是否会对 d_{new} 感兴趣或者打很高的分。

$$\hat{r}_{\text{KNN}}(d_{\text{new}}) = \frac{\sum\limits_{j=1}^{k} r(d_j)\cdot \operatorname{sim}(d_j, d_{\text{new}})}{\sum\limits_{j=1}^{k} \operatorname{sim}(d_j, d_{\text{new}})} \tag{7.50}$$

其中，$\hat{r}_{\mathrm{KNN}}(d_{\mathrm{new}})$ 表示用户对 d_{new} 的评分。

综上所述，使用主题模型对物品内容进行向量表示的推荐算法大致分为三步：①计算物品内容的主题分布；②根据主题分布计算物品内容的相似度；③为用户推荐与其过去喜欢的物品相似的其他物品。

7.6.4 使用主题模型计算相似用户

由于 LDA 可用来表示文章的主题分布，即某篇文章下某个主题的（分布）概率，同时也可以得到每个主题下的词语分布（概率），因此可以获得到某篇文章下某个词语出现的概率。

文章一般由单词组成。在推荐场景中，若把一个用户的所有购买记录当成一篇文章，把其中的物品当成一个个单词会怎么样呢？既然通过 LDA 可以得到某篇文章下某个词语出现的概率，那么，也可以得到某个用户购买某个物品的概率。

把用户看成一个文档 F，g_i 表示用户购买的第 i 个物品，则 $F=(g_1,g_2,\cdots,g_n)$，$\boldsymbol{z}$ 表示购买物品（文章）的主题分布，其中，z_i 表示 z 的第 i 个主题，则 $z=(z_1,z_2,\cdots,z_m)$。

$\theta=p(z|F)$ 表示用户购买物品的主题分布；$\varphi=p(g|\boldsymbol{z})$ 表示某个主题下的物品分布。符号 f_i 表示第 i 个用户的表示向量，$f_i=p(\boldsymbol{z}|F_i)$，$F$ 表示第 i 个用户，与 f_{new} 这个用户最为相似的用户是

$$f^{'}=\underset{f_i\in F}{\arg\max}\,\mathrm{sim}(f_i,f_{\mathrm{new}}) \tag{7.51}$$

第 i 个用户购买第 j 个物品的概率可以用以下公式计算：

$$p(g_i|F_i)=\sum_{z\in Z}p(g_i|z)p(z|F_i) \tag{7.52}$$

7.7 基于深度学习的推荐算法

深度学习是机器学习领域的一个重要分支，近年来在自然语言处理、计算机视觉、对话系统、强化学习等领域取得了不菲的成绩。将深度学习融入推荐系统也成为研究热潮。如何整合海量的多源异构数据，从海量的数据中学习到用户和物品的隐表示，从而构建推荐系统模型，最终向用户产生有效的推荐列表，以此提高推荐系统的准确率和用户满意度，已成为基于深度学习的推荐算法的主要研究任务。

基于深度学习的推荐系统框架如图 7.7 所示，它包含输入层、模型层以及输出层。输入层主要是输入数据，包括用户显性式或隐性式反馈数据、用户画像和物品内容等信息，以及其他的辅助信息等。在模型层，一般使用受限玻耳兹曼机 (restricted boltzmann machine, RBM)、自动编码器 (auto encoder，AE)、卷积神经网络 (convolutional neural networks, CNN)、循环神经网络 (recurrent neural network，RNN)、深度神经网络 (deep neural networks，DNN) 等深度学习模型。经深度模型训练之后，输出层输出用户和物品的隐性表示，再通过内积、Softmax 或各种相似度计算方法为目标用户生成物品的推荐列表。

前文介绍了矩阵分解 MF 方法。矩阵分解把一个用户-物品评分矩阵拆解成了两个小的矩阵，一个用于表示用户向量矩阵 $\boldsymbol{P}$，另一个是用于表示物品向量矩阵 $\boldsymbol{Q}$，计算用户 u 对物品 i 的预测评分可以直接使用 $\boldsymbol{P}$ 中的第 u 行向量与 $\boldsymbol{Q}$ 中的第 i 列向量做点积。作

者 Xiangnan He 在其论文 [23] 中表示，当他把得到的所有用户向量映射到同一个用户隐式空间后发现，该方法得到的用户向量在空间中的位置并不能够正确表示用户之间的相近关系，由此作者提出了另一种获得用户向量与物品向量的方法，即神经协同过滤（neural collaborative filtering，NCF），如图 7.8 所示。

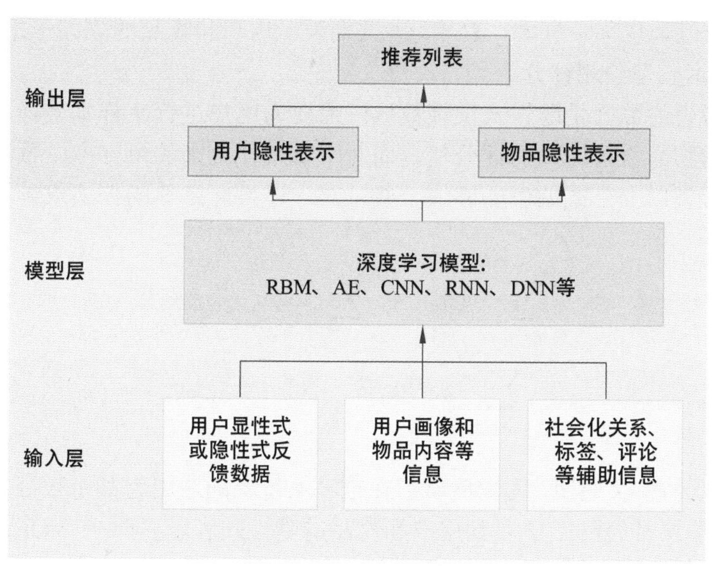

图 7.7　基于深度学习的推荐系统框架

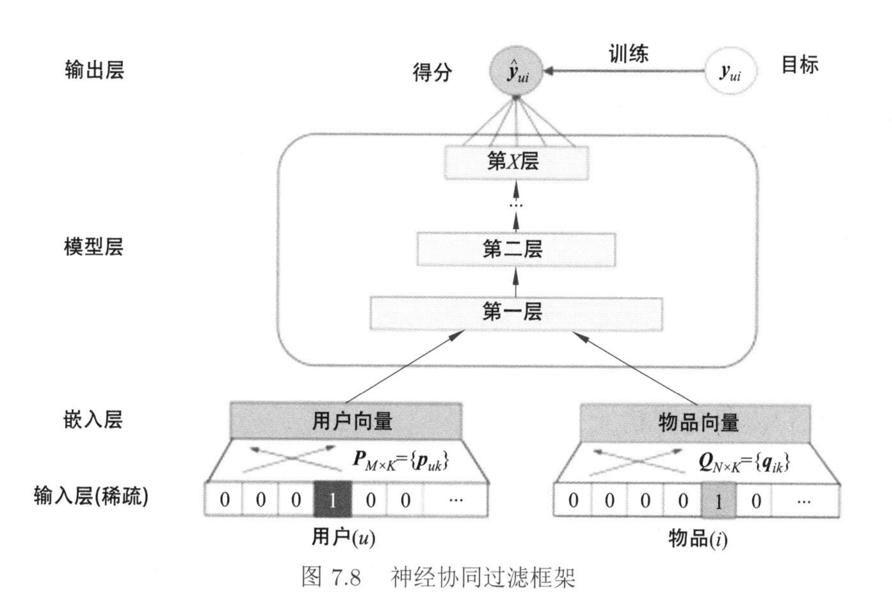

图 7.8　神经协同过滤框架

NCF 利用多层感知机获取用户向量和物品向量的表示，进而利用两者的乘积得到用户对物品的评分。输入层输入的是用户和物品的 one-hot 向量表示，中间经过了 X 层感知机，最后得到用户对物品的预测评分值 $\hat{y}_{ui}$，进而与实际值 y_{ui} 进行比较，持续训练，直到把损失函数的值降到最低。

模型的一个目标函数公式如下：

$$p(y, y^{-}|\boldsymbol{P}, \boldsymbol{Q}, \Theta_f) = \prod_{(u,i)\in y} \hat{y}_{ui} \prod_{(u,i)\in y^{-}} (1 - \hat{y}_{ui}) \tag{7.53}$$

其中，y 表示能够在用户–物品评分矩阵中观测到的交互，y^{-} 表示未能在用户–物品评分矩阵中观测到的交互，也称负样本，$\boldsymbol{P}$ 和 $\boldsymbol{Q}$ 分别表示用户和物品的隐因子矩阵，Θ_f 表示模型参数，$\hat{y}_{ui}$ 表示模型预测评分。

由于这里考虑的数据是隐性式反馈数据，需要为用户进行负样本采样，目标是尽可能对用户评过分的物品给予较高的评分值，而对于负采样上来的负样本，预测到一个较低的评分值，因此希望以上公式的值能够大一些，对上述目标函数的公式求导，得到如下损失函数公式。

$$\begin{aligned} L &= \sum_{(u,i)\in y} \log \hat{y}_{ui} - \sum_{(u,i)\in y^{-}} \log(1 - \hat{y}_{ui}) \\ &= \sum_{(u,i)\in y\cup y^{-}} \check{y}_{ui} \log \hat{y}_{ui} + (1 - \hat{y}_{ui}) \log(1 - \hat{y}_{ui}) \end{aligned} \tag{7.54}$$

NCF 框架既简单又通用，为深度学习在推荐系统上的应用起到了很好的指导和示范作用，NCF 利用多层神经网络学习到用户和物品的隐性式表示。除了 NCF，在推荐系统中常用的多层神经网络模型还有 CCCFNet、wide&deep 、DeepFM 等。

7.8 推荐算法案例

本节通过搭建一个真实的电影推荐系统为例，具体介绍每个推荐算法是如何进行电影推荐的。该电影推荐系统的主要任务是为每个用户推荐 Top N 部电影。同时请注意，这里没有进行测试集以及训练集的划分，而是把所有的数据都当成训练集进行训练，故本案例中没有对推荐的结果进行准确率或者召回率等指标的衡量，只是简单地给出一个推荐结果。

本节主要分为两部分，一是数据的读取与分析，包括对电影数据集的处理以及可视化分析；二是推荐算法的应用，包括基于流行度的推荐算法实现、基于物品的协同过滤推荐算法实现、基于用户的协同过滤推荐算法实现以及基于 SVD 的推荐算法实现。

7.8.1 数据的读取与分析

数据集使用 MovieLens 100k 电影数据集，该数据集记录了 943 个用户对 1682 部电影的共计 100000 条评分数据。其中，每个用户至少对 20 部电影进行了评分。主要使用到数据集里的 3 份数据，分别是电影评分数据、电影信息数据和用户信息数据，对应的文件分别是 MovieLens 100k 中的 u.data、u.item 和 u.user。

接下来对这 3 份数据分别进行分析。这里，首先使用如下代码对 3 份数据进行读取。

```
# 读取电影评分数据
rating = pd.read_csv('./data/u.data',sep='\t',header=None,
                     names=['user_id','movie_id','rating','time'])
```

```
# 读取电影信息数据
movie = pd.read_csv('./data/u.item',sep='\|',header=None,names = ['movie_id','movie_
    title','release_date','video_release_date','IMDb_URL',
   'unknown','Action','Adventure','Animation','Children','Comedy',
   'Crime','Documentary','Drama','Fantasy','Film-Noir','Horror',
   'Musical', 'Mystery','Romance','Sci-Fi','Thriller','War','Western'])
# 读取用户信息数据
user = pd.read_csv('./data/u.user',sep='\|',header=None,names=['user_id',
   'age','gender','occupation','zip_code'])
```

1. 电影评分数据

1）电影评分数据基本信息

电影评分数据 (u.data) 的每条评分记录都包含 4 个字段：用户 id、电影 id、该用户对该电影的评分值以及时间戳，如图 7.9 所示。用户 id 和电影 id 都使用从 1 开始的连续数值表示。另外，该数据集中的每条记录都是随机排序的，下面的代码输出了基本的数据信息。

```
print(rating.shape) # 打印评分数据的矩阵大小
print(list(rating.columns)) # 打印评分数据的列名
user_num = len(set(rating.user_id.tolist())) # 用户数量
item_num = len(set(rating.movie_id.tolist())) # 电影数量
print("用户数为：{0}，电影数为：{1}".format(user_num,item_num))
rating.head(5) # 显示前5行数据
```

结果显示为

```
(100000, 4)

['user_id', 'movie_id', 'rating', 'time']

用户数为：943，电影数为：1682
```

	user_id	movie_id	rating	time
0	196	242	3	881250949
1	186	302	3	891717742
2	22	377	1	878887116
3	244	51	2	880606923
4	166	346	1	886397596

图 7.9　电影评分数据

2）电影评分数据评分分布

接下来用代码输出电影评分分布，代码如下。

```
rating.rating.value_counts(sort=False).plot(kind='bar') # 统计不同打分人群数量，并且画
    # 出直方图
plt.title('Rating Distribution\n') # 设置直方图的标题
plt.xlabel('Rating') # 设置x轴标题
plt.ylabel('Count') # 设置y轴标题
plt.savefig('picture1.png',bbox_inches='tight') # 保存图片
plt.show() # 输出图片
```

结果显示如图 7.10 所示。

从图 7.10 可以看出大部分评分都在 3~4 分，比较符合现实情况，用户打 1 分和打 5 分的情况较少。

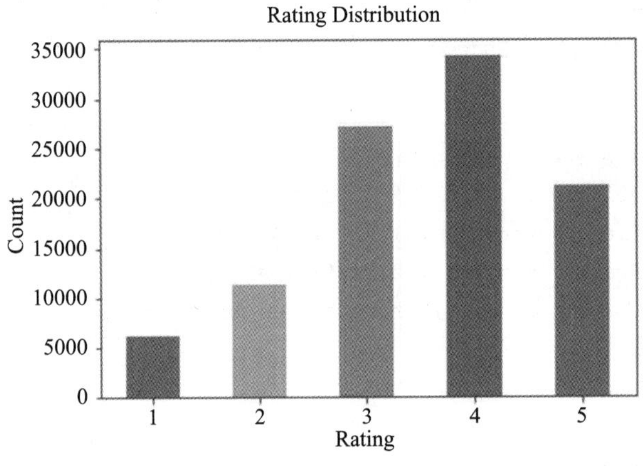

图 7.10　电影评分数据分布

2. 电影信息数据

电影信息数据 (u.item) 提供了 1682 条电影基本信息。每条电影信息由 24 个字段表示，包括电影 ID、电影名、电影发布类型等，如图 7.11 所示。值得一提的是最后 19 个字段代表电影类型，例如该部电影是喜剧 (comedy) 或者恐怖片 (thriller) 等，若某个字段显示为 1，则代表“是”；显示为 0，则代表“不是”。另外，每部电影都可以同时属于多种不同的电影类型，用下面的代码输出基本的数据信息。

```
print(movie.shape) # 打印电影数据的矩阵大小
print(list(movie.columns)) # 打印电影数据的列名
movie.head(n=5) # 显示前5行电影数据
```

结果显示为

```
(1682, 24)
['movie_id','movie_title','release_date',
```

```
'video_release_date','IMDb_URL','unknown','Action','Adventure',
'Animation','Children','Comedy','Crime','Documentary','Drama',
'Fantasy','Film-Noir','Horror','Musical','Mystery','Romance','Sci-Fi',
'Thriller', 'War', 'Western']
```

	movie_id	movie_title	release_date	video_release_date	IMDb_URL	unknown	Action	Adventure	Animation	Children	...	Fantasy	Film-Noir
0	1	Toy Story (1995)	01-Jan-1995	NaN	http://us.imdb.com/M/title-exact?Toy%20Story%2...	0	0	0	1	1	...	0	0
1	2	GoldenEye (1995)	01-Jan-1995	NaN	http://us.imdb.com/M/title-exact?GoldenEye%20(...	0	1	1	0	0	...	0	0
2	3	Four Rooms (1995)	01-Jan-1995	NaN	http://us.imdb.com/M/title-exact?Four%20Rooms%...	0	0	0	0	0	...	0	0
3	4	Get Shorty (1995)	01-Jan-1995	NaN	http://us.imdb.com/M/title-exact?Get%20Shorty%...	0	1	0	0	0	...	0	0
4	5	Copycat (1995)	01-Jan-1995	NaN	http://us.imdb.com/M/title-exact?Copycat%20(1995)	0	0	0	0	0	...	0	0

图 7.11　电影数据基本信息

3. 用户信息数据

1）用户信息数据的基本情况

用户信息数据 (u.user) 提供了 943 位用户的年龄、性别、职业以及邮政编码等信息数据，包含 943 个用户的信息数据，如图 7.12 所示，用如下代码输出对应的数据信息。

```
print(user.shape) # 打印用户数据的矩阵大小
print(list(user.columns)) # 打印用户数据的列名
user.head(n=5) # 显示前5行用户数据
```

结果显示为

```
(943, 5)
['user_id', 'age', 'gender', 'occupation', 'zip_code']
```

	user_id	age	gender	occupation	zip_code
0	1	24	M	technician	85711
1	2	53	F	other	94043
2	3	23	M	writer	32067
3	4	24	M	technician	43537
4	5	33	F	other	15213

图 7.12　用户数据基本信息

2）用户信息数据的年龄分布

用如下代码输出活跃用户的年龄分布。输出结果如图 7.13 所示，可以看出活跃用户的年龄段为 20~30 岁。

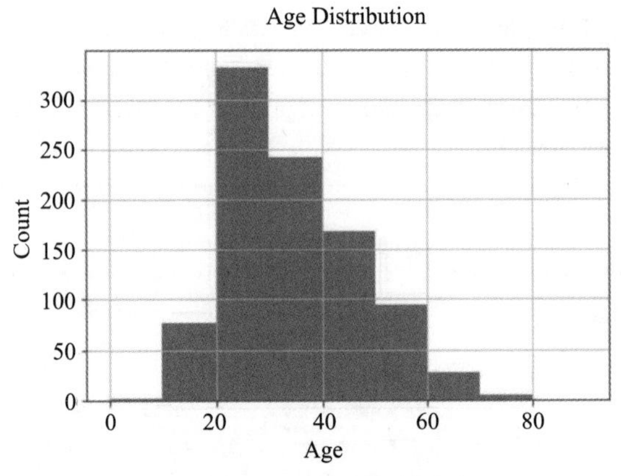

图 7.13　活跃用户年龄分布

```
user.age.hist(bins=[0,10,20,30,40,50,60,70,80,90]) # 查看不同年龄分布下的用户数量
plt.title('Age Distribution\n') # 设置直方图标题
plt.xlabel('Age') # 设置x轴标题
plt.ylabel('Count') # 设置y轴标题
plt.savefig('picture2.png',bbox_inches='tight') # 保存直方图
plt.show() # 显示直方图
```

3）用户信息数据的性别分布

用如下代码输出用户信息的性别分布。输出结果如图 7.14 所示，可以看出男性观影者明显多于女性观影者，占总人数的 71.05%。

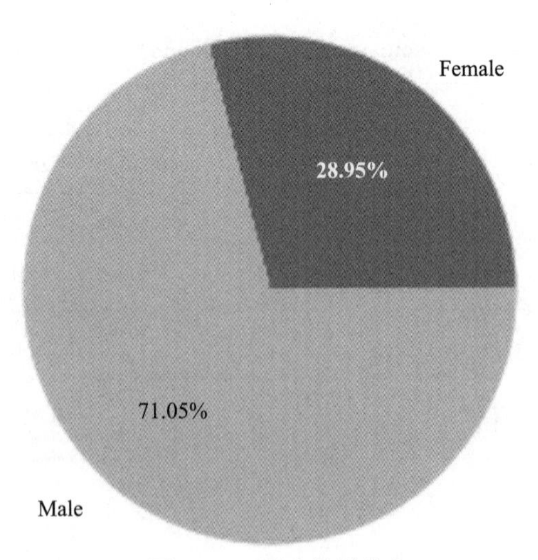

图 7.14　用户性别分布

```
Female_num = 0 # 女性数量
Male_num = 0 # 男性数量
for i in user.gender.tolist(): # 统计数据中的男性数量和女性数量
    if i == 'F':
        Female_num += 1
    else:
        Male_num += 1
x = [Female_num,Male_num]
labels = ['Female','Male']
plt.pie(x,labels=labels,autopct='%1.2f%%') # 输入男性数量和女性数量，画出饼图
plt.title("Gender Distribution\n") # 设置饼图标题
plt.savefig('picture3.png',bbox_inches='tight') # 保存饼图
plt.show() # 显示图形
```

7.8.2 推荐算法的应用

1. 基于流行度的推荐算法

基于流行度的推荐算法不生成个性化推荐结果，它为每位用户推荐受人们欢迎的电影，适合应对用户冷启动问题。尽管它并不具有个性化，但事实证明，大部分人还是喜欢流行的东西，长尾理论也可以验证这一点。由图 7.15 可知，只有少数几部电影被 500 ~ 600 个用户看过，这几部电影也是该数据集中最受欢迎的电影，这里把它们推荐给所有的用户。

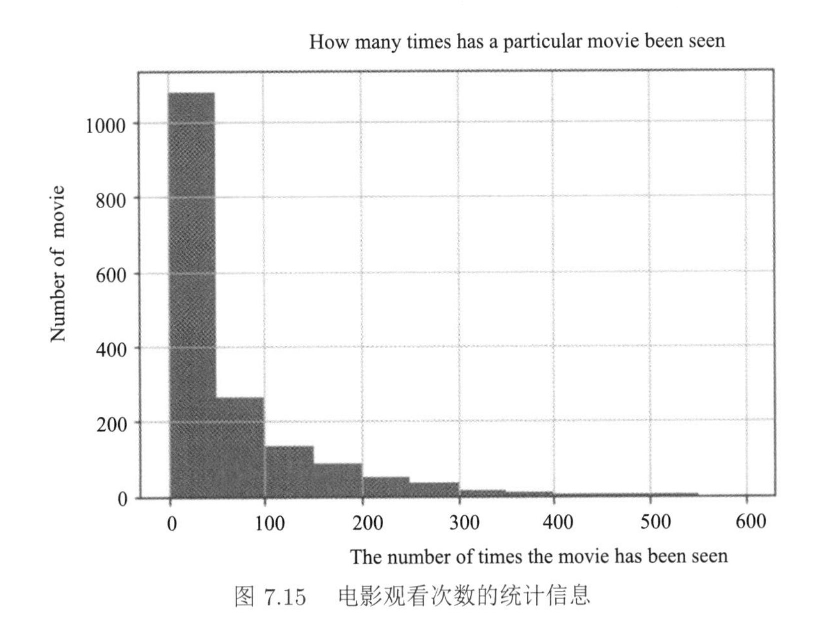

图 7.15 电影观看次数的统计信息

```
rating_count = pd.DataFrame(rating.groupby('movie_id')['rating'].count())
        #按照movie_id统计每部电影被多少用户看过
```

```
rating_count = rating_count.rename(columns={'rating':'counts'})
            #更改rating列名为counts
rating_count.counts.hist(bins=
[0,50,100,150,200,250,300,350,400,450,500,550,600]) #画出直方图
plt.title('How many times has a particular movie been seen\n') # 设置标题
plt.xlabel('The number of times the movie has been seen') # 设置x轴标题
plt.ylabel('Number of movie') # 设置y轴标题
plt.savefig('picture4.png',bbox_inches='tight') # 保存图形
plt.show() # 显示图形
```

由图 7.16 可知，最受欢迎的电影是 *Star Wars*(1977)，该部电影共被 583 个用户观看，其次是 *Contact*(1997) 以及 *Fargo*(1996)，它们分别被 509 个以及 508 个用户观看。那么，基于流行度的推荐，可以直接为每个用户推荐这 10 部热门电影。

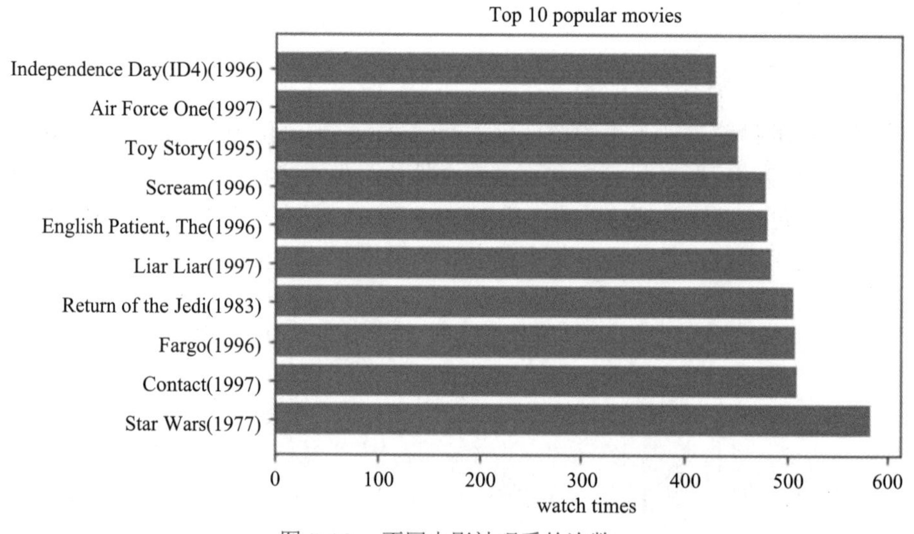

图 7.16　不同电影被观看的次数

```
list_ = rating_count.sort_values('counts',ascending=False).head(10) #得到最受欢迎的
    # 10部电影
movie_list = pd.DataFrame(list_)
most_popular_movie = pd.merge(movie_list,movie,on='movie_id')
    # 把两个表格合并，获得想要的数据
movie_title_list = most_popular_movie.movie_title.tolist() # 获取电影名
counts_list = most_popular_movie.counts.tolist() # 获取电影被观看次数
y_pos = np.arange(len(movie_title_list))
plt.barh(y_pos, counts_list) # 画图
plt.yticks(y_pos, movie_title_list) # 设置y轴刻度的文字
plt.xlabel('watch times') # 设置x轴标题
```

```
plt.title('Top 10 popular movies') # 设置图形标题
plt.savefig('picture5.png',bbox_inches='tight') # 保存图形
plt.show() # 显示图形
```

2. 基于物品的协同过滤推荐算法

基于物品的协同过滤推荐主要分为两步：

（1）计算物品相似度；

（2）根据物品相似度和用户历史行为为用户生成推荐列表。

为用户推荐 10 部电影的相关代码如下，推荐结果如图 7.17 所示。

	movie_id	movie_title	release_date	video_release_date	IMDb_URL	unknown	Action	Adventure	Animation	Children	...	Fantasy	Film-Noir	Horr
0	405	Mission: Impossible (1996)	22-May-1996	NaN	http://us.imdb.com/M/title-exact?Mission:%20Im...	0	1	1	0	0	...	0	0	
1	385	True Lies (1994)	01-Jan-1994	NaN	http://us.imdb.com/M/title-exact?True%20Lies%2...	0	1	1	0	0	...	0	0	
2	423	E.T. the Extra-Terrestrial (1982)	01-Jan-1982	NaN	http://us.imdb.com/M/title-exact?E%2ET%2E%20th...	0	0	0	0	1	...	1	0	
3	393	Mrs. Doubtfire (1993)	01-Jan-1993	NaN	http://us.imdb.com/M/title-exact?Mrs.%20Doubtf...	0	0	0	0	0	...	0	0	
4	403	Batman (1989)	01-Jan-1989	NaN	http://us.imdb.com/M/title-exact?Batman%20(1989)	0	1	1	0	0	...	0	0	
5	550	Die Hard: With a Vengeance (1995)	01-Jan-1995	NaN	http://us.imdb.com/M/title-exact?Die%20Hard:%2...	0	1	0	0	0	...	0	0	
6	285	Secrets & Lies (1996)	04-Oct-1996	NaN	http://us.imdb.com/M/title-exact?Secrets%20&%2...	0	0	0	0	0	...	0	0	
7	462	Like Water For Chocolate (Como agua para choco...	01-Jan-1992	NaN	http://us.imdb.com/M/title-exact?Como%20agua%2...	0	0	0	0	0	...	0	0	
8	568	Speed (1994)	01-Jan-1994	NaN	http://us.imdb.com/M/title-exact?Speed%20(1994/I)	0	1	0	0	0	...	0	0	
9	588	Beauty and the Beast (1991)	01-Jan-1991	NaN	http://us.imdb.com/M/title-exact?Beauty%20and%...	0	0	0	1	1	...	0	0	

图 7.17　基于物品的协同过滤推荐算法的推荐结果

```
import math
from operator import itemgetter
def get_item_sim(rating):   # rating 为用户行为数据，得到物品相似度
    user_watch = {}  #用户所有看过的电影以及评分
    for index in range(0,len(rating)):
        u = rating.iloc[index]['user_id'] # 获取用户id
        i = rating.iloc[index]['movie_id'] # 获取电影id
        r = rating.iloc[index]['rating'] # 获取用户对电影的评分
        user_watch.setdefault(u,{}) # 设置字典
        user_watch[u][i] = r # 用字典保存某一用户对某一电影的评分
    C = {}     #得到电影共同出现的次数
    N = {}     #得到电影被多少用户看过的数量
```

```
    for user,movies in user_watch.items():
        for i in movies:
            N.setdefault(i,0)
            N[i] += 1
            for j in movies:
                C.setdefault(i,{})
                C[i].setdefault(j,0)
                C[i][j] += 1 # 共同出现的电影计数加1
    W = {}     #根据共同出现的次数以及单独出现的次数计算相似度矩阵
    for i,related_movie in C.items():
        for j , co_count in related_movie.items():
            W.setdefault(i,{})
            W[i].setdefault(j,0)
            W[i][j] = co_count/math.sqrt(N[i]*N[j]) # 电影相似度矩阵
    return user_watch,W # 返回用户对电影的评分字典和电影相似度矩阵

def item_based_recommend_list(user_watch,W,user_id,K,N): # 为用户推荐N部电影
    rank = {} # 存储候选推荐电影的得分，用于后续为用户推荐最可能感兴趣的电影
    had_watch = user_watch[user_id] # 用户看过的电影
    for i,rating in had_watch.items():
        # 按相似度取出电影id
        for j,wj in sorted(W[i].items(),key=itemgetter(1),reverse=True)[0:K]:
            if j in had_watch: # 如果是用户看过的电影，则跳过
                continue
            rank.setdefault(j,0)
            rank[j] += wj*rating # 根据电影相似度以及用户对看过的电影的评分计算候选电影
      # 的得分
    items = sorted(rank.items(),key=itemgetter(1),reverse=True)[:N] # 对候选电影集
      # 进行排序
    rec_item = [i for i,j in items] # 将推荐电影集存储为列表
    rec_item = pd.DataFrame({'movie_id':rec_item}) # 将推荐电影集列表转换为dataframe
    itembased_rec_item = pd.merge(rec_item,movie,on='movie_id') # 得到推荐电影集
    return itembased_rec_item

user_watch,W = get_item_sim(rating) # 获取用户对电影的评分字典和电影相似度矩阵
item_based_recommend_list(user_watch,W,1,5,10) #用户1推荐10部电影
```

3. 基于用户的协同过滤推荐算法

基于用户的协同过滤推荐主要分为两步：

（1）计算用户相似度；

（2）根据用户相似度和用户历史行为为用户生成推荐列表。

为用户推荐 10 部电影的相关代码如下，推荐结果如图 7.18 所示。

```
import math
from operator import itemgetter
def get_user_sim(rating):   #rating为用户行为数据，得到物品相似度
    user_watch = {}  #用户所有看过的电影以及评分
    for index in range(0,len(rating)):
        u = rating.iloc[index]['user_id'] # 获取用户id
        i = rating.iloc[index]['movie_id'] # 获取电影id
        r = rating.iloc[index]['rating'] # 获取用户对电影的评分
        user_watch.setdefault(u,{}) # 设置字典
        user_watch[u][i] = r # 用字典保存某一用户对某一电影的评分
    W = {} # 保存不同用户的相似度
    for i, movies in user_watch.items():
        for j, movies in user_watch.items():
            if i == j:
                continue
            else:
                W.setdefault(i,{})
                W[i].setdefault(j,0)
                co_watch = list(set(user_watch[i]).union(set(user_watch[j]))) # 共现电
                    影数量
                W[i][j] = len(co_watch)/math.sqrt(len(user_watch[i])*len(user_watch[j
                    ])) # 计算用户相似度
    return user_watch,W

def user_based_recommend_list(user_watch,W,user_id,K,N): #为用户推荐N部电影
  rank = {} # 存储候选推荐电影的得分，用于后续为用户推荐最可能感兴趣的电影
    had_watch = user_watch[user_id] # 用户看过的电影按相似度取出电影id
    for user,w in sorted(W[user_id].items(),key=itemgetter(1),reverse=True)[0:K]:
        for item, r in user_watch[user].items():
            if item in had_watch:
                continue
            else:
                rank.setdefault(item,0)
                rank[item] += w*r
                    # 根据电影相似度以及用户对看过的电影的评分计算候选电影的得分
    items = sorted(rank.items(),key=itemgetter(1),reverse=True)[:N] # 对候选电影集进
        # 行排序
    rec_item = [i for i,j in items] # 将推荐电影集存储为列表
    rec_item = pd.DataFrame({'movie_id':rec_item}) # 将推荐电影集列表转换为dataframe
    itembased_rec_item = pd.merge(rec_item,movie,on='movie_id') # 得到推荐电影集
    return itembased_rec_item
user_watch,W_user = get_user_sim(rating) # 获取用户对电影的评分字典和电影相似度矩阵
user_based_recommend_list(user_watch,W_user,1,5,10) #用户1推荐10部电影
```

	movie_id	movie_title	release_date	video_release_date	IMDb_URL	unknown	Action	Adventure	Animation	Children	...	Fantasy	Film-Noir	Horr
0	288	Scream (1996)	20-Dec-1996	NaN	http://us.imdb.com/M/title-exact?Scream%20(1996)	0	0	0	0	0	...	0	0	
1	313	Titanic (1997)	01-Jan-1997	NaN	http://us.imdb.com/M/title-exact?imdb-title-12...	0	1	0	0	0	...	0	0	
2	300	Air Force One (1997)	01-Jan-1997	NaN	http://us.imdb.com/M/title-exact?Air+Force+One...	0	1	0	0	0	...	0	0	
3	286	English Patient, The (1996)	15-Nov-1996	NaN	http://us.imdb.com/M/title-exact?English%20Pat...	0	0	0	0	0	...	0	0	
4	315	Apt Pupil (1998)	23-Oct-1998	NaN	http://us.imdb.com/Title?Apt+Pupil+(1998)	0	0	0	0	0	...	0	0	
5	333	Game, The (1997)	01-Jan-1997	NaN	http://us.imdb.com/M/title-exact?Game%2C+The+(...	0	0	0	0	0	...	0	0	
6	331	Edge, The (1997)	26-Sep-1997	NaN	http://us.imdb.com/M/title-exact?Edge%2C+The+(...	0	0	1	0	0	...	0	0	
7	346	Jackie Brown (1997)	01-Jan-1997	NaN	http://us.imdb.com/M/title-exact?imdb-title-11...	0	0	0	0	0	...	0	0	
8	334	U Turn (1997)	01-Jan-1997	NaN	http://us.imdb.com/Title?U+Turn+(1997)	0	1	0	0	0	...	0	0	
9	323	Dante's Peak (1997)	07-Feb-1997	NaN	http://us.imdb.com/M/title-exact?Dante's%20Pea...	0	1	0	0	0	...	0	0	

图 7.18　基于用户的协同过滤推荐算法的推荐结果

4. 基于 SVD 的推荐算法

SVD 属于矩阵分解的一种，其主要思路是把用户-物品评分矩阵拆分成两个矩阵 P 和 Q，从而补全原有的用户-物品评分矩阵，并基于此为用户推荐预测评分高的物品，这里的物品即电影。为用户推荐电影的相关代码如下，推荐结果如图 7.19 所示。

	movie_id	movie_title	release_date	video_release_date	IMDb_URL	unknown	Action	Adventure	Animation	Children	...	Fantasy	Film-Noir	Horror
0	1605	Love Serenade (1996)	11-Jul-1997	NaN	http://us.imdb.com/M/title-exact?Love+Serenade...	0	0	0	0	0	...	0	0	0
1	915	Primary Colors (1998)	20-Mar-1998	NaN	http://us.imdb.com/Title?Primary+Colors+(1998)	0	0	0	0	0	...	0	0	0
2	1679	B. Monkey (1998)	06-Feb-1998	NaN	http://us.imdb.com/M/title-exact?B%2E+Monkey+(...	0	0	0	0	0	...	0	0	0
3	1230	Ready to Wear (Pret-A-Porter) (1994)	01-Jan-1994	NaN	http://us.imdb.com/Title?Pr%EAt-%E0-Porter+(1994)	0	0	0	0	0	...	0	0	0
4	1166	Love & Human Remains (1993)	01-Jan-1993	NaN	http://us.imdb.com/M/title-exact?Love%20&%20Hu...	0	0	0	0	0	...	0	0	0
5	1452	Lady of Burlesque (1943)	01-Jan-1943	NaN	http://us.imdb.com/M/title-exact?Lady%20of%20B...	0	0	0	0	0	...	0	0	
6	1120	I'm Not Rappaport (1996)	13-Nov-1996	NaN	http://us.imdb.com/M/title-exact?I'm%20Not%20R...	0	0	0	0	0	...	0	0	
7	1494	Mostro, Il (1994)	19-Apr-1996	NaN	http://us.imdb.com/M/title-exact?Mostro,%20Il%...	0	0	0	0	0	...	0	0	
8	414	My Favorite Year (1982)	01-Jan-1982	NaN	http://us.imdb.com/M/title-exact?My%20Favorite...	0	0	0	0	0	...	0	0	
9	1469	Tom and Huck (1982)	01-Jan-1995	NaN	http://us.imdb.com/M/title-exact?Tom%20and%20H...	0	0	1	0	1	...	0	0	

图 7.19　基于 SVD 推荐算法的推荐结果

```
def show_epoch_cost_value(cost_of_epoch): # SVD训练损失曲线图
    nums = range(len(cost_of_epoch)) # 迭代轮数
    plt.plot(nums,cost_of_epoch,label='cost value\n')
        # 画出不同迭代轮数下的损失曲线图
    plt.xlabel("# of epoch") # 设置x轴标题
    plt.ylabel('cost') # 设置y轴标题
```

```
    plt.legend()
    plt.savefig('picture6.png',bbox_inches='tight') # 保存图片
    plt.show() # 显示图片

def SVD_train(data,factor,epoch,alpha,beta): # SVD训练函数，返回用户和物品矩阵
    P = np.random.rand(user_num,factor) * 5 # 用户矩阵
    Q = np.random.rand(item_num,factor) * 5 # 物品矩阵
    cost_of_epoch = [] # 保存不同轮数的损失值
    old_e = 0.0
    for epoch in range(epoch):
        print("current epoch is {}".format(epoch)) # 打印当前迭代轮数
        current_e = 0.0
        for index in range(0,len(data)):
            u = rating.iloc[index]['user_id'] - 1 # 用户id
            i = rating.iloc[index]['movie_id'] - 1 # 物品id
            r = rating.iloc[index]['rating'] # 用户对物品的打分
            pr = np.dot(P[u],Q[i])
            err = r - pr
            current_e = pow(err,2) #损失值
            P[u] += alpha * (err * Q[i] - beta * P[u])
            Q[i] += alpha * (err * P[u] - beta * Q[i])
            current_e += (beta/2) * (sum(pow(P[u],2)) + sum(pow(Q[i],2)))
                # 计算损失
        cost_of_epoch.append(current_e) # 保存每轮的损失值
        print("cost is {}".format(current_e)) # 打印当前损失值
        if abs(current_e - old_e) < 0.01: # 若当前损失和上一轮损失相差较小，则跳出
            break
        old_e = current_e # 更新上一轮的损失
        alpha *= 0.9  # 计算系数
    show_epoch_cost_value(cost_of_epoch) # 展示损失值
    return P,Q

def get_user_watch(rating):#计算的是每个用户看过什么电影
    user_watch = {} # 用字典保存用户看过的电影
    for index in range(0,len(rating)):
        u = rating.iloc[index]['user_id'] # 用户id
        i = rating.iloc[index]['movie_id'] # 电影id
        user_watch.setdefault(u,[])
        user_watch[u].append(i)
    print(user_watch) # 打印字典
    return user_watch # 返回用户-电影字典

def SVD_Recommand_List(P,Q,user_watch,user_id,k): # 输出SVD推荐结果
    user_items = {}
    for item_id in range(item_num):
```

```
        if item_id in user_watch[user_id]:
            continue
        pr = np.dot(P[user_id],Q[item_id])
        user_items[item_id] = pr # 保存候选推荐集
    items = sorted(user_items.items(),key=lambda x:x[1],reverse=True)[:k]
        # 对候选推荐集进行排序，取topk
    rec_item = [i for i,j in items] # 保存推荐集为liat
    rec_item = pd.DataFrame({'movie_id':rec_item}) # 将推荐集转换为dataframe
    SVD_rec_item = pd.merge(rec_item,movie,on='movie_id') # 获取推荐电影名
    return SVD_rec_item # 返回推荐结果

user_watch = get_user_watch(rating)
P,Q = SVD_train(rating,50,40,0.001,0.02)
SVD_Recommand_List(P,Q,user_watch,1,10)
```

以上是电影推荐系统的案例，所有代码均可在本书的配套资源中获得。

7.9 小　　结

本章主要介绍了数据挖掘中的一个典型应用——推荐系统。首先对推荐系统进行了简要概述，进而介绍了推荐系统的个性化建模方法，之后介绍了推荐系统的各种算法，包括基于内容的推荐、基于协同过滤的推荐、混合推荐、基于主题模型的推荐以及基于深度学习的推荐。

7.1 节主要介绍了推荐系统的发展、应用实例、评价指标以及目前存在的一些问题。

7.2 节主要介绍了 4 种用户建模的表示方法，包括基于向量空间模型的表示方法、基于主题的表示方法、基于用户-物品评分矩阵的表示方法以及基于神经网络的表示方法。

7.3 节主要介绍了基于内容的推荐及其优缺点。

7.4 节主要介绍了用户行为数据，以及基于用户的协同过滤推荐、基于物品的协同过滤推荐以及矩阵分解等协同过滤算法。

7.5 节主要介绍了几种不同的混合推荐方法。

7.6 节主要介绍了如何利用主题模型进行推荐。

7.7 节主要介绍了基于深度学习的推荐系统框架，并重点介绍了 NCF。

7.8 节通过实际案例进行了不同推荐算法的实战。

本章的编写参考了大量文献资料，其中最主要的参考文献是项亮编著的《推荐系统实践》[24]。

7.10 练　习　题

1. 简答题

（1）简要概述本章提到的协同过滤、基于内容的推荐、混合推荐、基于主题模型的推荐以及基于深度学习的推荐算法的优缺点。

（2）推荐系统的评价方法以及相应的评价指标有哪些？

（3）基于用户的协同过滤算法在计算用户之间行为数据的相似性时，基于隐性式反馈数据的计算和基于显性式反馈数据的计算有何不同？

（4）目前，深度学习在各类任务上都取得了非常优异的成绩，其中就包括推荐系统。你认为将来基于深度学习的推荐系统能够完全取代诸如协同过滤等原始的推荐算法吗？

（5）在现实生活中，隐性式反馈数据远远多于显性式反馈数据，并且隐性式反馈数据更能刻画出用户最原始的兴趣爱好。但是目前给予隐性式反馈数据处理的推荐工作的整体推进较为缓慢，你能思考出用于充分利用隐性式反馈数据的可行的研究方案吗？

2. 操作题

在 MovieLens 100k 数据集上实现基于用户的推荐算法和基于物品的推荐算法。

7.11 参考文献

[1] Goldberg D, Nichols D, Oki B M, et al. Using collaborative filtering to weave an information tapestry[J]. Communications of the ACM, 1992, 35(12): 61-70.

[2] Resnick P, Iacovou N, Suchak M, et al. Grouplens: An open architecture for collaborative filtering of netnews[C]//Proceedings of the 1994 ACM conference on Computer supported cooperative work. 1994: 175-186.

[3] Resnick P, Varian H R. Recommender systems[J]. Communications of the ACM, 1997, 40(3): 56-58.

[4] Sarwar B, Karypis G, Konstan J, et al. Item-based collaborative filtering recommendation algorithms[C]//Proceedings of the 10th international conference on World Wide Web. 2001: 285-295.

[5] Balabanovi M, Shoham Y. Fab: content-based, collaborative recommendation[J]. Communications of the ACM, 1997, 40(3): 66-72.

[6] Salton G, Buckley C. Term-weighting approaches in automatic text retrieval[J]. Information processing management, 1988, 24(5): 513-523.

[7] Hastie T, Tibshirani R. Discriminant adaptive nearest neighbor classification and regression[J]. Advances in neural information processing systems, 1995, 8.

[8] Joachims T. A Probabilistic Analysis of the Rocchio Algorithm with TFIDF for Text Categorization[R]. Carnegie-mellon univ pittsburgh pa dept of computer science, 1996.

[9] Flinn R A, Turban E. Decision tree analysis for industrial research[J]. Research Management, 1970, 13(1): 27-34.

[10] Ibaraki T, Muroga S. Adaptive linear classifier by linear programming[J]. IEEE Transactions on systems Science and Cybernetics, 1970, 6(1): 53-62.

[11] Rish I. An empirical study of the naive Bayes classifier[C]//IJCAI 2001 workshop on empirical methods in artificial intelligence. 2001, 3(22): 41-46.

[12] Yu K, Schwaighofer A, Tresp V, et al. Probabilistic memory-based collaborative filtering[J]. IEEE Transactions on Knowledge and Data Engineering, 2004, 16(1): 56-69.

[13] Aggarwal C C. Model-based collaborative filtering[M]//Recommender systems. Springer, Cham, 2016: 71-138.

[14] Zhao Z D, Shang M S. User-based collaborative-filtering recommendation algorithms on hadoop [C] //2010 third international conference on knowledge discovery and data mining. IEEE, 2010: 478-481.

[15] Van Loan C F. Generalizing the singular value decomposition[J]. SIAM Journal on numerical Analysis, 1976, 13(1): 76-83.

[16] Funk S. Netflix update: Try this at home[J]. 2006.

[17] Koren Y, Bell R, Volinsky C. Matrix factorization techniques for recommender systems[J]. Computer, 2009, 42(8): 30-37.

[18] Koren Y. Factor in the neighbors: Scalable and accurate collaborative filtering[J]. ACM Transactions on Knowledge Discovery from Data (TKDD), 2010, 4(1): 1-24.

[19] Pan R, Zhou Y, Cao B, et al. One-class collaborative filtering[C]//2008 Eighth IEEE International Conference on Data Mining. IEEE, 2008: 502-511.

[20] Burke R. Knowledge-based recommender systems[J]. Encyclopedia of library and information systems, 2000, 69(Supplement 32): 175-186.

[21] Hofmann T. Probabilistic latent semantic analysis[J]. arXiv preprint arXiv:1301.6705, 2013.

[22] Blei D M, Ng A Y, Jordan M I. Latent dirichlet allocation[J]. Journal of machine Learning research, 2003, 3(Jan): 993-1022.

[23] He X, Liao L, Zhang H, et al. Neural collaborative filtering[C]//Proceedings of the 26th international conference on world wide web. 2017: 173-182.

[24] 项亮. 推荐系统实践 [M]. 北京: 人民邮电出版社, 2012.